普通高等教育智能建筑系列教材

电气控制与 PLC 应用

王　岷　裘皓杰　编

机 械 工 业 出 版 社

本书由两部分组成，共七章。第一部分由第一~三章组成，介绍电气控制中常用的低压电器、典型控制电路、典型电气控制系统分析和设计方法；第二部分由第四~七章组成，以西门子公司 S7-200 系列 PLC 机型介绍可编程序控制器结构原理、指令系统及其应用，控制系统程序分析和设计方法，PLC 网络通信技术以及可编程序控制器系统综合设计。

本书注重少学时、应用型，可作为高等院校电气工程及其自动化、自动化、机械电子工程、建筑电气与智能化等专业的课程教材，也可作为电子技术、电气技术、自动化方面工程技术人员的参考书。

本书配有免费电子课件，欢迎选用本书作为教材的教师登录 www.cmpedu.com 注册下载。

图书在版编目（CIP）数据

电气控制与 PLC 应用/王岷，裘皓杰编 .—北京：机械工业出版社，2016.12（2025.1 重印）

普通高等教育智能建筑系列教材

ISBN 978-7-111-55172-0

Ⅰ.①电… Ⅱ.①王…②裘… Ⅲ.①电气控制-高等学校-教材②PLC 技术-高等学校-教材 Ⅳ.①TM571.2②TM571.6

中国版本图书馆 CIP 数据核字（2016）第 248098 号

机械工业出版社（北京市百万庄大街 22 号 邮政编码 100037）
策划编辑：贡克勤 责任编辑：王雅新
责任校对：佟瑞鑫 封面设计：马精明
责任印制：刘 媛
涿州市般润文化传播有限公司印刷
2025 年 1 月第 1 版第 5 次印刷
184mm×260mm·13.75 印张·334 千字
标准书号：ISBN 978-7-111-55172-0
定价：29.80 元

电话服务

客服电话：010-88361066
　　　　　010-88379833
　　　　　010-68326294

封底无防伪标均为盗版

网络服务

机 工 官 网：www.cmpbook.com
机 工 官 博：weibo.com/cmp1952
金 书 网：www.golden-book.com
机工教育服务网：www.cmpedu.com

智能建筑教材编委员

序

20 世纪，电子技术、计算机网络技术、自动控制技术和系统工程技术获得了空前的高速发展，并渗透到各个领域，深刻地影响着人类的生产方式和生活方式，给人类带来了前所未有的方便和利益。建筑领域也未能例外，智能化建筑在这一背景下走进了人们的生活。智能化建筑充分应用各种电子技术、计算机网络技术、自动控制技术和系统工程技术，并加以研发和整合成智能装备，为人们提供安全、便捷、舒适的工作条件和生活环境，并日益成为主导现代建筑的主流。近年来，人们不难发现，凡是按现代化、信息化运作的机构与行业，如政府、金融、商业、医疗、文教、体育、交通枢纽、法院、工厂等；他们所建造的新建筑物，都已具有不同程度的智能化。

智能化建筑市场的拓展为建筑电气工程的发展提供了宽广的天地。特别是建筑电气工程中的弱电系统，更是借助电子技术、计算机网络技术、自动控制技术和系统工程技术在智能建筑中的综合利用，使其获得了日新月异的发展。智能化建筑也为设备制造、工程设计、工程施工、物业管理等行业创造了巨大的市场，促进了社会对智能建筑技术专业人才需求的急速增加。令人高兴的是众多院校顺应时代发展的要求，调整教学计划，更新课程内容，致力于培养建筑电气与智能建筑应用方向的人才，以适应国民经济高速发展的需要。这正是本套建筑电气与智能建筑系列教材的出版背景。

我欣喜地发现，参加这套建筑电气与智能建筑系列教材编撰工作的有近 20 个姐妹学校，不论是主编者还是主审者，均是这个领域有突出成就的专家。因此，我深信这套系列教材将会反映各姐妹学校在为国民经济服务方面的最新研究成果。系列教材的出版还说明了一个问题，时代需要协作精神，时代需要集体智慧。我借此机会感谢所有作者，是你们的辛劳为读者提供了一套好的教材。

吴唯迪

写于同济园

前　言

　　本书是针对目前高等院校普遍将继电器接触器控制系统与 PLC 控制技术进行整合的教学实际，以及各高校面临的专业课时被大大压缩的共同问题，并充分考虑电气控制技术在建筑行业的应用与发展及对应用型人才培养的要求而编写的。在编写过程中，编者力求做到语言通畅，叙述简洁，讲解清晰，所有内容都围绕着便于应用与教学这个中心，尽可能多地融入自己多年的教学与应用经验，从侧重应用培养的角度出发，对一些传统的教学内容进行了较大的删减和调整，使得本书更加适合"少学时、重应用"型教学的要求。

　　本书结合建筑电气控制技术的发展和应用形势，除了介绍传统的分离式保护、开关电器，还讲解了当前市场上先进的新型控制器件 KB0：控制与保护开关电器（CPS）的应用技术。书中的电气元件符号及文字标识均符合现行的相关国家规范及行业标准，并以建筑用电设备为例详细讲解了各类常用建筑设备的 KB0 电气控制线路的设计。

　　全书共分七章。前三章主要介绍常用低压电器以及电气控制线路基本控制环节的工作原理，并对有代表性的常用建筑设备电气控制线路进行分析，培养学生电气控制系统设计、制造与维护的基本能力。第四～七章为 PLC 控制技术部分，以西门子公司 S7 - 200 系列 PLC 为主讲机型，系统地介绍了 PLC 的组成、工作原理、内部编程元件、基本指令、功能指令、PLC 程序设计方法、网络通信技术和 PLC 控制系统的综合设计，培养学生的 PLC 编程及应用能力。

　　本书由山东建筑大学王岷和山东省广播电视大学裘皓杰合编，王岷统稿并编写第三～七章，裘皓杰编写第一、二章。

　　本书在编写过程中，得到了浙江中凯科技有限公司总工程师李华民的大力支持和协助，他还提供了宝贵的资料，在此表示感谢！

　　由于编者水平有限，书中难免存在错误与不足之处，恳请广大读者批评指正。

编者

目　录

第一章　常用低压电器

第一节　概　　述

在我国经济建设事业和人民生活中，电能的应用越来越广泛。在工业、农业、交通、国防以及人民生活等一切用电过程中，大多采用低压供电。为了安全、可靠地使用电能，电路中必须装有各种起调节、分配、控制和保护作用的接触器、继电器等低压电器。即无论是低压供电系统还是控制生产过程的电力拖动控制系统，均是由用途不同的各类低压电器所组成。随着科学技术和生产的发展，电器的种类不断增多，用量也不断增大，用途更为广泛。

一、低压电器的定义与分类

我国现行标准将工作电压交流 1000V、直流 1500V 以下的电气电路中起通断、保护、控制或调节作用的电器称为低压电器。低压电器的种类繁多，工作原理也各异，因而有不同的分类方法。以下介绍三种分类方式：

1. 按用途和控制对象不同，可将低压电器分为配电电器和控制电器

（1）用于低压电力网的配电电器

这类低压电器主要用于低压供电系统，它包括刀开关、转换开关、隔离开关、空气断路器和熔断器等。对配电电器的主要技术要求是断流能力强、限流效果好；在系统发生故障时保护动作准确，工作可靠；有足够的热稳定性和动稳定性。

（2）低压控制电器

这类电器主要用于电力拖动及自动控制系统，它包括接触器、起动器和各种控制继电器等。对控制电器的主要技术要求是操作频率高、电和机械寿命长、具有相应的转换能力。

2. 按操作方式不同，可将低压电器分为自动电器和手动电器

（1）自动电器

通过电磁（或压缩空气）做功来完成接通、分断、起动、反向和停止等动作的电器称为自动电器。常用的自动电器有接触器、继电器等。

（2）手动电器

通过人力做功来完成接通、分断、起动、反向和停止等动作的电器称为手动电器。常用的手动电器有刀开关、转换开关和主令电器等。

3. 按工作原理可分为电磁式电器和非电量控制电器

（1）电磁式电器

这类电器是根据电磁感应原理进行工作的，它包括交流接触器、直流接触器和电磁式继电器等。

（2）非电量控制电器

这类电器是以非电物理量作为控制量进行工作的，它包括按钮、行程开关、刀开关、热继电器、速度继电器等。

另外，低压电器按工作条件还可划分为一般工业电器、船用电器、化工电器、矿用电器、牵引电器及航空电器等几类。

下面，我们将重点介绍最典型的几类低压电器，如刀开关、熔断器、空气断路器、接触器、继电器、主令电器和起动器等。

二、低压电器的基本用途

在输送电能的输电电路和各种用电的场合，需要使用不同的电器来控制电路的通、断，并对电路的各项参数进行调节。低压电器在电路中的用途就是根据外界控制信号或控制要求，通过一个或多个器件组合，自动或手动接通、分断电路，连续或断续地改变电路状态，对电路进行切换、控制、保护、检测和调节。

三、低压电器的结构要求

低压电器产品的种类多、数量大，用途极为广泛。为了保证不同产地、不同企业生产的低压电器产品的规格、性能和质量一致，通用和互换性好，低压电器的设计和制造必须严格按照国家的有关标准，尤其是基本系列的各类开关电器必须保证执行三化，即标准化、系列化、通用化；四统一，即型号规格、技术条件、外形及安装尺寸、易损零部件统一的原则。在购置和选用低压电器元件时，也要特别注意检查其结构是否符合标准，防止给今后的运行和维修工作留下隐患和麻烦。

四、电磁式控制电器的基本原理

电磁式控制电器是低压电器中最典型也是应用最广泛的一种电器。控制系统中的接触器和电磁式继电器就是两种最常用的电磁式电器。虽然电磁式电器的类型很多，但它的工作原理和构造基本相同。其基本结构是由电磁机构和触头系统组成。触头是电磁式电器的执行部分，电器通过触头的动作来分合被控电路。触头在闭合状态下，动、静触头完全接触，并有工作电流通过时，称为电接触。电接触时会存在接触电阻，动、静触头在分离时，会产生电弧，触头系统存在的接触电阻和电弧的物理现象，对电器系统的安全运行影响较大；另外电磁机构的电磁吸力和反力特性是决定电器性能的主要因素之一。低压电器的主要技术性能指标与参数就是在这些基础上制定的。因此，触头结构、电弧、灭弧装置以及电磁吸力和反力特性等是构成低压电器的基本问题，也是研究电器元件结构和工作原理的基础。

（一）电磁机构

电磁机构是电磁式继电器和接触器等低压器件的主要组成部件之一，其工作原理是将电磁能转换为机械能，从而带动触头动作。

1. 电磁机构的结构形式

电磁机构由吸引线圈（励磁线圈）和磁路两部分组成。其中磁路包括铁心、铁轭、衔铁和空气隙。当吸引线圈通过一定的电压或电流时，产生激励磁场及吸力，并通过气隙转换为机械能，从而带动衔铁运动使触头动作，以完成触头的断开和闭合。

图 1-1 是几种常用的电磁机构结构示意图。由图可见，衔铁可以直动，也可以绕支点转动。按磁系统形状分类，电磁机构可分为 U 形（见图 1-1a）和 E 形（见图 1-1b）两种。铁

心按衔铁的运动方式分为如下几类：

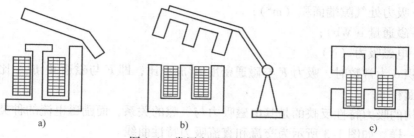

图1-1　常用电磁机构的型式

a) 衔铁沿棱角转动　b) 衔铁沿轴转动　c) 直动式

1) 衔铁沿棱角转动的拍合式铁心如图1-1a所示，其衔铁绕铁轭的棱角转动，磨损较小，铁心一般用电工软铁制成，适用于直流继电器和接触器。

2) 衔铁沿轴转动的拍合式铁心如图1-1b所示，其衔铁绕轴转动，铁心一般用硅钢片叠成，常用于较大容量的交流接触器。

3) 衔铁做直线运动的直动式铁心如图1-1c所示，衔铁在线圈内成直线运动，较多用于中小容量交流接触器和继电器中。

吸引线圈按其通电种类一般分为交流电磁线圈和直流电磁线圈。对于交流电磁线圈，当通交流电时，为了减小因涡流造成的能量损失和温升，铁心和衔铁用硅钢片叠成。对于直流电磁线圈，铁心和衔铁可以用整块电工软钢做成。当线圈并联于电源工作时，称为电压线圈，它的特点是线圈匝数多，导线线径较细。当线圈串联于电路工作时，称为电流线圈，它的特点是线圈匝数少，导线线径较粗。

2. 电磁机构的工作原理

电磁机构的工作特性常用反力特性和吸力特性来描述。

（1）反力特性

电磁机构使衔铁释放的力与气隙之间的关系曲线称为反力特性。电磁机构使衔铁释放的力一般有两种：一种是利用弹簧的反力；一种是利用衔铁的自身重力。弹簧的反力 F_{f1} 与其机械形变的位移量 x 成正比，自重的反力 F_{f2} 与气隙大小无关。考虑到动合触头闭合时超行程机构的弹力作用，上述两种反力特性曲线如图1-2所示。其中 δ_1 为电磁机构气隙的初始值；δ_2 为动、静触头开始接触时的气隙长度。由于超行程机构的弹力作用，反力特性在 δ_1 处有一突变。

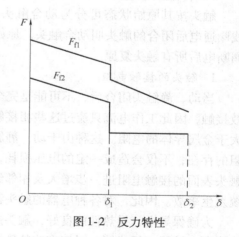

图1-2　反力特性

（2）吸力特性

电磁机构的吸力与气隙之间的关系曲线称为吸力特性。电磁机构的吸力与很多因素有关，当铁心与衔铁端面互相平行，且气隙 δ 比较小时，吸力可近似地按下式求得：

$$F = 4 \times 10^5 B^2 S = 4 \times 10^5 \frac{\Phi^2}{S} \tag{1-1}$$

式中　　B——气隙间磁通密度（T）；
　　　　S——吸力处气隙端面积（m^2）；
　　　　Φ——磁通量（Wb）；
　　　　F——电磁吸力（N）。

当端面积 S 为常数时，吸力 F 与磁通密度 B^2 成正比，即 F 与磁通 Φ^2 成正比，反比于吸力处气隙端面积 S。

电磁机构的吸力特性反映的是其电磁吸力与气隙的关系，而励磁电流的种类不同，其吸力特性也不一样。如图 1-3 所示为交流和直流吸力特性曲线。

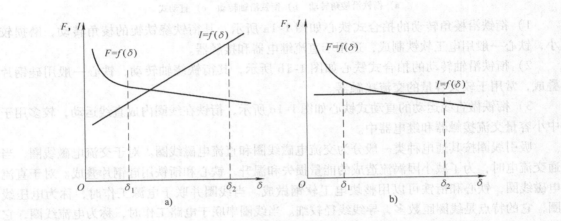

图 1-3　吸力特性
a）交流吸力特性　　b）直流吸力特性

（二）触头系统

触头按其原始状态可分为动合触头和动断触头。原始状态时（即线圈未通电）断开，线圈通电后闭合的触头叫动合触头。原始状态闭合，线圈通电后断开的触头叫动断触头。线圈断电后所有触头复原。

1. 触头的接触电阻

当动、静触头闭合后，不可能是完全紧密地接触，从微观看，只是一些凸起点之间的有效接触，因此工作电流只流过这些相接触的凸起点，使有效导电面积减小，该区域的电阻远大于金属导体的电阻。这种由于动、静触头闭合时形成的电阻，称为接触电阻。由于接触电阻的存在，不仅会造成一定的电压损耗，还会使铜耗增加，造成触头温升超过允许值，导致触头表面的接触电阻进一步增大及相邻绝缘材料的老化，严重时可使触头熔焊，造成电气系统发生事故。因此，对各种电器的触头都规定了它的最高环境温度和允许温升。

为确保导电、导热性能良好，触头通常由铜、银、镍及其合金材料制成，有时也在铜触头表面电镀锡、银或镍。对于有些特殊用途的电器（如微型继电器和小容量的电器），其触头常采用银质材料，以减小其接触电阻；对于中大容量的低压电器，在结构设计上，采用滚动接触结构的触头，可将氧化膜去掉。

除此之外，触头在运行时还存在触头的磨损。触头的磨损包括电磨损和机械磨损。电磨损是由于在通断过程中触头间的放电作用使触头材料发生物理性能和化学性能变化而引起的。电磨损是引起触头材料损耗的主要原因之一。机械磨损是由于机械作用使触头材料发生磨损和消耗。机械磨损的程度取决于材料硬度、触头压力及触头的滑动方式等。为了使接触电阻尽可能减小，一是要选用导电性好、耐磨性好的金属材料做触头，使触头本身的电阻尽量减小；二是要使触头接触的紧密一些，另外，在使用过程中尽量保持触头清洁，在有条件的情况下应定期清扫触头表面。

2. 触头的接触形式

触头的接触形式及结构形式很多，通常按其接触形式分为三种：即点接触、面接触和线接触，如图1-4所示。显然，面接触时的实际接触面积要比线接触的面积大，而线接触的面积又比点接触的面积大。

图1-4a所示为点接触型，它由两个半球形触头或一个半球形与一个平面形触头构成，这种结构有利于提高单位面积上的压力，减小触头表面电阻。它常用于小电流的电器中，如接触器的辅助触头和继电器触头。图1-4b所示为面接触，这种触头一般在接触表面上镶有合金，以减小触头的接触电阻，提高触头的抗熔焊、抗磨损能力，允许通过较大的电流。中小容量的接触器的主触头多采用这种结构。图1-4c所示为线接触，通常被做成指形触头结构，其接触区是一条直线。触头通、断过程是滚动接触并产生滚动摩擦，以利于去掉氧化膜。这种滚动线接触适用于通电次数多，电流大的场合，多用于中等容量电器。

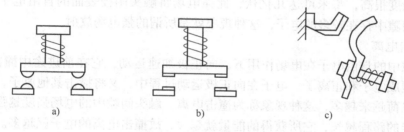

a)　　　　　　　　b)　　　　　　　　c)

图1-4　触头的接触形式

a）点接触　b）面接触　c）线接触

触头在接触时，为了使触头接触得更加紧密，以减小接触电阻，消除开始接触时产生的振动，一般在触头上都装有接触弹簧，当动触头刚与静触头接触时，由于安装时弹簧预先压缩了一段，因此产生一个初压力 F_1，如图1-5b所示。随着触头闭合，会逐渐增大触头间的压力。触头闭合后由于弹簧在超行程内继续变形而产生一终压力 F_2，如图1-5c所示。弹簧被压缩的距离 a 称为触头的超行程，即从静、动触头开始接触到触头压紧，整个触头系统向前压紧的距离。有了超行程，在触头磨损情况下，仍具有一定压力，磨损严重时超行程将失效。

（三）电弧的产生及灭弧方法

1. 电弧的产生及其物理过程

电弧是由于电场过强，气体发生电崩溃而持续形成等离子体，使得电流通过了通常状态下的绝缘介质（例如空气）所产生的瞬间火花现象。在自然环境中分断电路时，如果电路的电流（或电压）超过某一数值时（根据触头材料不同，此值约为 0.25～1A，12～20V），触头在分断的时候产生电弧。

电弧实际上是触头间气体在强电场作用下产生的放电现象。所谓气体放电，就是触头间

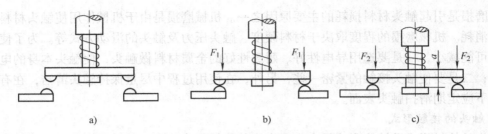

图 1-5 桥式触头闭合过程位置示意图

a）最终断开位置 b）刚刚接触位置 c）最终闭合位置

隙中的气体被游离产生大量的电子和离子，在强电场作用下，大量的带电粒子做定向运动，于是绝缘的气体就变成了导体。电流通过这个游离区时所消耗的电能转换为热能和光能，而光和热的效应，又会产生高温并发出强光，使触头烧损，并使电路的切断时间延长，甚至不能断开，造成严重事故。所以，必须采取措施熄灭或减小电弧，为此首先要了解电弧产生的原因。

电弧的产生主要经历以下 4 个物理过程：

（1）强电场放射

触头开始分离时，其间隙很小，电路电压几乎全部降落在触头间很小很小的间隙上，因此该处电场强度很高，每米可达几亿伏，此强电场将触头阴极表面的自由电子拉出到气隙中，使触头间隙中存在较多的电子，这种现象就是所谓的强电场放射。

（2）撞击电离

触头间隙中的自由电子在电场作用下，向正极加速运动，它在前进途中撞击气体原子，该原子被分裂成电子和正离子。电子在向正极运动过程中，又将撞击其他原子，使触头间隙中气体中的电荷越来越多，这种现象称为撞击电离。触头间隙中的电场强度越强，电子在加速过程中所走的路程越长，它所获得的能量就越大，故撞击电离的电子就越多。

（3）热电子发射

撞击电离产生的正离子向阴极运动，撞击在阴极上会使阴极温度逐渐升高，使阴极金属中电子动能增加，当阴极温度达到一定程度时，一部分电子有足够动能将从阴极表面逸出，再参与撞击电离。由于高温而使电极发射电子的现象称为热电子发射。

（4）高温游离

当电弧间隙中气体的温度升高时，气体分子热运动速度加快。当电弧的温度达到 3000℃ 或更高时，气体分子将发生强烈的不规则热运动并造成相互碰撞，结果使中性分子游离成为电子和正离子。这种因高温使分子撞击所产生的游离称为高温游离。当电弧间隙中有金属蒸气时，高温游离大大增加。

另外，伴随着电离的进行，还存在着消电离作用。消电离是指正负带电粒子接近时结合成为中性粒子的同时，削弱了电离的过程。消电离过程可分为复合和扩散两种。电离和消电离作用是同时存在的。当电离速度快于消电离速度，电弧就增强；当电离与消电离速度相等时，电弧就稳定燃烧；当消电离速度大于电离速度时，电弧就熄灭。因此，要使电弧熄灭，一方面是减弱电离作用，另一方面是增强消电离作用。

2. 电弧的熄灭及灭弧方法

对于需要通断大电流电路的电器，如接触器、低压断路器等，要有较完善的灭弧装置。

对于小容量继电器、主令电器等，由于它们的触头是通断小电流电路的，因此不要求有完善的灭弧装置。根据上述分析，常用的灭弧方法和装置有以下几种：

（1）电动力吹弧

图1-6是一种桥式结构双断口触头，流过触头两端的电流方向相反，将产生互相排斥的电动力。当触头打开时，在断口中产生电弧。电弧电流在两电弧之间产生图中以"⊕"表示的磁场，根据左手定则，电弧电流受到一个指向外侧的电动力 F 的作用，使电弧向外运动并拉长，使其迅速穿越冷却介质，从而加快电弧冷却并熄灭。这种灭弧方法一般多用于小功率的电器中，当配合栅片灭弧时，也可用于大功率的电器中。交流接触器通常采用这种灭弧方法。

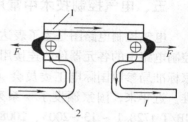

图1-6　桥式触头灭弧原理
1—动触头　2—静触头

（2）栅片灭弧

图1-7为栅片灭弧示意图。灭弧栅一般由多片镀铜薄钢片（称为栅片）和石棉绝缘板组成。它们通常在电器触头上方的灭弧室内，彼此之间互相绝缘。当触头分断电路时，在触头之间产生电弧，电弧电流产生磁场，由于钢片磁阻比空气磁阻小得多，因此，电弧上方的磁通非常稀疏，而下方的磁通却非常密集，这种上疏下密的磁场将电弧拉入灭弧罩中，当电弧进入灭弧栅后，被分割成数段串联的短弧。这样每两片灭弧栅片可以看作一对电极，而每对电极间都有 $150 \sim 250V$ 的绝缘强度，使整个灭弧栅的绝缘强度大大加强，而每个栅片间的电压不足

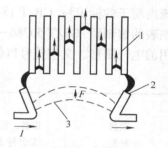

图1-7　栅片灭弧示意图
1—灭弧栅片　2—触头　3—电弧

以达到电弧燃烧电压，同时栅片吸收电弧热量，使电弧迅速冷却而很快熄灭。

（3）磁吹灭弧

磁吹灭弧方法是利用电弧在磁场中受力，将电弧拉长，并使电弧在冷却的灭弧罩窄缝隙中运动，产生强烈的消电离作用，从而将电弧熄灭。其原理如图1-8所示。

图1-8中，在触头电路中串入吹弧线圈3，当主电流 I 通过线圈时，产生磁通 Φ，根据右手螺旋定则可知，该磁通从导磁体通过导磁夹片，在触头间隙中形成磁场。图中"×"符号表示磁通 Φ 方向为进入纸面。当触头断开时在触头间隙中产生电弧，电弧自身也产生一个磁场，该磁场在电弧

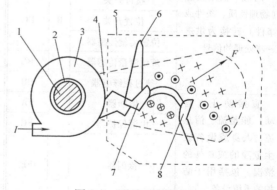

图1-8　磁吹灭弧装置
1—铁心　2—绝缘管　3—吹弧线圈　4—导磁颊片
5—灭弧罩　6—引弧角　7—静触头　8—动触头

上侧，方向为从纸面出来，用"⊙"符号表示，它与线圈产生的磁场方向相反。而在电弧下侧，电弧磁场方向进入纸面，用"⊕"符号表示，它与线圈产生的磁场方向相同。这样，两侧的合成磁通就不相等，下侧大于上侧，因此，产生强烈的电磁力将电弧推向灭弧罩，使电弧急速进入灭弧罩，电弧被拉长并受到冷却而很快被熄灭。此外，由于这种灭弧装

置是利用电弧电流本身灭弧，因而电弧电流越大，吹弧能力也越强，它广泛应用于直流灭弧装置中（如直流接触器）。

五、电气控制技术中常用的图形、文字符号

电气控制电路图是为了表达电器设备的电气控制系统的结构、原理等设计意图，将电气控制电路中的各元器件的连接用一定的图形及文字符号表示出来。为了便于交流与沟通，国家标准局参照国际电工委员会（IEC）颁布的有关文件，制定了我国电气设备有关国家标准。近年来，国家颁发了一系列与 IEC 接口的国家系列标准，如：2005、2008 年颁发的 GB/T 4728.1 ~ 13—2005、2008《电气简图用图形符号》；2002 ~ 2005 年颁布的 GB/T 5094.1 ~ 4《工业系统、装置与设备以及工业产品——结构原则与参照代号》；GB/T 6988.1—2008《电气技术用文件的编制 第 1 部分：规则》；GB/T 6988.5—2006《电气技术用文件的编制 第 5 部分：索引》；GB18656—2002《工业系统、装置与设备以及工业产品系统内端子的标识》；GB/T 18135—2008《电气工程 CAD 制图规则》；GB/T 19045—2003《明细表的编制》；GB/T 50786—2012《建筑电气制图标准》。表 1-1、表 1-2、表 1-3 列出了常用的电气图形、文字符号以供参考。

表 1-1 电气技术中常用的基本文字符号

项目种类	设备、装置、元器件举例	参数代号的字母代码		项目种类	设备、装置、元器件举例	参数代号的字母代码	
		主类代码	含子类代码			主类代码	含子类代码
把某一输入变量（物理性质、条件或事件）转换为供进一步处理的信号	电压互感器	B	BE	提供信息	无色信号灯	P	PG
	电流互感器				铃、钟		PB
	接近开关		BG	受控切换或改变能量流、信号流或材料流（对于控制电路中的信号，见 K 类和 S 类）	隔离器	Q	QB
	位置开关				隔离开关		
	位置测量传感器				软起动器		QAS
	液位测量传感器		BL		接触器		QAC
	热过载继电器		BB		断路器		QA
直接防止（自动）能量流、信息流、人身或设备发生危险的或意外的情况，包括用于防护的系统设备	熔断器	F	FA	把手动操作转变为进一步处理的特定信号	按钮	S	SF
	电涌保护器		FC		控制开关		
	接闪器		FE		多位开关（选择开关）起动按钮		SAC
					起动按钮		SF
					停止按钮		SS
处理（接收、加工和提供）信号或信息（用于防护的物体除外，见 F 类）	继电器	K	KF	保持能量性质不变的能量变换，已建立的信号保持信息内容不变的变换，材料形态或形状的变换	隔离变压器	T	TF
	时间继电器				控制变压器		TC
	电流继电器		KC		自耦变压器		TT
	电压继电器		KV		变频器		TA
	信号继电器		KS				
	压力继电器		KPR				

表1-2 常用电气图形、文字符号表

名称	图形符号	文字符号
三极刀闸开关		QC
低压断路器		QA
行程开关 动合触头		SQ
行程开关 动断触头		
行程开关 复合触头		
自动复位手动按钮 启动		SF
自动复位手动按钮 停止		SS
自动复位手动按钮 复合		SF
无自动复位手动旋转开关		SA
自复位蘑菇头式应急按钮		SR
热继电器 热元件		BB
热继电器 动断触头		

名称	图形符号	文字符号
接触器 线圈		QAC
接触器 主触头		
接触器 动合辅助触头		
接触器 动断辅助触头		
速度继电器 动合触头		KS
速度继电器 动断触头		
转换开关		SAC
熔断器		FA
熔断器式刀开关		QCF
负荷开关		QB
熔断器式负荷开关		QF
接近开关		BG

名称	图形符号	文字符号
继电器 线圈		KA
继电器 动合触头		
继电器 动断触头		
时间继电器 得电延时型 线圈		KF
时间继电器 得电延时型 延时闭合动合触头		
时间继电器 得电延时型 延时断开动断触头		
时间继电器 失电延时型 延时断开动合触头		
时间继电器 失电延时型 延时闭合动断触头		
控制与保护开关电器		CPS
液位控制开关 动合触头		BL
液位控制开关 动断触头		

表 1-3 电气技术中常用的辅助文字符号

序号	文字符号	名称	序号	文字符号	名称	序号	文字符号	名称
1	A	电流	36	FA	事故	71	P	压力
2	A	模拟	37	FB	反馈	72	P	保护
3	AC	交流	38	FM	调频	73	PL	脉冲
4	A、AUT	自动	39	FW	正，前	74	PM	调相
5	ACC	加速	40	FX	固定	75	PO	并机
6	ADD	附加	41	G	气体	76	PR	参量
7	ADJ	可调	42	GN	绿	77	R	记录
8	AUX	辅助	43	H	高	78	R	右
9	ASY	异步	44	HH	最高	79	R	反
10	B、BRK	制动	45	HH	手孔	80	RD	红
11	BC	广播	46	HV	高压	81	RES	备用
12	BK	黑	47	IN	输入	82	R、RST	复位
13	BU	蓝	48	INC	增	83	PTD	热电阻
14	BW	向后	49	IND	感应	84	RUN	运转
15	C	控制	50	L	左	85	S	信号
16	CCW	逆时针	51	L	限制	86	ST	起动
17	CD	操作台	52	L	低	87	S、SET	置位、定位
18	CO	切换	53	LL	最低	88	SAT	饱和
19	CW	顺时针	54	LA	闭锁	89	STE	步进
20	D	延时	55	M	主	90	STP	停止
21	D	差动	56	M	中	91	SYN	同步
22	D	数字	57	M、MAN	手动	92	SY	整步
23	D	降	58	MAX	最大	93	SP	设定点
24	DC	直流	59	MIN	最小	94	T	温度
25	DCD	解调	60	MC	微波	95	T	时间
26	DEC	减	61	MD	调制	96	T	力矩
27	DP	调度	62	MH	人孔	97	TM	发送
28	DR	方向	63	MN	监听	98	U	升
29	DS	失步	64	MO	瞬时	99	UPS	不间断电源
30	E	接地	65	MUX	多路复用的限定符号	100	V	真空
31	EC	编码	66	NR	正常	101	V	速度
32	EM	紧急	67	OFF	断开	102	V	电压
33	EMS	发射	68	ON	闭合	103	VR	可变
34	EX	防爆	69	OUT	输出	104	WH	白
35	F	快速	70	O/E	光电转换器	105	YE	黄

第二节　接　触　器

接触器是用来接通或切断电动机或其他负载主电路的一种控制电器。接触器具有强大的执行机构，有大容量的主触头及迅速熄灭电弧的能力。当系统发生故障时，能根据故障检测元件所给出的动作信号，迅速、可靠地切断电源，并有低压释放功能。与保护电器组合可构成各种电磁起动器，用于电动机的控制与保护。

接触器的分类有几种不同的方式。按操作方式分：有电磁接触器、气动接触器和电磁气动接触器；按灭弧介质分：有空气电磁式接触器、油浸式接触器和真空接触器等；按主触头控制的电流种类分：有交流接触器、直流接触器和切换电容接触器等。另外还有建筑用接触器、机械联锁（可逆）接触器和智能化接触器等。建筑用接触器的外形结构与模数化小型断路器类似，可与模数化小型断路器一起安装在标准导轨上。其中应用最广泛的是空气电磁式交流接触器和空气电磁式直流接触器，习惯上简称为交流接触器和直流接触器。

一、接触器的结构及工作原理

接触器由磁系统、触头系统、灭弧系统、释放弹簧机构、辅助触头及基座等几部分组成，如图1-9所示。接触器的基本工作原理是利用电磁原理通过控制电路的控制和可动衔铁的运动来带动触头控制主电路的通断。交流接触器和直流接触器的结构和工作原理基本相同，但也有不同之处。

1. 电磁机构

电磁机构由线圈、铁心和衔铁组成。对于交流接触器，为了减小因涡流和磁滞损耗造成的能量损失和温升，铁心和衔铁用硅钢片叠成。对于直流接触器，由于铁心中不会产生涡流和磁滞损耗，所以不会发热，铁心和衔铁用整块电工软钢做成，为使线圈散热良好，通常将线圈绕制成高

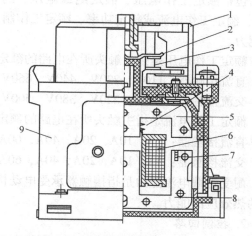

图1-9　交流接触器结构示意图
1—灭弧罩　2—动触头　3—静触头　4—动铁心
5—线圈　6—短路环　7—静铁心　8—反作用弹簧
9—外壳

而薄的圆筒状，不设线圈骨架，使线圈和铁心直接接触以利于散热。中小容量的交、直流接触器的电磁机构一般都采用直动式磁系统，大容量的采用绕棱角转动的拍合式电磁铁结构。

2. 触头系统和熄弧系统

接触器的触头系统包括：主触头和辅助触头。

接触器的主触头用于电动机主电路。主触头的结构有桥式触头和指形触头两种。大容量的主触头通常采用转动式单断点指型触头。直流接触器和电流20A以上的交流接触器均装有熄弧罩。由于直流电弧比交流电弧难以熄灭，故直流接触器常采用磁吹式灭弧装置灭弧，交流触器常采用多纵缝灭弧装置灭弧。

接触器的辅助触头在电动机控制电路中起联动作用。辅助触头有动合和动断两种辅助触头，在结构上它们均为桥式双触头。辅助触头的容量较小，所以不用装灭弧装置，因此它不能用来分合主电路。

3. 反力装置

接触器的反力装置由释放弹簧和触头弹簧组成。

4. 支架和底座

接触器的支架和底座用于接触器的固定和安装。

当交流接触器线圈通电后，在铁心中产生磁通，并在衔铁气隙处产生吸力，使衔铁产生闭合动作，同时带动主触头闭合，从而接通主电路。另外，衔铁还带动辅助触头动作，使动合触头闭合，动断触头断开。当线圈断电或电压显著下降时，吸力消失或减弱，衔铁在释放弹簧的作用下打开，主、辅助触头又恢复到原来状态。

二、接触器的主要特性参数

接触器主要特性参数如下：

1. 额定值

包括额定工作电压、额定绝缘电压、约定发热电流、约定封闭发热电流（有外壳时的）、额定工作电流或额定功率、额定工作制、额定接通能力、额定分断能力和耐受过载电流能力。

额定工作电压是指主触头所在电路的额定电压。通常用的电压等级有：

直流接触器：110V，220V，440V，660V；

交流接触器：127V，220V，380V，500V，660V。

额定工作电流是指主触头所在电路的额定电流。通常用的电流等级有：

直流接触器：5A，10A，20A，40A，60A，100A，150A，250A，400A，600A；

交流接触器：5A，10A，20A，40A，60A，100A，150A，250A，400A，600A。

耐受过载电流能力是指接触器承受电动机的起动电流和操作过负荷引起的过载电流所造成的热效应的能力。

2. 控制回路

常用的接触器操作控制回路是电气控制回路。电气控制回路有电流种类、额定频率、额定控制电路电压 U_c 和额定控制电源电压 U_s 等几项参数。当需要在控制电路中接入变压器、整流器和电阻器等时，接触器控制电路的输入电压（即控制电源电压 U_s）和其线圈电路电压（即控制电路电压 U_c）可以不同。但在多数情况下，这两个电压是一致的。当控制电路电压与主电路额定工作电压不同时，应采用如下标准数据：

直流：24V，48V，110V，125V，220V，250V；

交流：24V，36V，48V，110V，127V，220V。

具体产品在额定控制电源电压下的控制电路电流由制造厂提供。

3. 吸引线圈的额定电压

吸引线圈通常用的电压等级有：

直流线圈：24V，48V，110V，220V，440V；

交流线圈：36V，110V，127V，220V，380V。

一般交流负载选用交流接触器，直流负载选用直流接触器，如果交流负载频繁动作时，也可采用直流接触器。

4. 接通和分断能力

接触器接通和分断能力是指主触头在规定条件下能可靠地接通和分断的电流值。在此电流值下，接通时主触头不应该发生熔焊，分断时主触头不应该发生长时间燃弧。

不同类型的接触器，它对主触头的接通能力和分断能力的要求也不同，而接触器的类别是根据其对不同控制对象的控制方式所规定的。在电力拖动控制系统中，常用的接触器使用类别及其典型用途表见表 1-4。

接触器的使用类别代号通常标注在产品的铭牌或工作手册中。表 1-4 中要求接触器主触头达到的接通和分断能力如下：

1）AC1 和 DC1 类允许接通和分断额定电流。

2）AC2、DC3 和 DC5 类允许接通和分断 4 倍的额定电流。

3）AC3 类允许接通 6 倍的额定电流，分断额定电流。

4）AC4 类允许接通和分断 6 倍的额定电流。

表 1-4　常用的接触器使用类别及其典型用途表

电流种类	使用类别	典型用途
AC （交流）	AC1	无感或微感负载、电阻性负载
	AC2	绕线转子电动机的起动和分断
	AC3	笼型电动机的起动和分断
	AC4	笼型电动机的起动、反接制动、反向和点动
DC （直流）	DC1	无感或微感负载、电阻性负载
	DC3	并励电动机的起动、反接制动、反向和点动
	DC5	串励电动机的起动、反接制动、反向和点动

5. 额定操作频率

额定操作频率是指接触器每小时的可操作次数。交流接触器最高为 600 次/h，而直流接触器最高为 1200 次/h。操作频率直接影响接触器的电寿命和灭弧罩的工作条件，对于交流接触器还影响线圈的温升。

6. 机械寿命和电寿命

接触器的机械寿命用其在需要正常维修或更换机械零件前（包括更换触头），所能承受的无载操作循环次数来表示。国产接触器的寿命指标一般以 90% 以上产品能达到或超过的无载循环次数（百万次）为准。

如果产品未规定机械寿命数据，则认为该接触器的机械寿命为在断续周期工作制下按其相应的最高操作频率操作 8000h 的循环次数。操作频率即每小时内可完成的操作循环数（次/h）。

接触器的电寿命用在不同使用条件下无须修理或更换零件的负载操作次数来表示。

三、常用典型交流接触器简介

1. 空气电磁式交流接触器

在接触器中，空气电磁式交流接触器应用最为广泛，产品系列、品种最多，其结构和工作原理基本相同，但有些产品在功能、性能和技术含量等方面各有独到之处，选用时可根据需要择优选择。典型产品有 CJ20、CJ21、CJ26、CJ29、CJ35、CJ40、NC、B、LC1 – D、3TB 和 3TF 系列交流接触器等，其中 CJ20 是国内统一设计的产品，CJ40 系列交流接触器是在 CJ20 系列的基础之上，由上海电器科学研究所组织行业主导厂在 20 世纪 90 年代更新设计的新一代产品。此外还有 CJ12、CJ15、CJ24 等系列大功率交流接触器，以及国外进口或独资生产的一些产品品牌。其中 CJ12 交流接触器用于交流 50Hz，额定电压至 380V、额定电流至 600A 的电力电路中。主要供冶金、轧钢企业起重机等的电气设备中远距离接通和分断电路，并作为交流电动机频繁的起动、停止和反接之用。

2. 机械联锁（可逆）交流接触器

机械联锁（可逆）交接触器由两个相同规格的交流接触器再加上机械联锁机构和电气联锁机构组成，如图 1-10 所示。可以保证在任何情况下（如机械振动或错误操作而发出的指令）都不会使两台交流接触器同时吸合，而只能是当一台接触器断开后，另一台接触器才能闭合，能有效地防止电动机正、反转时出现相间短路的可能性。这样比仅在电器控制回路中加电气联锁电路的应用更安全可靠。机械联锁接触器主要用于电动机的可逆控制、双路电源的自动切换，也可用于需要频繁地进行可逆换接的电气设备上。生产厂家通常将机械联锁机构和电气联锁机构以附件的形式提供。

常用的机械联锁（可逆）接触器有 CJX2 系列、LC2 – D 系列、6C 系列、3TD 系列和 B 系列等。

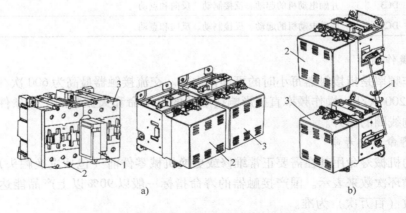

图 1-10　机械联锁交流接触器的典型结构示意图

a）水平连接　b）垂直连接

1—机械联锁装置　2—QAC₁　3—QAC₂

3. 切换电容器接触器

切换电容器接触器是专用于低压无功补偿设备中，投入或切除并联电容器组，以调整用电系统的功率因数。切换电容器接触器带有抑制浪涌装置，能有效地抑制接通电容器组时出现的合闸涌流对电容的冲击和开断时的过电压。其结构设计为组装式,灭弧系统采用封闭式自然灭弧。接触器的安装既可采用螺钉安装又可采用标准卡轨安装。

常用产品有 CJ16、CJ19、CJ41、CJX4、CJX2A 系列。

4. 真空交流接触器

真空接触器是以真空为灭弧介质,其主触头密封在真空开关管内。真空开关管(又称真空灭弧室)以真空作为绝缘和灭弧介质,位于真空中的触头一旦分离,触头间将产生由金属蒸气和其他带电粒子组成的真空电弧。真空电弧依靠触头上蒸发出来的金属蒸气来维持。真空介质具有很高的绝缘强度且介质恢复速度很快,真空电弧的等离子体很快向四周扩散,在交流电压第一次过零时真空电弧就能熄灭(燃弧时间一般小于10ms)。由于熄弧过程是在密封的真空容器中完成的,电弧和炽热的气体不会向外界喷溅,所以分断性能稳定可靠,不会污染环境,因此,特别适用于条件恶劣的危险环境中。

常用的真空接触器有 CKJ 和 EVS 等系列。CKJ 系列产品是国内自己开发的新产品,均为三极式。其中 CKJ5 为转动式直流磁系统,采用双线圈结构以降低保持功率,电磁系统控制电源允许在整流桥交流侧操作,采用陶瓷外壳真空管和不锈钢波纹管。CKJ6 采用直动式交、直流电磁系统,利用交流特性产生起始吸力,利用直流特性实现保持。EVS 系列是引进德国 EAW 公司技术并全部国产化而生产的真空接触器。EVS 系列真空接触器采用以单极为基础单元的多级多驱动结构,可根据需要组装成 1,2,…,n 极接触器,以便与相关设备很好地配合。

5. 直流接触器

直流接触器应用于直流电力电路中供远距离接通与分断电路及直流电动机的频繁起动、停止、反转或反接制动控制,以及 CD 系列电磁操作机构合闸线圈或频繁接通和断开起重电磁铁、电磁阀和离合器的电磁线圈等。实际上,直流接触器的灭弧,比交流接触器困难得多,特别是在分、合电感性负载时。

直流接触器结构上有立体布置和平面布置两种结构。电磁系统多采用绕棱角转动的拍合式结构,主触头采用双断点桥式结构或单断点转动式结构。有的产品是在交流接触器的基础上派生的,因此,直流接触器的工作原理基本上与交流接触器相同。

常用的直流接触器有 CZ18、CZ21、CZ22 和 CZ0 等系列。CZ18 系列直流接触器适用于直流额定电压至 440V、额定电流 40~1600A 的电力电路中供远距离接通与分断电路之用,也可用于直流电动机的频繁起动、停止、反转或反接制动控制。CZ21、CZ22 系列直流接触器主要用于远距离接通与断开额定电压至 440V、额定发热电流至 63A 的直流电路中,并适宜于直流电动机的频繁起动、停止、换向及反接制动。CZ0 系列直流接触器主要用于远距离接通和分断额定电压至 220V、额定发热电流至 100A 的直流高电感负载。

6. 智能化接触器

智能化接触器的主要特征是装有智能化电磁系统,并具有与数据总线及其他设备之间相互通信的功能,其本身还具有对运行工况自动识别、控制和执行的能力。

智能化接触器一般由基本系列的电磁接触器及附件构成。附件包括智能控制模块、辅助触头组、机械联锁机构、报警模块、测量显示模块、通信接口模块等,所有智能化功能都集成在一块以微处理器或单片机为核心的控制板上。从外形结构上看,与传统产品不同的是智能化接触器在出线端位置增加了一块带中央处理器及测量线圈的机电一体化的电路板。

四、接触器的选用原则

接触器主要是根据类型、主电路参数、控制电路参数和辅助电路参数，以及电寿命、使用类别和工作制选用，另外还需考虑负载条件的影响，现分述如下：

1. 接触器类型选择

根据接触器所控制的负载性质来确定接触器的极数和电流种类。电流种类由系统主电流种类确定。三相交流系统中一般选用三极接触器，当需要同时控制中性线时，则选用四极交流接触器，单相交流和直流系统中则常有两极或三极并联的情况。一般场合，选用空气电磁式接触器；易燃易爆场合应选用防爆型及真空接触器等。

2. 主电路参数的确定

主电路参数的确定主要是确定额定工作电压、额定工作电流（或额定控制功率）、额定通断能力和耐受过载电流能力。接触器可以在不同的额定工作电压和额定工作电流下工作。在任何情况下，接触器的额定电压应大于或等于负载回路额定工作电压；接触器的额定工作电流应大于或等于被控回路的额定电流；接触器的额定通断能力应高于通断时电路中实际可能出现的电流；耐受过载电流能力应高于电路中可能出现的工作过载电流。

3. 控制电路参数和辅助电路参数的确定

接触器的线圈电压应与其所控制电路的电压一致。交流接触器的控制电路电流种类分交流和直流两种，一般情况下多用交流，当操作频繁时宜选用直流。接触器的辅助触头种类和数量一般应满足控制电路的要求，根据其控制电路来确定所需的辅助触头种类（动合或动断）、数量和组合形式，同时还应注意辅助触头的通断能力和其他额定参数。当接触器的辅助触头数量和其他额定参数不能满足系统要求时，可增加中间继电器以扩展触头。

第三节　继　电　器

继电器是一种根据某种输入信号的变化而接通或断开控制电路，实现自动控制和保护电力拖动装置的自动电器，其输入量可以是电流、电压等电量，也可以是温度、时间、速度、压力等非电量，而输出则是触头的动作，或者是电参数的变化。

继电器是一种利用各种物理量的变化，将电量或非电量信号转化为电磁力（有触头式）或使输出状态发生阶跃变化（无触头式），从而通过其触头或突变量促使在同一电路或另一电路中动作的一种控制器件。根据转化的物理量的不同，可以构成各种各样不同功能的继电器，以用于各种控制电路中进行信号传递、放大、转换、联锁等，从而控制主电路和辅助电路中的元器件或设备按预定的动作程序进行工作，实现自动控制和保护的目的。

继电器的工作特点是具有跳跃式的输入/输出特性，如图 1-11 所示。当输入信号 x 从零开始变化，在达到一定值之前，继电器不动作，输出信号 y 不变，维持 $y = y_{min}$。当输入信号 x 到达 x_c 时，继电器立即动作，输出信号 y 由 y_{min} 突变到 y_{max}，再进一步加大输入量，输出也不再变化，而保持 $y = y_{max}$。当 x 从某个大于 x_c 的值 x_{max} 开始减小，大于一定值 x_f 时，输出仍保持不变（$y = y_{max}$）。当降低到 x_f 时，输出信号 y 骤然降至 y_{min}。继续减小 x 的值，y 也不会再变化，仍为 y_{min}。图中 x_c 称为继电器的动作值，x_f 称为继电器的返回值。由于继电器的触头通常用于控制电路，因此对其触头容量及转换能力均要求不高。所以继电器一般没有灭弧系统，触头结构也较简单。

一、继电器的分类

常用的继电器按动作原理，可分为电磁式继电器、磁电式继电器、感应式继电器、电动式继电器、温度（热）继电器、光电式继电器、压电式继电器、时间继电器等，其中时间继电器又分为电磁式、电动机式、机械阻尼（气囊）式和电子式等。

按反应激励量的不同，可分为交流继电器、直流继电器、电压继电器、中间继电器、电流继电器、时间继电器、速度继电器、温度继电器、压力继电器、脉冲继电器等。

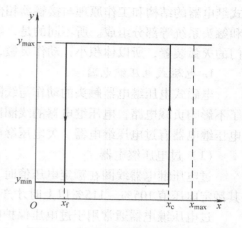

图 1-11　继电器的输入/输出特性

按结构特点，可分为接触器式继电器、（微型、超小型、小型）继电器、舌簧继电器、电子式继电器、智能化继电器、固体继电器、可编程序控制继电器等。

按动作功率，可分为通用、灵敏和高灵敏继电器等。

按输出触头容量，可分为大、中、小和微功率继电器等。

二、常用典型继电器简介

（一）电磁式继电器

电磁式继电器是应用最早同时也是应用得最多的一种继电器，它由电磁机构（包括动静铁心、衔铁、线圈）和触头系统等部分组成，如图 1-12 所示。铁心和铁轭的作用是加强工作气隙内的磁场；衔铁的主要作用是实现电磁能与机械能的转换；极靴的作用是增大工作气隙的磁导；反力弹簧和簧片是用来提供反力。当线圈通电后，线圈的励磁电流会产生磁场，从而产生电磁吸力吸引衔铁。一旦电磁力大于反力，衔铁就开始运动，并带动与之相连接的动触头向下移动，使动触头与其上面的动断静触头分开，而与其下面的动合静触头吸合。最后，衔铁被吸合在与极靴相接触的最终位置上。若在衔铁处于最终位置时切断线圈的电源，磁场便逐渐消

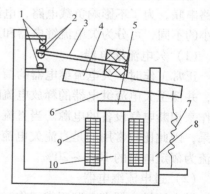

图 1-12　电磁式继电器结构图
1—静触头　2—动触头　3—簧片　4—衔铁
5—极靴　6—工作气隙　7—反力弹簧
8—铁轭　9—线圈　10—铁心

失，衔铁会在反力的作用下，脱离极靴，并再次带动动触头脱离动合触头，返回到初始位置。

电磁式继电器的种类很多，如电压继电器、中间继电器、电流继电器、电磁式时间继电器、接触器式继电器等。接触器式继电器是一种作为控制开关电器使用的接触器。实际上，各种和接触器的动作原理相同的继电器如中间继电器、电压继电器等都属于接触器式继电器。接触器式继电器在电路中的作用主要是扩展控制触头数量或增加触头容量。因此，电磁

式继电器的结构和工作原理与接触器相似，也是由电磁机构（包括动静铁心、衔铁、线圈）和触头系统等部分组成。所不同的是，继电器的触头电流容量较小，触头数量较多，没有专门的灭弧装置，所以体积小，动作灵敏，只能用于控制电路。

1. 电磁式电压继电器

电磁式电压继电器触头的动作与线圈的动作电压大小有关，使用时线圈和负载并联，为了不影响负载电路，电压继电器的线圈匝数多，导线细，阻抗大。根据动作电压值的不同，电压继电器有过电压继电器、欠电压继电器和零电压继电器三种。

（1）过电压继电器

过电压继电器线圈在额定电压值时，衔铁不产生吸合动作，只有当线圈的吸合电压高于其额定电压值 105% ~ 115% 以上时才产生吸合动作。

过电压继电器通常用于过电压保护电路中，当电路中出现过高的电压时，过电压继电器马上动作，从而控制接触器及时分断电气设备的电源，起到保护作用。

（2）欠电压继电器

当电路中的电气设备在额定电压下正常工作时，欠电压继电器的衔铁处于吸合状态；如果电路中出现电压降低，并且低到欠电压继电器的释放电压时，其衔铁打开，触头复位，从而控制接触器及时分断电气设备的电源。

通常，欠电压继电器的吸合电压值的整定范围是额定电压值的 30% ~ 50%，释放电压值的整定范围是额定电压值的 10% ~ 35%。

2. 电磁式电流继电器

电磁式电流继电器的触头是否动作与线圈的动作电流的大小有关，使用时线圈与被测量电路串联，为了不影响负载电路，电流继电器的线圈匝数少，导线粗，阻抗小。按吸合电流大小的不同，可分为欠电流继电器和过电流继电器。

（1）欠电流继电器

正常工作时，欠电流继电器的衔铁处于吸合状态。当电路的负载电流低于正常工作电流时，并低至欠电流继电器的释放电流时，欠电流继电器的衔铁释放，从而可以利用其触头的动作来切断电气设备的电源。当直流电路中出现低电流或零电流故障时，往往会导致严重的后果，因此比较常用的是直流欠电流继电器。其吸合电流为额定电流的 30% ~ 65%，释放电流为额定电流的 10% ~ 20%。

（2）过电流继电器

过电流继电器在电路正常工作时衔铁不吸合，当电流超过一定值时衔铁才吸合，从而带动触头动作。过电流继电器通常用于电力拖动控制系统中，起保护作用。

通常，交流过电流继电器的吸合电流整定范围为额定电流的 1.1 ~ 4 倍，直流过电流继电器的吸合电流整定范围为额定电流的 0.7 ~ 3.5 倍。

（二）时间继电器

时间继电器是一种利用电磁原理或机械动作原理实现触头延时接通或断开的电器，其种类很多，按其延时原理可分为电磁式、机械空气阻尼式、电动机式、双金属片式、电子式、可编程式和数字式等。时间继电器主要作为辅助电器元件用于各种电气保护及自动装置中，使被控元件达到所需要的延时，应用十分广泛。

时间继电器的延时方式有两种：一种得电延时，即线圈得电后，触头经延时后才动作；

另一种是失电延时，即线圈得电时，触头瞬时动作，而线圈失电时，触头延时复位。

时间继电器的种类很多，常用的有电磁式、空气阻尼式、电动机式和半导体式等。

1. 直流电磁式时间继电器

直流电磁式继电器的铁心上加有一个阻尼铜套，如图1-13所示。它是利用电磁感应原理产生延时的。由电磁感应定律可知，在继电器线圈通电、断电过程中，铜套内将感生涡流，以阻碍穿过铜套内的磁通变化，因而对原磁通起到了阻尼作用。当继电器线圈通电时，由于衔铁处于释放位置，气隙大，磁阻大，磁通小，铜套阻尼作用相对也小，因此衔铁吸合时几乎没有延时作用。而当继电器线圈断电时，磁通变化量大，铜套阻尼作用也大，使衔铁释放有明显的延时作用。因此，这种继电器仅用作断电延时，其延时时间较短，如JT系列最长不超过5s，而且准确度较低，一般只用于要求不高的场合，如电动机的延时起动等。

2. 空气阻尼式时间继电器

空气阻尼式时间继电器是利用空气阻尼原理获得延时的。它由电磁系统、延时机构和触头三部分组成。其工作方式有通电延时型和断电延时型两种。电磁系统分直流和交流两种。

空气阻尼式时间继电器结构原理图如图1-14所示。工作原理如下：当线圈1通电时，支撑杆3连同胶木块5一同被铁心2吸引而下移，而空气室里的空气受进气孔9处的调节螺钉7的阻碍，在活塞8下降过程中，空气室内造成稀薄空气而使活塞下降缓慢，到达最终位置时，压合微动开关4，使触头闭合。从线圈得电到触头动作，是有一段延时的，此即为时间继电器的延时时间，可以通过调节螺钉7改变进气孔气隙以改变延时时间的多少。当线圈失电，活塞在恢复弹簧11的作用下迅速复位，同时空气室内的空气可由出气孔10及时排出。

空气阻尼式时间继电器的延时范围可扩大到数分钟，但整定精度往往较差，只适用于一般场合。国产空气阻尼式时间继电器有JS7和JS7－A系列。

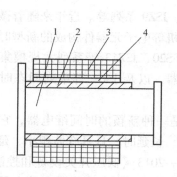

图1-13　带有阻尼铜套的铁心结构

1—铁心　2—阻尼铜套

3—线圈套　4—绝缘层

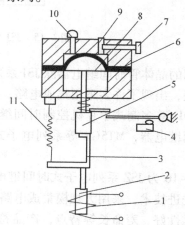

图1-14　空气阻尼式时间继电器结构原理图

1—线圈　2—铁心　3—支撑杆　4—微动开关

5—胶木块　6—橡皮膜　7—调节螺钉　8—活塞

9—进气孔　10—出气孔　11—恢复弹簧

3. 同步电动机式时间继电器

同步电动机式时间继电器是由微动同步电动机拖动减速齿轮获得延时的。其主要特点是延时范围宽，可以由几秒到数十小时，重复精度也较高，调节方便，有得电延时和失电延时两种类型。缺点是结构复杂，价格较贵。

常用的产品有 JS10 和 JS11 系列，以及从西门子公司引进的 7FR 型同步电动机式时间继电器。

4. 电子式时间继电器

电子式时间继电器具有延时范围广、精度高、体积小、耐冲击和耐振动、调节方便及使用寿命长等优点，因此其发展很快，在时间继电器中已成为主流产品。

图 1-15 为 JSJ 型晶体管式时间继电器原理图。图中 C_1、C_2 为滤波电容，当电源变压器接上电源，正、负半波由两个二次绕组分别向电容 C_3 充电，A 点电位按指数规律上升。当 A 点电位高于 B 点电位时，VT_1 截止、VT_2 导通，VT_2 管的集电极电流流过继电器 KA 的线圈，由其触头输出信号，同时图中 KA 的动断点脱开，切断了充电电路，KA 的动合触头闭合，使电容放电，为下次再充电做准备。要改变延时时间的长短，可以通过调节电位器 RP_1 来实现，此电路延时范围为 0.2 ~ 300s。

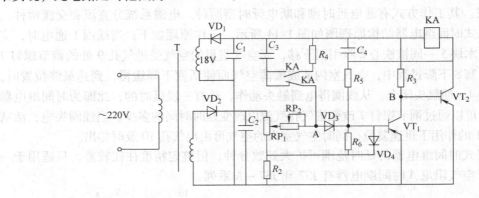

图 1-15　JSJ 型晶体管式时间继电器原理图

常用的晶体管时间继电器除 JSJ 系列外，还有 JSZ8、JSZ9 系列等。近年来随着微电子技术的发展，出现了许多采用集成电路、功率电路和单片机等电子元器件构成的新型时间继电器，如 DHC6 多制式单片机控制时间继电器，JSS17、JSS20、JSZ13 等系列大规模集成电路数字时间继电器，MT5CR 等系列电子式数显时间继电器，以及 JSG1 等系列固态时间继电器等。

图 1-16 为 JSZ 系列电子式时间继电器外形图，这是一种新颖的时间继电器，它吸收了国内外先进技术，采用大规模集成电路，实现了高精度、长延时，且具有体积小、延时精度高、可靠性好、寿命长等特点，产品符合 GB 14048. 19—2013《低压开关设备和控制设备》和 IEC 60947 – 5 – 7：2003《低压开关设备和控制设备 第 5 – 7 部分：控制电路电器和开关元件 用于带模拟输出的接近设备的要求》标准，可与国外同类产品互换使用。适合在交流 50/60Hz，电压至 240V 或直流电压至 110V 的控制电路中作时间控制元件，按预定的时间接通或分断电路。该系列产品规格品种齐全，有通电延时型、带瞬动触头型、断电延时型和星三角起动延时型等。

ST3P 系列超级时间继电器是引进日本富士电机株式会社全套专有技术生产的新颖电子式时间继电器，适合各种要求高精度、高可靠性自动控制的场合作延时控制之用，产品符合

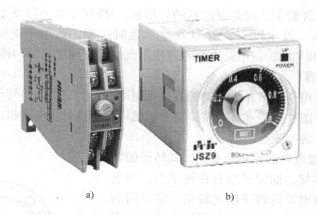

图 1-16　JSZ 系列电子式时间继电器外形图

a）JSZ8 系列　b）JSZ9 系列

GB14048 标准。

图 1-17 为 ST3P 系列数字式时间继电器的外形图，其特点如下：

1）采用大规模集成电路，保证了高精度及长延时的特性。

2）规格品种齐全，有通电延时型、瞬动型、间隔延时型、断电延时型、断开延时型、星三角起动延时型和往复循环延时型等。

3）使用单刻度面板 EK 大型设定旋钮，刻度清晰，设置方便。

4）安装方式为插拔式，备有多种安装插座，可根据需要任意选用。

5）装上 TX2 附件，就能成为面板式安装。

ST3P 系列时间继电器多档式规格具有 4 种不同的延时档，可以由时间继电器前部的转换开关很方便地转换。当需要变换延时档时，首先取下设定旋钮，接着卸下刻度板（2 块），然后参照铭牌上的延时范围示意图拨动转换开关，再按原样装上刻度板与设定旋钮，转换开关位置应与刻度板上开关位置标记相一致。

ST3P 系列时间继电器只要装上 TX2 附件，就能成为面板式安装。先将附件的不锈钢固定簧片分别嵌入框架中，然后将时间继电器从后部插入并用固定簧片扣住，这样就能将时间继电器很方便地嵌入面板上预开的安装孔内，不需要螺钉固定。从上向下用力按压固定簧片，就能将时间继电器从安装孔内顶出取下。

图 1-17　ST3P 系列数字式时间继电器的外形图

图 1-18　MT5CR 数字式时间继电器的外形图

　　图1-18 为 MT5CR 数字式时间继电器的外形图。MT5CR 是一种新型的数字式时间继电器，它采用键盘输入，设定可靠，由 LCD 显示延时过程，适用于交流 50/60Hz，电压至 240V 或直流电压至 48V 的控制电路中作时间控制元件，按预定的时间接通或分断电路。

（三）速度继电器

　　速度继电器主要用于笼型异步电动机的反接制动控制。它主要由转子、定子和触头三部分组成。转子是一个圆柱形的永久磁铁，定子的结构与笼型异步电动机的转子相似，也是由硅钢片叠制而成，并装有笼型绕组。

　　图1-19 为速度继电器的原理示意图。其转子的轴与被控电动机的轴连接，而定子空套在转子上。当电动机转动时，速度继电器的转子随之转动，定子内的短路导体便切割磁场而感应电动势并产生电流，此电流与旋转的转子磁场相互作用产生转矩，使得定子转动，当转到一定角度时，装在定子轴上的摆锤推动簧片（动触头）动作，使动断触头分开，动合触头闭合。当电动机转速低于某一值时，定子产生的转矩减小，触头在簧片作用下复位。

　　常用的速度继电器有 JY₁ 型和 JFZ₀ 型。一般速度继电器的动作转速为 120r/min，触头的复位转速在 100r/min 以下，转速在 3000～3600r/min 以下，能够可靠地工作。

　　速度继电器的图形符号及文字符号如图 1-20 所示。

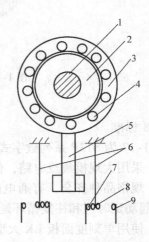

图 1-19　速度继电器的原理示意图
1—转轴　2—转子　3—定子　4—绕组
5—摆锤　6—簧片　7—动断触头
8—动触头　9—动合触头

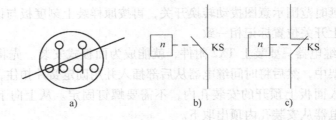

图 1-20　速度继电器的图形符号及文字符号
a）转子　b）动合触头　c）动断触头

（四）热继电器

　　在电力拖动控制系统中，当三相交流电动机出现长时间过载运行，或是长时间单相运行等不正常情况时，将可能导致电动机绕组严重过热甚至烧毁。由电动机的过载特性可知，在不超过允许温升的条件下，电动机可以承受短时间的过载。为了充分发挥电动机的过载能力，保证电动机的正常起动和运转，同时在电动机出现长时间过载时又能自动切断电路，因而需要一种能随过载程度及过载时间而变化动作时间的电器，来作为过载保护器件。热继电器的动作特性可以满足上述要求，因此热继电器广泛应用于电动机绕组、大功率晶体管等过热保护电路中。

1. 工作原理

热继电器的结构示意图如图 1-21 所示。其热元件双金属片是由膨胀系数不同的两种金属片压轧而成的，上层称为主动层，由膨胀系数高的金属制成；下层称为被动层，由膨胀系数低的金属制成。使用时将热元件串联在被保护的电路中，当负载电流超过允许值时，双金属片 3 被加热，温度升高，双金属片开始逐渐膨胀变形，向下弯曲，压下压动螺钉 1，使得锁扣机构 8 脱开，热继电器动、静触头 6、5 脱开，从而切断控制电路，使主电路断电，起到保护作用。热继电器动作后，一般不能自动复位，需等双金属片冷却后，按下复位按钮 7 后才能复位。通过改变压动螺钉 1 的位置，来调节动作电流。

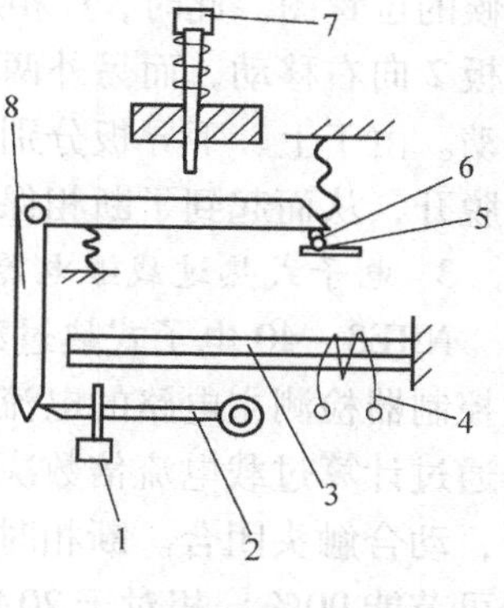

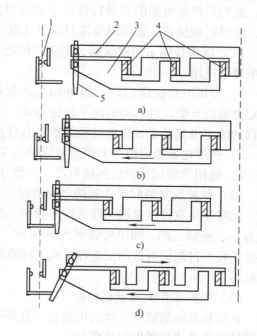

图 1-21　热继电器的结构示意图
1—压动螺钉　2—扣板　3—双金属片
4—加热线圈　5—静触头　6—动触头
7—复位按钮　8—锁扣机构

常用的热继电器有 JR0、JR1、JR2 和 JR15 系列，JR0 和 JR15 系列在结构上做了改进，采用复合加热方式，还使用了温度补偿元件，提高了动作的准确率。

2. 带断相保护的热继电器

三相交流异步电动机在发生一相断电时，另两相电流增大，会造成电动机烧毁。如果用上述热继电器保护的电动机是丫（星形）联结，在发生断相时，另两相电流增大，由于相电流与线电流相同，流过电动机绕组的电流和流过热继电器的电流增加比例相同，因此用普通的两相或三相热继电器就可以起到保护作用。如果电动机是△（三角形）接法，发生断相时，由于相电流与线电流不相同，流过电动机绕组的电流和流过热继电器的电流增加比例也不一样，热继电器是按电动机的额定电流即线电流整定的。在电动机绕组内部，电流较大的那一相绕组的故障电流超过额定相电流，有可能使电动机烧毁，而热继电器此时还不能动作。此时，就需要用带断相保护的热继电器来进行断相保护了。

图 1-22 所示为差动式断相保护热继电器动作示意图。其差动式机构由上导板 2、下导板 3 和杠杆 5 组成，图 a 为通电前机构各部件的位置。图 b 为正常通电时各部件的位置，此时，三相的双金属片同时受热，向左弯曲，但弯曲的程度不够，所以上下导板一起向左移动一段距离，不足以使继电器动作。图 c 是三相均过载时的位置图。三相的双金属片同时都向左弯曲，弯曲程度应大于正常通电时，推动下

图 1-22　差动式断相保护热继电器动作示意图
a) 通电前　b) 三相正常通电
c) 三相均过载　d) C 断相
1—动断触头　2—上导板　3—下导板
4—双金属片　5—杠杆

导板 3 向左移动，通过杠杆 5 碰触动断触头 1，使其立即脱开。图 d 是一相（如 C 相）断线时候的位置图。此时，C 相双金属片由于断电而逐渐冷却、复位，其端部向右移动，推动上导板 2 向右移动，而另外两相双金属片温度上升，其端部继续向左弯曲，推动下导板 3 向左移动。由于上、下导板分别向反方向移动，使得杠杆 5 向左转动，碰触动断触头 1，使其立即脱开，从而起到了断相保护的作用。

3. 电子式热过载继电器

NRE8 – 40 电子式热过载继电器是一种应用微控制器的新型节能、高科技电器。它利用微控制器检测主电路的电流波形和电流大小，判断电动机是否过载和断相。过载时，微控制器通过计算过载电流倍数决定延时时间的长短。延时时间到，通过脱扣机构使其动断触头断开，动合触头闭合。断相时，微控制器缩短延时时间。相对于 40A 规格的双金属片热继电器可节能 90%，相对于 20A 双金属片热继电器可节能 95%。适用于交流 50/60Hz、额定工作电压 690V 及以下、电流 20~40A 的电路中，作三相交流电动机过载和断相保护。其外形图如图 1-23 所示。

4. 热继电器的合理选用

热继电器的选用是否合理，直接影响着过载保护的可靠性。热继电器的选择与使用不合理将会造成电动机烧毁。在选用时，必须了解被保护电动机的工作环境、起动情况、负载性质、工作制及电动机允许的过载能力。原则是热继电器的安秒特性位于电动机过载特性之下，并尽可能接近。选用时应注意以下几点：

图 1-23　NRE8 – 40 电子式热
过载继电器外形图

（1）保护长期工作或间断长期工作的电动机时，热继电器的选用

1）保证电动机能起动：当电动机的起动电流为其额定电流的 6 倍，且起动时间不超过 6s 时，可选取热继电器的额定电流低于 6 倍电动机的额定电流；动作时间通常应大于 6s。

2）热继电器整定值为其额定电流的 0.95~1.05。

3）选用带断相保护的热继电器，即型号后面有 D、T 系列或 3UA 系列。

（2）保护反复短时工作制的电动机时，热继电器的选用

此时应注意确定热继电器的操作频率。当电动机起动电流为其额定电流的 6 倍、起动时间为 1s、满载工作、通电持续率为 60% 时，热继电器每小时允许的操作数不能超过 40 次。如操作频率过高，可选用带饱和电流互感器的热继电器，或者不用热继电器保护而选用电流继电器。

（3）特殊工作制电动机保护

正反转及频繁通断工作的电动机不宜采用热继电器来保护。较理想的方法是用埋入绕组的温度继电器或热敏电阻来保护。

（五）舌（干）簧继电器

舌簧继电器包括干簧继电器、水银湿式舌簧继电器和铁氧体剩磁式舌簧继电器，其中较常用的是干簧继电器。干簧继电器常与磁钢或电磁线圈配合使用，用于电气、电子和自动控制设备中做快速切换电路的转换执行元件，如液位控制等。

干簧继电器的触头处于密封的玻璃管内，舌簧片由铁镍合金做成，舌片的接触部分通常镀以贵金属，如金、铑、钯等，接触良好，具有良好的导电性能。触头密封在充有氮气等惰性气体的玻璃管中而与外界隔绝，因而有效地防止了尘埃的污染，减小了触头的电腐蚀，提高了工作可靠性，干簧继电器的吸合功率小，灵敏度高。一般舌簧继电器吸合与释放时间均在 $0.5 \sim 2ms$ 之间，与电子电路的动作速度相近。

干簧继电器典型应用实例如图 1-24 所示。当磁钢靠近后，玻璃管中两舌簧片的自由端分别被磁化为 N 极与 S 极而相互吸引，从而接通了被控制的电路。当磁钢离开后，舌簧片在本身的弹力作用下分开并复位，控制电路被切断。

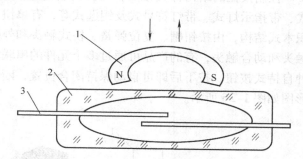

图 1-24　干簧继电器典型应用实例
1—磁钢　2—玻璃管　3—舌簧片

常用的舌簧继电器有 JAG－2－1 型（舌簧管为 $\phi 4mm \times 36mm$）；小型 JAG－4 型（$\phi 3mm \times 20mm$）；大型 JAG－5（$\phi 8mm \times 42mm$ 或 $\phi 8mm \times 50mm$）等。其中又分动合（H）、动断（D）和转换（Z）三种不同的形式。

（六）液位继电器

液位继电器通常用来检测水位的变化，如一些锅炉和水柜需要根据液位的变化来控制水泵电动机的起动和停止，这里可用液位继电器来完成。

图 1-25 为液位继电器的结构示意图。浮筒位于被控锅炉内，浮筒的一端有一根磁化的钢棒，在锅炉的外壁装有一对触头，动触头的一端也装有一根磁钢，且端头的磁性与浮筒磁钢端头的磁性相同。当锅炉内的水位降低到极限位置时，浮筒下落，同时带动其上的磁钢绕 A 点向上翘起，由于磁钢的同性相斥的作用，使动触头的磁钢被斥而绕 B 点下落，触头 1-1

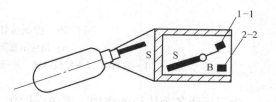

图 1-25　液位继电器的结构示意图

接通，2－2 断开。反之，当水位上升到上限位置时，浮筒上浮，带动其上的磁钢下落，同样由于相同磁性相斥的作用，使得动触头的磁钢上翘，触头 2－2 接通，1-1 断开。

第四节　主令电器

主令电器是用来闭合或断开控制电路，从而控制电动机的起动、制动以及调速等。它可以直接用于控制电路，也可以通过电磁式电器间接作用于控制电路。在控制电路中，由于它是一种专门发布命令的电器，故称其为主令电器。主令电器分断电流的能力较弱，因此不允许分合主电路。

主令电器种类繁多，应用广泛。常用的有控制按钮、行程开关和万能转换开关等。

一、控制按钮

控制按钮是一种结构简单，应用十分广泛的主令电器。在低压控制电路中，远距离操纵接触器、继电器等电磁式电器时，往往需要使用按钮来发出控制信号。

控制按钮的结构种类很多，可分为普通揿钮式、蘑菇头式、自锁式、自复位式、旋柄式、带指示灯式、带灯符号式及钥匙式等，有单钮、双钮、三钮及不同组合形式。一般采用积木式结构，由按钮帽、复位弹簧、桥式触头和外壳等组成，通常做成复合式，有一对动断触头和动合触头，有的产品可通过多个元件的串联增加触头对数，最多可增至 8 对。还有一种自持式按钮，按下后即可自动保持闭合位置，断电后才能打开。控制按钮的基本结构及外形图如图 1-26 所示。

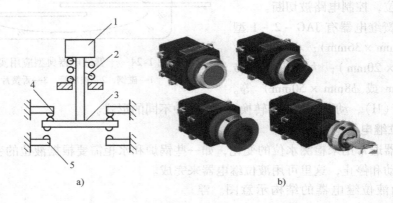

图 1-26　控制按钮的基本结构及外形图

a）结构示意图　b）外形示意图

1—按钮帽　2—复位弹簧　3—动触头　4—动断触头　5—动合触头

为了标明各个按钮的作用，避免误操作，通常将按钮帽做成不同的颜色，以示区别，其颜色有红、绿、黑、黄、蓝、白等。如红色表示停止按钮，绿色表示起动按钮等。另外还有形象化符号可供选用。控制按钮的主要参数有形式及安装孔尺寸、触头数量及触头的电流容量，在产品说明书中都有详细说明。按钮的图形符号及文字符号见表 1-2。常用国产产品有LAY3、LAY6、LA20、LA25、LA101、LA38 和 NP1 等系列。国外进口及引进产品品种也很多，几乎所有大的国外低压电器厂商都有产品进入我国市场，并有一些新的品种，结构新颖。

二、行程开关

行程开关又称为限位开关。它是利用生产机械某些运动部件对其碰撞来发出开关量控制信号的主令电器。一般用来控制生产机械的运动方向、速度、行程远近或定位，可实现行程控制以及限位保护的控制。

行程开关的基本结构可以分为三个主要部分：摆杆（操作机构）、触头系统和外壳。其结构形式多种多样，其中摆杆形式主要有直动式、杠杆式和万向式三种。触头类型有一动合一动断、一动合二动断、二动合一动断和二动合二动断等形式。动作方式可分为瞬动、蠕动和交叉从动式三种。行程开关的主要参数有形式、动作行程、工作电压及触头的电流容量，在产品说明书中都有详细说明。直动式行程开关的结构示意图如图1-27所示，其动作原理与按钮相同。图1-28为LX系列行程开关的外形图。行程开关的图形、文字符号见表1-2。

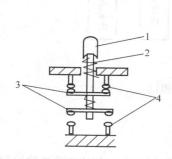

图1-27 直动式行程开关的结构示意图
1—顶杆 2—弹簧 3—动断触头
4—动合触头

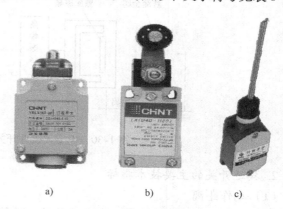

图1-28 LX系列行程开关的外形图
a）直动式 b）摆动式 c）万向式

三、接近开关

接近开关又称无触头行程开关，其功能是当某种物体与之接近到一定距离时，就发出动作信号，而不像机械式行程开关那样需要施加机械力。接近开关是通过其感辨头与被测量物体之间的介质能量的变化来取得信号的。在完成行程控制和限位保护方面，它完全可以代替机械式有触头行程开关，除此之外，它还可用作高频计数、测速、液面控制、零件尺寸检测、加工程序的自动衔接等的非接触式开关。由于它具有非接触式触发、动作速度快、可在不同的检测距离内动作、发出的信号稳定无脉动、工作稳定可靠、寿命长、重复定位精度高以及能适应恶劣的工作环境等特点，所以在机床、纺织、印刷、塑料等工业生产中应用广泛。

接近开关的形式有多种，按其感辨机构的工作原理来分，主要有：高频振荡式、霍尔式、超声波式、电容式、差动线圈式、永磁式等，其中高频振荡式最为常用。图1-29为接近开关的外形图。常用的国产接近开关有3SG、LJ、CJ、SJ、AB和LXJ0等系列。

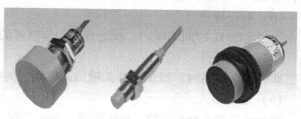

图1-29 接近开关的外形图

1. 工作原理

下面以电感式接近开关为例，介绍其工作原理。

电感式接近开关属于一种有开关量输出的位置传感器，它主要由高频振荡器、整形检波、信号处理和输出器几部分组成，其基本工作原理是：振荡器的线圈固定在开关的作用表面，产生一个交变磁场。当金属物体接进此作用表面时，该金属物体内部产生的涡流将吸取振荡器的能量，致使振荡器停振。振荡器的振荡和停振这两个信号，经整形放大后转换成二进制开关信号，并输出开关控制信号。其工作流程框图如图 1-30 所示。这种接近开关所能检测的物体必须是金属导电体。

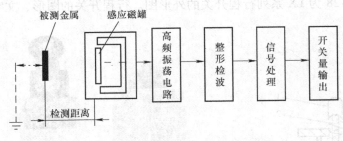

图 1-30　电感式接近开关工作流程框图

2. 接近开关的主要技术指标

（1）动作距离

动作距离是指被检测体按一定方式移动，致使开关刚好动作时，感应磁罐与被检测体之间的距离。额定动作距离指接近开关动作距离的标称值。

（2）设定距离

接近开关在实际工作中整定的距离，一般为额定动作距离的 0.8。

（3）回差值

动作距离与复位距离之间的绝对值。

（4）输出状态

分动合和动断两种。动合型指在无检测物体时，由于接近开关内部的输出晶体管的截止而处于断开状态。当检测到物体时，接近开关内部的输出晶体管导通，相当于开关闭合，负载得电工作。动断型与其相反。

（5）检测方式

分埋入式和非埋入式两种。埋入式的接近开关在安装上为齐平安装型，可与安装的金属物件形成同一表面；非埋入式的接近开关则需把感应头露出，以达到其长距离检测的目的。

（6）响应频率

按规定的 1s 时间间隔内，接近开关动作循环的次数。

（7）导通压降

即开关在导通时，残留在开关输出晶体管上的电压降。

（8）输出形式

分 npn 二线、npn 三线、npn 四线、pnp 二线、pnp 三线、pnp 四线、DC 二线、AC 二线、AC 五线（自带继电器）等几种常用形式。

四、光电开关

光电开关（光电传感器）是光电接近开关的简称，它是利用被检测物对光束的遮挡或反射，由同步回路选通电路，从而检测物体有无。物体不限于金属，所有能反射光线的物体均可被检测。光电开关将输入电流在发射器上转换为光信号射出，接收器再根据接收到的光线的强弱或有无对目标物体进行检测。安防系统中常见的光电开关烟雾报警器，工业中经常用它来计数机械臂的运动次数。

1. 工作原理

图 1-31 所示为光电开关的工作示意图。光电开关由发射器、接收器和检测电路三部分组成。通常把发射器和接收器组装在同一密闭的壳体内，彼此间用透明绝缘体隔离。发射器的引脚为输入端，接收器的引脚为输出端，常见的发光源为发光二极管，受光器为光敏晶体管等。

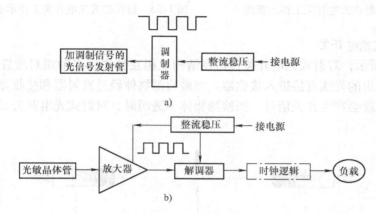

图 1-31 光电开关的工作示意图
a) 发射器 b) 接收器

在输入端加电信号使发光源发光，光的强度取决于激励电流的大小，此光照射到封装在一起的受光器上后，因光电效应而产生了光电流，由接收器输出端引出，这样就实现了电—光—电的转换。

发射器对准目标发射光束，当被测物体进入接收器作用范围时，被反射回来的光脉冲进入光敏晶体管，并在接收电路中将光脉冲解调为电脉冲信号，再经放大器放大和同步选通整形，然后用数字积分或 RC 积分方式排除干扰，最后经延时（或不延时）触发驱动器输出光电开关控制信号。

2. 分类

根据检测方式的不同，按检测方式可分为漫射式、镜面反射式、对射式、槽式光电开关和光纤式光电开关。

（1）漫反射式光电开关

如图 1-32 所示，漫反射式光电开关是一种集发射器和接收器于一体的传感器，当有被检测物体经过时，将光电开关发射器发射的足够量的光线反射到接收器，于是光电开关就产生了开关信号。当被检测物体的表面光亮或其反光率极高时，漫反射式的光电开关是首选的检测模式。

（2）镜反射式光电开关

如图 1-33 所示，镜反射式光电开关集发射器与接收器于一体，光电开关发射器发出的光线经过反射镜，反射回接收器，当被检测物体经过且完全阻断光线时，光电开关就产生了检测开关信号。

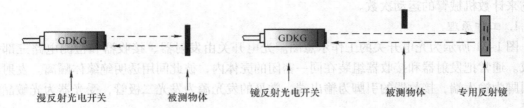

图 1-32　漫反射式光电开关工作示意图　　　图 1-33　镜反射式光电开关工作示意图

（3）对射式光电开关

如图 1-34 所示，对射式光电开关包括在结构上相互分离且光轴相对放置的发射器和接收器。发射器发出的光线直接进入接收器。当被检测物体经过发射器和接收器之间且阻断光线时，光电开关就会产生开关信号。当检测物体不透明时，对射式光电开关是最可靠的检测模式。

图 1-34　对射式光电开关工作示意图

（4）槽式光电开关

如图 1-35 所示，槽式光电开关通常是标准的 U 字形结构，其发射器和接收器分别位于U 形槽的两边，并形成一光轴，当被检测物体经过 U 形槽且阻断光轴时，光电开关就会产生可检测到的开关量信号。槽式光电开关比较安全可靠，适合检测高速变化，分辨透明与半透明物体。

（5）光纤式光电开关

如图 1-36 所示，光纤式光电开关采用塑料或玻璃光纤传感器来引导光线，以实现被检测物体不在相近区域的检测。通常光纤传感器分为对射式和漫反射式。

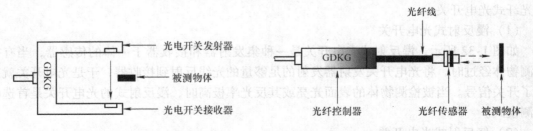

图 1-35　槽式光电开关工作示意图　　　　　图 1-36　光纤式光电开关工作示意图

3. 应用

光电开关分动合型和动断型两种。动合型的光电开关，当无检测物体时，由于光电开关内部的输出晶体管的截止而使负载不工作；当检测到物体时，晶体管导通，负载得电工作。

光电开关所使用的冷光源有红外光、红色光、绿色光和蓝色光等，可非接触无损伤地检测各种固体、液体、透明体、黑体、柔软体和烟雾等物质的状态和动作，而且体积小、功能多、寿命长、精度高、响应速度快、检测距离远以及抗光、电、磁干扰能力强。目前，这种新型的光电开关已被用作物位检测、液位控制、产品计数、宽度判别、速度检测、定长剪切、孔洞识别、信号延时、自动门传感、色标检出、冲床和剪切机以及安全防护等诸多领域。此外，利用红外线的隐蔽性，还可在银行、仓库、商店、办公室以及其他需要的场合作为防盗警戒之用。

五、转换开关

转换开关主要应用于低压断路操作机构的合闸与分闸控制、各种控制电路的转换、电压和电流表的换相测量控制、配电装置电路的转换和遥控等。是一种多档式，控制多回路的主令电器。

目前常用的转换开关类型主要有两大类：万能转换开关和组合开关。两者的结构和工作原理基本相似，在某些应用场合两者可相互替代。

转换开关按结构类型可分为普通型、开启组合型和防护组合型等；按用途又可分为主令控制用和控制电动机用两种；按操作方式分可分为定位型、自复型和定位自复型三大类；按操动器外形分有 T 形、手枪形、鱼尾形、旅钮形和钥匙形 5 种。图 1-37 所示为 LW5 系列万能转换开关，其中图 a 为其某一层的结构原理图，图 b 是其外形图。

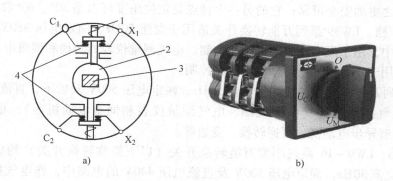

图 1-37 LW5 系列万能转换开关
a）结构原理图 b）外形图
1—触头弹簧 2—凸轮 3—转轴 4—触头

转换开关一般采用组合式结构设计，由操作机构、定位装置、限位系统、触头装置、面板及手柄等组成。触头装置通常采用桥式双断点结构，并由各自的凸轮控制其通断。定位系统采用滚轮卡棘轮辐射形结构，不同的棘轮和凸轮可组成不同的定位模式，从而得到不同的输出开关状态，即手柄在不同的转换角度时，触头的状态是不同的。不同型号的万能转换开关，其手柄有不同的操作位置，具体可从电气设备手册中万能开关的"定位特征表"中查取。

万能转换开关的图形符号如图 1-38 所示。由于其触头的分合状态与操作手柄的位置有关，因此，在电路图中除要画出触头图形符号，还应有操作手柄的位置与触头分合状态的表示方法。其表示方法有两种：一种是在电路图中画虚线和画"●"的方法，如图 1-38a 所示，即用虚线表示操作手柄的位置，用有无"•"表示触头的闭合打开状态，如在触头图形符号的下面虚线位置上画"•"，就表示该触头是处于打开状态；另一种方法是在触头图形符号上标出触头编号，再用接点表来表示操作手柄处于不同位置时的触头的分合状态，如图 1-38b 所示。表中用有无"×"来表示手柄处于不同位置时触头的闭合和断开状态。

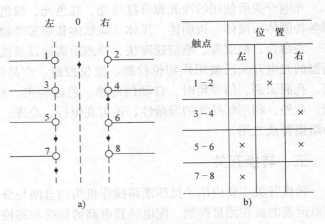

触点	位置		
	左	0	右
1-2		×	
3-4			×
5-6	×		×
7-8	×		

图 1-38　万能转换开关的图形符号
a) 画"•"标记表示　b) 接点表表示

常用的转换开关有 LW5、LW6、LW8、LW9、LW12、LW16、VK、3LB、HZ 等系列，其中，3LB 系列是引进西门子公司技术生产的。LW39 系列万能转换开关分 A、B 两大系列，其中 A 系列造型美观，接线极其方便，内部所有动作部位均设置滚动轴承结构，动作手感非常柔和、开关寿命长。其中带钥匙开关采用全金属结构、内部采用放大锁定结构，避开传统的直接采用锁片锁定的做法，使开关锁定后非常牢固。LW39B 系列是进行小型化设计的产品，具有结构可靠、美观新颖、外形尺寸小的优点。它的接线采用内置接法，使之更加安全可靠；它的另一大特点是定位角度可以是 30°、60° 和 90°，面板一周最多可做 12 档。LW39 系列万能转换开关适用于交流 50Hz、额定电压 380V 和直流 220V 及以下的电路中，用于配电设备的远距离控制、电气测量仪表的转换和伺服电动机、微电机的控制。也可用于小容量笼型异步电动机的控制。

LW5D 系列万能转换开关适用于交流 50Hz、额定电压 500V 及以下，直流电压 440V 的电路中转换电气控制电路（电磁线圈、电气测量仪表和伺服电动机等），也可直接控制 5.5kW 三相笼型异步电动机、可逆转换、变速等。

LW12-16、LW9-16 系列小型万能转换开关（以下简称转换开关）约定发热电流为 16A，可用于交流 50Hz，额定电压 500V 及直流电压 440V 的电路中，作电气控制电路的转换之用和作电压 380V、5.5kW 及以下的三相电动机的直接控制之用，其技术参数符合国家有关标准和国际 IEC 有关标准。该产品采用一系列新工艺、新材料，性能可靠，功能齐全，体积小，结构合理，能替代目前全部同类型产品，品种有普通型基本式、开启型组合式和防护型组合式。

第五节　熔　断　器

低压配电系统中熔断器是起安全保护作用的一种电器。当电流超过规定值一定时间后，以它本身产生的热量使熔体熔化而分断电路，避免电器设备损坏，防止事故蔓延。熔断器广泛应用于低压配电系统和控制系统及用电设备中，作短路和过电流保护用。它通常与被保护电路串联，能在电路发生短路或严重过电流时快速自动熔断，从而切断电路电源，起到保护作用。熔断器与其他开关电器组合可构成各种熔断器组合电器，如熔断器式隔离器、熔断器式刀开关、隔离器熔断器组合负荷开关等。熔断器的图形、文字符号见表1-2。

一、熔断器的结构及工作原理

1. 熔断器的结构

熔断器结构上一般由绝缘底座（或支持件）、熔断管、熔断体、填料及导电部件等部分组成（见图1-39和图1-40）。其中，熔体是熔断器的主要工作部分，熔体相当于串联在电路中的一段特殊的导线，它由金属材料制成，通常做成不同的丝状、带状、片状或笼状，除丝状外，其他通常制成变截面结构（见图1-42），目的是改善熔断体材料性能及控制不同故障情况下的熔化时间。在熔体熔断切断电路的过程中会产生电弧，为了安全有效地熄灭电弧，一般均将熔体安装在熔断管内。熔断管一般由硬质纤维或瓷质绝缘材料制成封闭或半封闭式的管状。

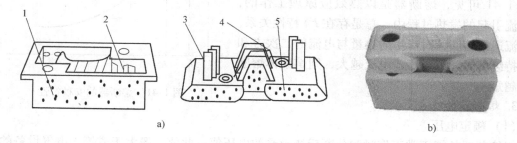

图1-39　插入式熔断器结构图和外形图

a）插入式熔断器结构图　b）RC1A系列插入式熔断器外形图

1—瓷座　2—静触头　3—动触头　4—熔体　5—瓷盖

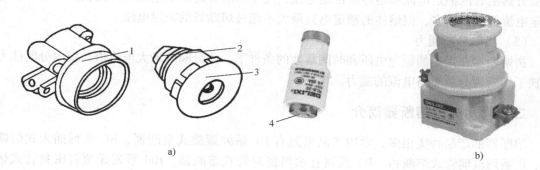

图1-40　螺旋式熔断器结构和外形图

a）螺旋式熔断器结构图　b）RL6系列螺旋式熔断器外形图

1—瓷座　2—熔体　3—瓷帽　4—熔断指示器

2. 熔断器的工作原理

熔断器的熔体与被保护电路串联，当电路正常工作时，熔体在额定电流下不应熔断，所以其最小熔化电流 I_r 必须大于额定电流 I_{re}。最小熔化电流 I_r 是指当熔体通过该电流时，熔体能够达到其稳定温度，并且熔断。最小熔化电流 I_r 与熔体的额定电流 I_{re} 之比称为熔化系数 β

（$\beta = I_\text{r}/I_\text{re}$）。一般 β 在 1.6 左右，它是表征熔断器保护灵敏度的特性指标之一。当电路发生短路或严重过载时，熔体中流过很大的故障电流，引起熔体的发热与熔化。过电流相对额定电流的倍数越大，产生的热量就越多，温度上升也越迅速，熔体熔断所需要的时间就越短；反之，过电流相对额定电流的倍数越小，熔体熔断所需要的时间就越长。当预期短路电流很大时，熔断器将在短路电流达到其峰值之前动作，即通常说的"限流"作用。在熔断器动作过程中可以达到的最高瞬态电流值称为熔断器的截断电流。

　　熔断器的保护特性常用"时间—电流特性"曲线（或称为安秒特性曲线）表示，如图 1-41 所示。它表征流过熔断体的电流与熔断体的熔断时间的关系，这一关系与熔断体的材料和结构有关，是熔断器的主要技术参数之一。图中，t 为熔断时间。由图 1-41 可见，熔断器是以热效应原理工作的，在电流引起的发热过程中，总是存在 I^2t 特性关系，即电流通过熔断体时产生的热量与电流的二次方和电流持续的时间成正比，电流越大，则熔断体熔断时间越短。

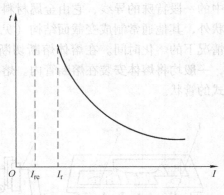

图 1-41　熔断器的安秒特性

　　3. 熔断器的技术参数

　　（1）额定电压

　　指熔断器长期正常工作时和分断后能承受的电压值。此值一般大于或等于电气设备的额定电压。

　　（2）额定电流

　　指熔断器长期正常工作时，设备部件温度不超过规定值时所承受的电流。熔断器的额定电流分熔断管的额定电流和熔体的额定电流，通常熔断管的额定电流等级比较少，而熔体的额定电流等级比较多，但熔体的额定电流最大不超过熔断管的额定电流。

　　（3）极限分断能力

　　指熔断器在规定的额定电压和时间常数的条件下，能分断的最大电流值。极限分断能力反映了熔断器分断短路电流的能力。

二、常用典型熔断器简介

　　熔断器的产品种类很多，常用产品系列有 RL 系列螺旋式熔断器、RC 系列插入式熔断器、R 系列玻璃管式熔断器、RT 系列有填料密封管式熔断器、RM 系列无填料密封管式熔断器、NGT 系列有填料快速熔断器、RST 和 RS 系列半导体器件保护用快速熔断器、HG 系列熔断器式隔离器和特殊熔断器等。

　　1. 插入式熔断器

　　插入式熔断器又称瓷插式熔断器，其结构图与外形图见图 1-39。常用的 RC1A 系列插入式熔断器，一般用于民用交流 50Hz、额定电压 380V、额定电流 200A 的低压照明电路末端或分支电路中，作为短路保护及高倍过电流保护。RC1A 系列熔断器由瓷盖、瓷座、动触头、熔体和静触头组成。瓷盖和瓷座由电工瓷制成，瓷座两端固装着静触头，动触头固装在瓷盖上。瓷盖中段有一突起部分，熔丝沿此突起部分跨接在两个动触头上。瓷座中间有一空腔，它与瓷盖的突起部分共同形成灭弧室。熔断器所用熔体材料主要是软铅丝和铜丝。使用时应按产品目录选用合适的规格。

2. 螺旋式熔断器

螺旋式熔断器多用于工矿企业低压配电设备、机械设备的电气控制系统中作短路保护。常用产品有 RL1、RL6 系列螺旋式熔断器（见图 1-40）。螺旋式熔断器由瓷座、熔体、瓷帽等组成。熔体是一个瓷管，内装有石英砂和熔丝，熔丝的两端焊在熔体两端的导电金属端盖上，其上端盖中有一个染有红漆的熔断指示器，当熔体熔断时，熔断指示器弹出脱落，透过瓷帽上的玻璃孔可以看见红色消失。熔断器熔断后，只要更换熔体即可。

3. 封闭管式熔断器

此类熔断器分为无填料、有填料和快速熔断器三种。无填料封闭管式熔断器主要有 RM3 型和 RM10 型，其结构图及外形图如图 1-42 所示。无填料封闭管式熔断器由管帽 1、铜圈 2、熔断管 3 和熔体 4 等几部分组成。图示的 RM10 型熔断器适用于额定电压 380V 或直流的低压电力网络或配电装置中，作为电缆、导线及电气设备的短路保护及电缆导线的过负荷保护之用。

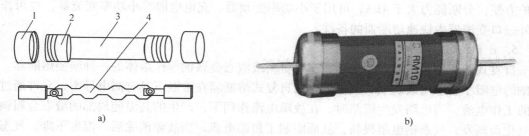

图 1-42　无填料密封管式熔断器结构及外形图
a）无填料封闭管式熔断器结构图　b）RM10 无填料封闭管式熔断器外形图
1—管帽　2—铜圈　3—熔断管　4—熔体

有填料封闭管式熔断器主要有 RT0 系列，这是一种有限流作用的熔断器。由填有石英砂的瓷质熔体管、触头和镀银铜栅状熔体组成。填料管式熔断器均装在特别的底座上，如带隔离刀闸的底座或以熔断器为隔离刀闸的底座上，通过手动机构操作。填料管式熔断器额定电流为 50～1000A，主要用于短路电流大的电路或有易燃气体的场所。

RS0 系列快速熔断式熔断器是一种快速动作型的熔断器，由熔断管、触头底座、动作指示器和熔体组成。熔体为银质窄截面或网状形式，为一次性使用，不能自行更换。由于其具有快速动作性，一般作为半导体整流元件及其成套设备的过载及短路保护器件。NGT 系列为有填料快速熔断器。RT16、RT17 系列高分断能力熔断器属于全范围熔断器，能分断从最小熔化电流至其额定分断能力（120kA）之间的各种电流，额定电流最大为 1250A，具有较好的限流作用。几种常用系列熔断器外形图如图 1-43 所示。

4. 半导体器件保护用熔断器

由于半导体器件只能在极短的时间（数毫秒至数十毫秒）内承受过电流，当半导体器件工作于过电流或短路的情况下，其 PN 结的温度会快速、急剧地上升，半导体器件将因此而被迅速烧毁，因此，对其承担过电流或短路保护的器件必须能快速动作。普通的熔断器的

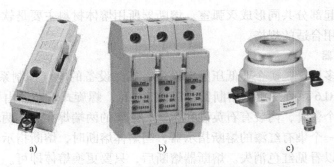

图 1-43　几种常用系列熔断器外形图

a）RC 系列　b）RT 系列　c）RL1 系列

熔断时间是以秒计的，所以通常不能用来保护半导体器件，必须使用快速熔断器。

目前，用于半导体器件保护的快速熔断器有 RS、NGT 和 RSB 系列等，如图 1-44 所示。

RS0 系列快速熔断器一般用于大容量硅整流管的过电流和短路保护；RS3 系列快速熔断器一般用于晶闸管的过电流和短路保护；RSB 系列熔断器是有填料管式熔断器。体积小，维护方便，分断能力大于 4kA，可用于小功率变频器、充电电源等小功率变流器，也可作为国外进口变流器中快速熔断器的备件。

5. 自复式熔断器

自复式熔断器是一种采用气体、超导材料或液态金属钠等作熔体的一种新型熔断器。由于钠的电阻小，采用液态金属钠作熔体的自复式熔断器在常温下具有高电导率，允许通过正常的工作电流。当电路发生短路时，在故障电流作用下，产生的高温使局部的液态金属钠迅速气化而蒸发，气态钠电阻很高，从而限制了短路电流。当故障消除后，温度下降，气态钠又变成固态钠，自动恢复至原来的导电状态，熔体所在电路又恢复导通。此类自复式熔断器的优点是能重复使用，故障后不必更换熔体；其缺点是只能限制故障电流，而不能切断故障电流，因此又将其称为限流型自复式熔断器。

图 1-44　几种常用系列熔断器外形图

a）RSB 系列　b）NGT 系列　c）RS0 系列

如图 1-45 所示，制作自复式熔断器熔体的材料很多，由美国研发的一种称为 Ploy Switch 的自复式过流熔体，它由聚合树脂（Polyner）及导体（Conductive）组成。在正常情况下，聚合树脂紧密地将导体束缚在结晶状的结构内，构成一个低阻抗的链键。当电路发生短路或过电流时，导体上所产生的热量会使聚合树脂由结晶变成胶状，被束缚在聚合树脂上的导体便分离，导致阻抗迅速增大，从而限制了故障电流。当电路恢复正常时，聚合树脂又重新恢复到低阻抗状态。PloySwitch 自复式元件是全球领先的 PPTC 元件，用于保护电路以避免电子设备因出现大电流或过高温度而造成损坏，从而减少维护和修理工作，同时带来客户的满意和企业保修成本的降低。PloySwitch 电源管理元件能够对各类电源故障进行保护，其特点是：电流限制速度快，能够检测电路过载或电压

图 1-45　自复式熔断器外形图

过低的故障，具有软起动功能。在 USB 应用中，该元件能够提供真正独立的开关控制，避免在热插拔时出现误动作，减少外接元件的数量。

三、熔断器的选用

由于各种电气设备都具有一定的过载能力，允许在一定条件下较长时间运行；而当负载超过允许值时，就要求熔体在规定时间内熔断。还有一些设备起动电流很大，但起动时间很短，所以要求这些设备的保护特性要适应设备运行的需要，要求熔断器在电动机起动时不熔断，在短路电流作用下和超过允许过负荷电流时，能可靠熔断，起到保护作用。熔体额定电流选择偏大，负载在短路或长期过负荷时不能及时熔断，无法及时切断故障电路；选择过小，可能在正常负载电流作用下就会熔断，影响正常运行，为保证设备正常运行，必须根据负载性质合理地选择熔体额定电流。

1. 熔断器选用的一般原则

（1）熔断器类型的选择

熔断器的选择，主要依据负载的保护特性和预期短路电流的大小。当熔断器主要用来做过电流保护时，希望熔体的熔化系数小，这时可选用熔体为铅锡合金的熔丝（如 RC1A 系列熔断器）；当熔断器主要用来做短路保护时，可选用熔体为锌质的（如 RM10 系列无填料封闭管式）熔断器。当短路电流比较大时，可选用具有高分断能力的、有限流作用的熔断器（如 RL 系列螺旋式熔断器，有限流作用的 RT（NT）系列高分断能力熔断器等）。当有上下级熔断器选择性配合要求时，应考虑过电流选择比。过电流选择比是指上下级熔断器之间满足选择性要求的额定电流最小比值，它和熔断体的极限分断电流、I^2t 值和时间—电流特性有密切关系。一般需根据制造厂提供的数据或性能曲线进行较详细的计算和整定来确定。

（2）熔断体额定电流的确定

1）对于负载电流比较平稳的照明或电阻炉这一类阻性负载进行短路保护时，应使熔体的额定电流 I_{re} 稍大于或等于电路的正常工作电流。即

$$I_{re} \geq I \tag{1-2}$$

式中　I_{re}——熔体的额定电流；

I——电路的正常工作电流。

2）用于保护电动机的熔断器，应考虑躲过电动机起动电流的影响，一般选熔断体额定

电流为电动机额定电流 I_{me} 的 1.5 ~ 3.5 倍。即

$$I_{re} \geq (1.5 \sim 3.5) I_{me} \tag{1-3}$$

式中　I_{re}——熔体的额定电流；

　　　I_{me}——电动机的额定电流。

对于起动不频繁或起动时间不长的电动机，系数选用下限；对于频繁起动的电动机，系数选用上限。

3）用于为多台电动机供电的主干线作短路保护的熔断器，在出现尖峰电流时不应熔断。通常，将其中一台容量最大的电动机起动，同时其余电动机均正常运行时出现的电流作为其尖峰电流，熔断体额定电流可按下式计算：

$$I_{re} \geq (1.5 \sim 2.5) I_{memax} + \sum I_{me} \tag{1-4}$$

式中　I_{re}——熔体的额定电流；

　　　I_{memax}——多台电动机中容量最大的一台电动机的额定电流；

　　　$\sum I_{me}$——其余电动机额定电流之和。

2. 快速熔断器的选择

快速熔断器的选择与其接入电路的方式有关，以三相硅整流电路为例，快速熔断器接入电路的方式常见的有交流侧接入、直流侧接入和整流桥臂接入（即与硅元件串联）三种，如图 1-46 所示。

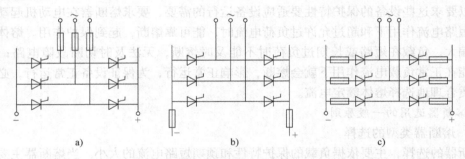

图 1-46　快速熔断器接入整流电路的方式

a）接入交流侧　b）接入直流侧　c）接入整流桥臂

（1）熔体的额定电流选择

选择熔体的额定电流时应当注意，快速熔断器熔体的额定电流是以有效值表示的，而硅整流元件的额定电流却是用平均值表示的。当快速熔断器接入交流侧时，熔体的额定电流为

$$I_{re} \geq K_1 I_{zmax} \tag{1-5}$$

式中　I_{re}——熔体的额定电流；

　　　I_{zmax}——可能使用的最大整流电流；

　　　K_1——与整流电路的形式及导电情况有关的系数，若用于保护硅整流元件时，K_1 值见表 1-5；若用于保护晶闸管时，K_1 值见表 1-6。

当快速熔断器接入整流桥臂时，熔体的额定电流为

$$I_{re} \geq 1.5 I_{ge} \tag{1-6}$$

式中　I_{re}——熔体的额定电流；

　　　I_{ge}——硅整流元件或晶闸管的额定电流（平均值）。

表1-5　不同整流电路时的 K_1 的值

整流电路的形式	单相半波	单相全波	单相桥式	三相全波	三相桥式	双星形六相
K_1	1.57	0.785	1.11	0.575	0.516	0.29

表1-6　不同整流电路及不同导通角时的 K_1 的值

K_1　　导通角　　　电路形式	180°	150°	120°	90°	60°	30°
单相半波	1.57	1.66	1.83	2.2	2.78	3.99
单相桥式	1.11	1.17	1.33	1.57	1.97	2.82
三相桥式	1.57	1.66	1.83	2.2	2.78	3.99

（2）快速熔断器额定电压的选择

快速熔断器分断电流的瞬间，最高电弧电压可达电源电压的 1.5 ~ 2 倍。因此，硅整流元件（或晶闸管整流元件）的反向峰值电压必须大于 U_{re} 值才能安全工作，即

$$U_F \geqslant K_2\sqrt{2}U_{re} \tag{1-7}$$

式中　U_F——硅整流元件或晶闸管的反向峰值电压；

　　　K_2——安全系数，其值一般为 1.5 ~ 2；

　　　U_{re}——快速熔断器额定电压。

四、熔断器运行与维修

1. 使用熔断器时应注意事项

1）熔断器的保护特性应与被保护对象的过载特性相适应，考虑到可能出现的短路电流，选用相应分断能力的熔断器。

2）熔断器的额定电压要适应电路电压等级，熔断器的额定电流要大于或等于熔体额定电流。

3）电路中各级熔断器熔体额定电流要相应配合，前一级熔体额定电流必须大于下一级熔体额定电流。

4）熔断器的熔体要按被保护对象的分断要求，选用相应的熔体，不允许随意加大熔体或用其他导体代替熔体。

2. 熔断器巡视检查

1）检查熔断器和熔体的额定值与被保护设备是否相匹配。

2）检查熔断器外观有无损伤、变形，瓷绝缘部分有无闪烁放电痕迹。

3）检查熔断器各接触点头是否完好，是否接触紧密，是否有过热现象。

4）熔断器的熔断信号指示器是否正常。

3. 熔断器使用维修

1）熔体熔断时，要认真分析熔断的原因，可能的原因有：短路故障或过载运行而正常熔断；熔体使用时间过久，运行中温度高而使熔体受氧化，致使其特性变化而误动作；熔体安装时有机械损伤，使其截面积变小，导致其在正常运行中发生误断。

2）拆换熔体时，要求做到：首先要找出熔体熔断原因，未确定熔断原因时，不得拆换熔体试运行；更换新熔体时，要检查熔体的额定值是否与被保护设备相匹配；要检查熔断管内部烧伤情况，如有严重烧伤，应同时更换熔管。瓷熔管损坏时，不允许用其他材质管代替。填料式熔断器更换熔体时，要注意填充填料。

3）维护检查熔断器时，要按安全规程要求，切断电源，不允许带电摘取熔断管。

第六节　低压断路器

低压断路器又称自动空气开关，是低压配电网中的主要开关电器之一，它不仅可以接通和分断正常负载电流、电动机工作电流和过载电流，而且可以分断短路电流。通常用于不频繁操作的低压配电电路或电器开关柜（箱）中作为电源开关使用，并可以对电路、电气设备及电动机等实施保护。当发生严重过电流、过载、短路、断相、漏电等故障时，能自动切断电路，起到保护作用，而且在分断故障电流后，一般不需要更换部件，因此获得了广泛应用。较高性能万能式断路器带有三段式保护特性，并具有选择性保护功能。高性能万能式断路器带有各种保护功能脱扣器，包括智能化脱扣器，可实现计算机网络通信。低压断路器具有的多种功能，是以脱扣器或附件的形式实现的，根据用途不同，断路器可配备不同的脱扣器或继电器。

低压断路器的分类方式很多，按使用类别分，有选择型和非选择型。非选择型多用于支路保护。主干电路断路器要求采用选择型，以满足电路内各种保护电器的选择性断开，把事故区域限制到最小范围。按灭弧介质分，有空气式和真空式。根据采用的灭弧技术，断路器又有两种类型：零点灭弧式断路器和限流式断路器。在零点灭弧式断路器里，被触头拉开的电弧在交流电流自然过零时熄灭。限流式断路器的"限流"是指把峰值预期短路电流限制到一个较小的允通电流。按结构形式分，有万能式、塑壳式（装置式）和小型模数式。按操作方式分，有人力操作和动力操作，以及储能操作之分。按极数可分为单极、二极、三极和四极式。按安装方式又可分为固定式、插入式和抽屉式。根据断路器在电路中的不同用途，断路器被区分为配电用断路器、电动机保护用断路器和其他负载（如照明）用断路器等。

一、低压断路器结构和工作原理

低压断路器的结构原理简图如图 1-47 所示。

手动合闸后，主触头 1 闭合，自由脱扣机构 2 将主触头锁在合闸位置上。如果电路中发生故障，自由脱扣机构就在有关脱扣器的移动下动作，使脱钩脱开，主触头随之断开。过电流脱扣器（也称为电磁脱扣器）3 的线圈和热脱扣器 4 的热元件与主电路串联。当电路发生短路或严重过载时，过电流脱扣器的衔铁首先

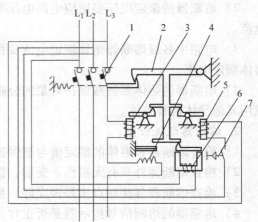

图 1-47　低压断路器的结构原理简图

1—主触头　2—自由脱扣机构　3—过电流脱扣器

4—热脱扣器　5—分励脱扣器

6—欠电压脱扣器　7—分励脱扣按钮

吸合，使自由脱扣机构 2 动作，从而带动主触头 1 断开主电路，其动作特性具有瞬动特性。当电路过载时，热脱扣器（过载脱扣器）4 的热元件发热使双金属片向上弯曲，推动自由脱扣机构 2 动作，动作特性具有反时限特性。当低压断路器由于过载而断开后，一般应等待 2~3min，双金属片冷却复位后，才能重新合闸，以使热脱扣器恢复原位，这也是低压断路器不能连续频繁地进行通断操作的原因之一。过电流脱扣器和热脱扣器互相配合，热脱扣器担负主电路的过载保护功能，过电流脱扣器担负短路和严重过载故障保护功能。欠电压脱扣器 6 的线圈和电源并联。当电路欠电压时，欠电压脱扣器的衔铁释放，也使自由脱扣机构动作。分励脱扣器 5 是用于远距离控制，实现远方控制断路器切断电源。在正常工作时，其按钮是断开的，线圈不得电；当需要远距离控制时，按下分励脱扣按钮 7，使线圈通电，衔铁带动自由脱扣机构动作，使主触头断开。

二、常用典型低压断路器简介

1. 万能框架式断路器

万能框架式断路器的结构形式有一般式、多功能式、高性能式和智能式等几种；安装方式有固定式、抽屉式两种；操作方式分手动操作和电动操作两种。具有多段式保护特性，主要用于低压配电网络中，用来分配电能和供电电路及电源设备的过载、欠电压和短路保护。常用的主要系列有 DW1 一般型，DW17、DW15、DW15HH 多功能、高性能型，DW45 智能型，另外还有 ME、AE 高性能型和 M 智能型等。图 1-48 所示是万能框架式断路器的外形图。

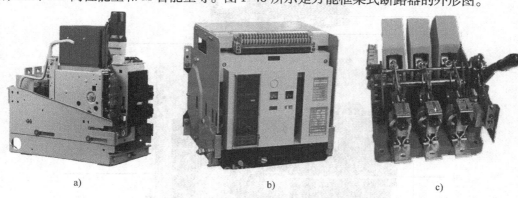

a)　　　　　　　　　b)　　　　　　　　　c)

图 1-48　万能框架式断路器的外形图
a) DW17（ME）高性能型　b) DW45-2000 智能型　c) DW10 型一般框架式

智能化断路器的特征是采用了以微处理器或单片机为核心的智能控制器（智能脱扣器），它不仅具备普通断路器的各种保护功能，同时还具备实时显示电路中的各种电气参数（电流、电压、功率、功率因数等），对电路进行在线监视、自行调节、测量、试验、自诊断、可通信等功能；能够对各种保护功能的动作参数进行显示、设定和修改；保护电路动作时的故障参数能够存储在非易失存储器中以便查询。以智能型 SDW1 断路器为例，说明其结构原理，如图 1-49 所示。该类断路器采用立体布置形式，具有结构紧凑、体积小的特点，有固定式及抽屉式两种安装方式。固定式断路器主要由触头系统、智能脱扣器、手动操作机构和电动操作机构和固定板组成；抽屉式断路器主要由触头系统、智能脱扣器、手动操作机构、电动操作机构和抽屉座组成。其智能型脱扣器具有过载长延时反时限、短延时反时限、短路瞬动和接地故障等各种保护功能、负载监控功能、电流表功能、整定功能、自诊断功能和试验功能，另外还具有脱扣器的显示功能，即脱扣器在运行时能显示其运行电流（即电流表功能），故障发生时能显示其保护特性规定的区段并在分断电路后锁存故障及故障电流；在整定时能显示整定区段的电流、时间及区段类别等；如果是延时动作，在动作过程中指示灯闪烁，断路器分断以后指示灯由闪烁转为恒定发光；试验时能显示试验电流、延时时间、试验指示及试验动作区段。国内生产的 DW45、DW40、DW914（AH）、DW18（AE‒S）、DW48、DW19（3WE）、DW17（ME）等智能化框架断路器，都配有 ST 系列智能控制器及配套附件。它采用积木式配套方案，可直接安装于断路器本体中，无须重复二次接线，并可按多种方案任意组合。

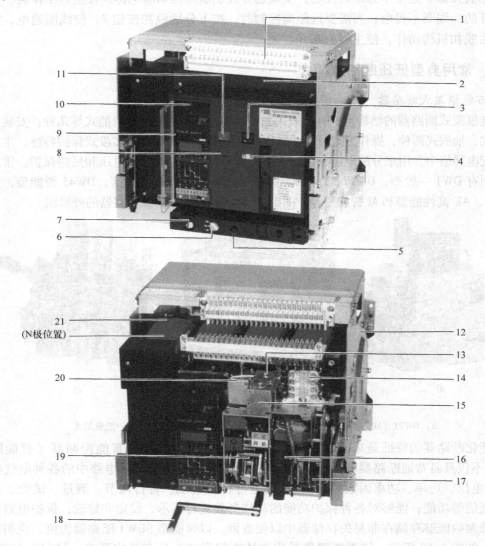

图 1-49　SDW1 系列智能型万能式断路器

1—二次回路接线端子　2—面板　3—合闸接钮　4—储能/释能指示　5—摇手柄插入位置
6—连接、试验和分离位置指示　7—摇手柄存放处　8—主触头位置指示　9—智能脱扣器　10—故障跳闸指示/复位按钮
11—分闸按钮　12—抽屉座　13—分励脱扣器　14—辅助触头　15—闭合（释能）电磁铁　16—手动储能手柄
17—电动储能机构　18—摇手柄　19—操作机构　20—欠电压脱扣器　21—灭弧室

2. 塑料外壳式断路器

塑料外壳式断路器又称为装置式自动开关，它主要由塑料绝缘外壳、操作机构、触头系统和脱扣器等4部分组成。具有快速闭合、断开的自由脱扣机构。脱扣器由电磁式脱扣器和热脱扣器等组成，额定电流250A及以上的断路器，其电磁脱扣器是可调式；额定电流600A及以上的断路器除热磁脱扣型外，还有电子脱扣型。断路器可分装分励脱扣器、欠电压脱扣器、辅助触头、报警触头和电动操作机构。断路器除一般固定安装形式外，还可附带接线座，供各种不同使用场所作插入式安装用。大容量产品的操作机构采用储能式，小容量（50A以下）常采用非储能式。操作方式多为手柄扳动式。塑料外壳式断路器多为非选择型，根据断路器在电路中的不同用途，分为配电用断路器、电动机保护用断路器和其他负载用断路器等。常用于低压配电开关柜（箱）中，作配电电路、电动机、照明电路及电热器等设备的电源控制开关及保护。在正常情况下，断路器可分别作为电路的不频繁转换及电动机的不频繁起动之用。

如图1-50所示为塑料外壳式断路器内部结构示意图。外壳1采用DMC玻璃丝增强的不饱和聚醋料团材料，具有优良的电性能和很高的强度；灭弧室2具有优良的灭弧性能及避免电弧外逸的零飞弧功能；银触头3是采用多元素的合金触头，耐磨并附带接线座，可供各种不同使用场所作插入式安装用。大容量产品的操作机构具有抗电弧、接触电阻小的优点；不论手动操作"合"或"分"快慢如何，其操作机构7均可瞬时合上或断开，并且在发生电路故障时能迅速分断电流；触头系统4是由利用平行导体和节点电磁斥开的结构和有利于电弧转移的弧角部分构成的；限流机构6结构简单，动作可靠，它利用电磁力斥开过死点，斥开距离等于断开距离，对智能化脱扣器具有后备保护的作用；脱扣机构10设计成立体二级脱扣，因而脱扣力小，大大提高断路器的综合性能；自动脱扣装置9是热动电磁型，当因事故自动

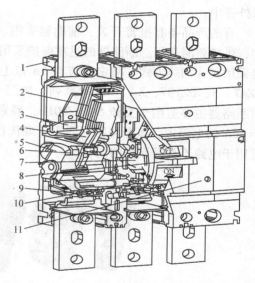

图1-50 塑料外壳式断路器内部结构示意图
1—外壳 2—灭弧室 3—银触头 4—触头系统
5—转轴 6—限流机构 7—操作机构 8—手柄
9—自动脱扣装置 10—脱扣机构 11—脱扣按钮

脱扣后，其手柄8处在ON（合）与OFF（分）的中间位置；当断路器脱扣后，要使断路器复位，将手柄下拉，使之处于OFF的位置。为确认断路器操作机构和脱扣机构动作是否可靠，可以通过脱扣按钮11，从盖子上用机械的方式进行脱扣。

塑料外壳式断路器品牌种类繁多，我国自行开发的塑壳式断路器系列有：DZ20系列、DZ25系列、DZ15系列，引进技术生产的有日本寺崎公司的TO、TG和TH-5系列、西门子公司的3VE系列、日本三菱公司的M系列、ABB公司的M611（DZ106）和SO60系列，施耐德公司的C45N（DZ47）系列等。其中DZ20系列塑料外壳式断路器适用于交流50Hz，额定绝缘电压660V，额定工作电压不大于380V（400V），额定电流不大于1250A。一般作为配电用，额定电流200A和额定工作电压400V的断路器亦可作为保护电动机用。在正常情

况下，断路器可分别作为电路不频繁转换及电动机的不频繁起动之用。DZ20 系列塑料外壳式断路器有 4 种性能形式，四极断路器主要用于交流 50Hz、额定电压 400V 及以下，额定电流 100～630A 三相五线制的系统中，它能保证用户设备和电源完全断开，确保安全，从而解决其他断路器不可克服的中性线电流不为零的弊端。图 1-51 为塑料外壳式断路器的外形图。

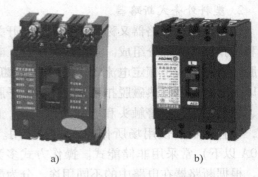

图 1-51　塑料外壳式断路器的外形图
a) DZ15　b) DZ20

3. 小型断路器

小型断路器通常装于电路末端，对有关电路和用电设备进行配电、控制和保护等。主要由操作机构、热脱扣器、电磁脱扣器、触头系统、灭弧室等部件组成，所有部件都置于一绝缘外壳中。

有的产品备有报警开关、辅助触头组、分励脱扣器、欠电压脱扣器和漏电脱扣器等附件，供需要时选用。断路器的过载保护采用双金属片式热脱扣器完成，额定电流在 5A 以下的采用复式加热方式，额定电流在 5A 以上的采用直接加热方式。常用的主要型号有 C45、DZ47、S、DZ187、XA、MC 等系列。如图 1-52 所示是小型断路器的外形图。DZ47 系列小型断路器主要适用于交流 50Hz/60Hz，额定工作电压为 240V/415V 及以下，额定电流不大于 60A 的电路中，该断路器主要用于现代建筑物的电气电路及设备的过载和短路保护，也适用于电路不频繁操作的场合。

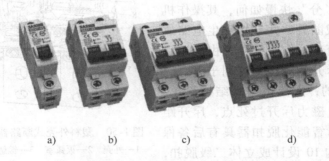

图 1-52　小型断路器的外形图
a) 单极　b) 双极　c) 三极　d) 多极

4. 智能化低压断路器

微处理机和计算机技术引入低压电器，一方面使低压电器具有智能化功能，另一方面使低压开关电器通过中央控制系统，进入计算机网络系统。微处理器引入低压断路器，使断路器的保护功能大大增强，它的三段保护特性中的短延时可设置成 $I^2 t$ 特性，以便与后一级保护更好匹配，并可实现接地故障保护。带微处理器的智能化脱扣器的保护特性可方便地调节，还可设置预警特性。智能化断路器可反映负载电流的有效值，消除输入信号中的高次谐波，避免高次谐波造成的误动作。采用微处理器还能提高断路器的自身诊断和监视功能，可监视检测电压、电流和保护特性，并可用液晶显示。当断路器内部温升超过允许值，或触头磨损量超过限定值时能发出警报。

　　智能化断路器能保护各种起动条件的电动机，并具有很高的动作准确性，整定调节范围宽，可以保护电动机的过载、断相、三相不平衡、接地等故障。智能化断路器通过与控制计算机组成网络还可自动记录断路器运行情况和实现遥测、遥控和遥信。智能化断路器是传统低压断路器改造、提高和发展的方向。近年来，我国的断路器生产厂也已开发生产了各种类型的智能化控制的低压断路器，相信今后智能化断路器在我国一定会有更大的发展。

三、低压断路器的选用

　　1. 低压断路器的特性及技术参数

　　我国低压电器标准规定低压断路器应有下列特性参数：

　　（1）形式

　　断路器形式包括相数、极数、额定频率、灭弧介质、闭合方式和分断方式。

　　（2）主电路额定值

　　主电路额定值有：额定工作电压、额定电流、额定短时接通能力及额定短时耐受电流。万能式断路器的额定电流还分主电路的额定电流和框架等级的额定电流。

　　（3）额定工作制

　　断路器的额定工作制可分为 8 小时工作制和长期工作制两种。

　　（4）辅助电路参数

　　断路器辅助电路参数主要为辅助触头特性参数。万能式断路器一般具有动合辅助触头和动断辅助触头各 3 对，供信号装置及控制回路用；塑壳式断路器一般不具备辅助触头。

　　（5）其他

　　断路器特性参数除上述各项外，还包括脱扣器形式及特性、使用类别等。

　　2. 断路器的选用

　　额定电流在 600A 以下，且短路电流不大时，可选用塑壳断路器；额定电流较大，短路电流亦较大时，应选用万能式断路器。

　　一般选用原则为

　　1）断路器额定电流≥负载工作电流；

　　2）断路器额定电压≥电源和负载的额定电压；

　　3）断路器脱扣器额定电流≥负载工作电流；

　　4）断路器极限通断能力≥电路最大短路电流；

　　5）电路末端单相对地短路电流/断路器瞬时（或短路时）脱扣器整定电流≥1.25A；

　　6）断路器欠电压脱扣器额定电压＝电路额定电压。

第七节　控制与保护开关电器

　　在 20 世纪的 80 至 90 年代，出现了一种多功能集成化的新型电器，称为控制与保护开关电器，英文名称为 "Control and Protective Switching Device"，缩写为 "CPS"。其代表产品是法国 TE 公司的 LD 系列 CPS 产品。我国在 20 世纪 90 年代以前，CPS 产品尚属空缺，为了追踪国外先进技术水平，"八五" 期间国家正式制定了研发计划，由上海电器科学研究所负责组织开发，由浙江中凯科技股份有限公司负责试制、生产和销售。第一代 CPS 产品于 1996 年 5 月通过国家级鉴定验收，国内注册型号为 "KB0"，型号含义 "K"、"B" 分别为 "控制"、"保护" 汉语拼音的第一个字母；"0" 为填补国内空白的 "第一代" CPS 热磁式产品。根据市场需求和新技术的发展，国内又陆续开发了 KB0 – B、R、E、T 系列智能化、数字化的产品。通过近二十几年的发展，CPS 产品逐步完善，形成了多个系列、多个品种规格的各种产品。

从其结构和功能上来说 KB0 系列产品已不再是接触器、断路器或热继电器等单个产品，而是一套控制保护系统。它的出现从根本上解决了传统的采用分立元器件由于选择不合理而引起的控制和保护配合不合理的种种问题，特别是克服了由于采用不同考核标准的电器产品之间组合在一起时，保护特性与控制特性配合不协调的现象，极大地提高了控制与保护系统的运行可靠性和连续运行性能。

一、控制与保护开关电器的基本概念

1. 控制与保护开关电器的定义

国家标准 GB 14048.9—2008《低压开关设备和控制设备 第 6 – 2 部分：多功能电器（设备）控制与保护开关电器（设备）（CPS）》中对控制与保护开关电器的定义为："可以手动或以其他方式操作，带或不带就地人力操作装置的开关电器（设备）。

CPS 能够接通、承载和分断正常条件下包括规定的运行过载条件下的电流，且能够接通，在规定时间内承载并分断规定的非正常条件下的电流，如短路电流。

CPS 具有过载和短路保护功能，这些功能经协调配合使得 CPS 能够在分断直至其额定运行短路分断能力 ICS 的所有电流后连续运行。CPS 可以是也可以不是单一的电器组成，但总被认为是一个整体（或单元）。协调配合可以是内在固有的，也可以是遵照制造厂的规定经正确选取脱扣器而获得的。"

CPS 的电气符号如图 1-53 所示。

2. 控制与保护开关电器的功能及特点

（1）具有控制与保护自配合特性

图 1-53　CPS 的电气符号

CPS 集控制与保护功能为一体，相当于隔离

开关 + 断路器或熔断器 + 接触器 + 过载继电器，如图 1-54 所示，很好地解决了分离元件不能或很难解决的元件之间的保护与控制特性匹配问题，具有反时限、定时限和瞬动三段保护特性，使保护和控制特性更完善合理。

（2）具有无可比拟的运行可靠性和系统的连续运行性能

在分断短路电流后无须维护即可投入使用，即具有分段短路故障后的连续运行性能。如 KB0 在进行了分断短路电流 I_{cs} 试验后，仍具有 1500 次以上的 AC – 44 电寿命，这是断路器等分离元器件构成电控系统难以达到的。

（3）节能、节材，综合成本性价比高

CPS节省柜体安装尺寸、节约安装费用、减少运行维护费用，节能节材。

（4）具有分断能力高、飞弧距离短的特性

如KB0的额定运行短路分断能力I_{cs}达到了高分断型为80kA、标准型为50kA、经济型为35kA，达到了熔断器的限流水平，大大限制了短路电流对系统的动、热冲击，且飞弧距离仅为20～30mm。

（5）具有保护整定电流均可调整的特性

如KB0的热脱扣电流和磁脱扣电流均可以在面板上进行调整，克服了塑壳断路器的短路保护整定电流出厂后就无法调整的缺陷，使得KB0即使安装在电路末端，短路电流较小时，也同样具有很好的短路保护功能。

（6）具有使用寿命长、操作方便的特性

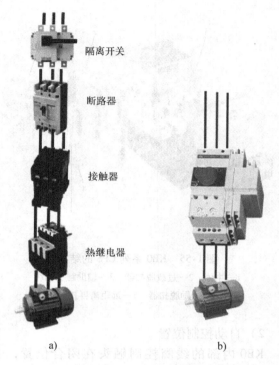

隔离开关

断路器

接触器

热继电器

a)   b)

图1-54 分立原件与CPS构成电路对照
a) 分立元件构成的控制系统 b) CPS（KB0）构成的控制系统

如KB0的机械寿命可达500～1000万次，电寿命AC－43为100～120万次。既可近地手动操作，又可实现远距离自动控制。

二、CPS的结构

下面以浙江中凯科技股份有限公司研制开发的KB0系列CPS产品为例，介绍其结构组成。

如图1-55所示，CPS（KB0）由主体、过载脱扣器、辅助触头模块、分励脱扣器和远距离再扣器几部分组成。

1. 主体

主体结构主要由壳体、主体面板、电磁传动机构、操动机构、主电路接触组（包括触头系统、短路脱扣器）等部件构成，如图1-56所示。其具有短路保护、自动控制、就地控制及指示功能。

（1）主体面板

图1-57所示为基本型KB0主体面板的外形图。

1）通断指示器

当KB0主电路接通时，该标记呈红色；当KB0正常断开时，红色标记不可见。

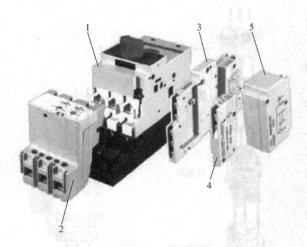

图 1-55　KB0 系列 CPS 的结构

1—主体　2—过载脱扣器　3—辅助触头模块

4—分励脱扣器　5—远距离再扣器

图 1-56　KB0 系列主体外形图

2）自动控制位置

KB0 内部的线圈控制触头在闭合位置，此时通过线圈控制电路的通断可实现远程自动控制。

3）脱扣位置

在接通的电路中，如出现过载、过电流、断相、短路等故障以及远程分励脱扣时，产品内对应的功能模块动作。此时，主触头和线圈控制触头均处于断开状态。

4）断开位置

线圈控制触头断开，KB0 主触头处于断开位置。

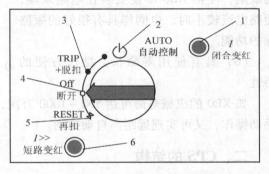

图 1-57　KB0 主体面板的外形图

1—通断指示器　2—自动控制位置　3—脱扣位置

4—断开位置　5—再扣位置　6—短路故障指示器

5）再扣位置

操作手柄旋转至该位置处才可以使已经脱口的 KB0 复位再扣。

6）短路故障指示器

正常工作时，红色标记不可见；短路脱扣时，该标记呈红色。

（2）电磁传动机构

图 1-58 所示为 KB0 系列电磁传动机构外形图。其主要由线圈、铁心、控制触头、传动机构及基座组成。可以接受通断操作指令，控制主电路接触组中的主触头的接通或分断主电路。

（3）操动机构

图 1-59 所示为 KB0 系列操动机构外形图。能接受每极主电路接触组的短路信号和来自

热磁脱扣器的故障信号,通过控制触头切断线圈回路,再由电磁传动机构分断主电路。故障排除后,由操作手柄复位。KB0操动机构的工作状态在主体面板上的符号及指示器位置含义如上所述。

(4) 主电路接触组

图1-60所示为KB0系列主电路接触组外形图。其中装有限流式快速短路脱扣器与高分断能力的灭弧系统,能实现高限流特性(限流系数小于0.2)的短路保护,其脱扣电流整定值不可调整,仅与框架等级有关,其整定值为$16I_n$(I_n为框架等级电流)。在负载发生短路时,短路脱扣器快速(2~3ms)动作,通过拨杆断开主触头,同时带动操作机构切断控制线圈电路使主电路各极全部断开。

图1-58 KB0系列电磁传动机构外形图

图1-59 KB0系列操动机构外形图

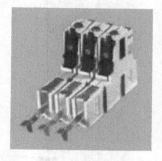

图1-60 KB0系列主电路接触组外形图

2. 热磁脱扣器

图1-61所示为KB0系列热磁脱扣器的外形图和面板图。其具有过载、过电流、延时、温度补偿、断相和较低过载下良好的保护功能。整定电流值包括热过载反时限脱扣电流和过载定时限电流。

按用途可将其分为:电动机保护型和配电保护型、不频繁起动型和频繁起动电动机型等。

3. 智能控制器

图1-62所示为智能控制器外形图。其基于高性能微处理器、嵌入式软件和总线通信技术,可实现电动机负载、配电电路的电流保护、电压保护、设备保护和温度保护,具有通信、维护管理、自诊断功能,且脱扣级别和多种保护参数均可整定。

4. 功能模块

KB0功能模块主要有辅助触头模块、分励脱扣器和远距离再脱扣器三种。

(1) 辅助触头模块

图1-63所示为辅助触头模块外形图。其包括与主电路触头联动的机械无源触头(简称辅助触头)和用于手柄位置指示和故障指示的机械无源信号报警触头(简称信报触头)。辅助触头在电气上是分开的。信报触头可指示操作手柄的AUTO(接通)位置、主电路过载(过电流或断相)故障和短路故障。

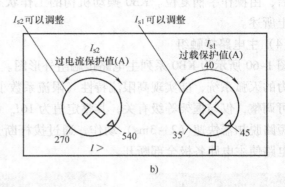

a)

b)

图 1-61　KB0 系列热磁脱扣器

a）热磁脱扣器外形图　b）热磁脱扣器面板

图 1-62　智能控制器外形图　　　　　　图 1-63　辅助触头模块外形图

（2）分励脱扣器

图 1-64 所示为分励脱扣器外形图。其可以实现 KB0 远程脱扣和分断电路的功能。

（3）远距离再脱扣器

图 1-65 所示为远距离再脱扣器外形图。其可以实现 KB0 操动机构远程再扣和复位功能。

5. 隔离型

KB0 隔离型产品主要应用于配电电路和电动机电路中电源的隔离。其既可以满足主电路隔离的要求，也可满足控制回路隔离的要求，并可通过操作手柄清楚地显示其状态。

图 1-64　分励脱扣器外形图

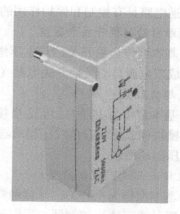

图 1-65　远距离再脱扣器外形图

三、CPS 的工作原理

1. CPS 的控制原理

CPS 的通断由主接触组中的主触头来实现，主触头组由电磁机构控制。电磁机构系统动作由 A1、A2（外接控制电源）及操作机构所控制的触头（电磁机构里线圈的触头）来控制。CPS 电磁线圈工作原理如图 1-66 所示。

2. CPS 保护功能的工作原理

CPS 的短路保护由每极主接触器中的限流式快速短路脱扣器完成。主接触器中的限流式快速脱扣器，检测到短路电流，快速（2～3ms）冲击断开主接触器中的触头，同时将信号传递给操作机构，由操作机构动作后切断电磁机构线圈回路，从而实现 CPS 的短路保护。

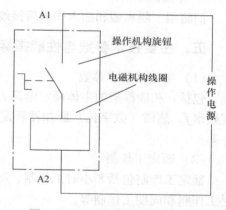

图 1-66　CPS 电磁线圈工作原理

CPS 的 MCU 智能控制检测系统，检测到主回路过载、缺相、欠电压、过电压、欠电流、堵转、三相不平衡、漏电等故障时，发出故障信号给电子脱扣器，电子脱扣器动作后带动操作机构，操作机构动作后切断电磁机构中线圈回路，线圈是失压释放铁心断开主回路接触组，从而使 CPS 实现过载及其他保护。

四、CPS 分类

通常按照 CPS 产品的构成及控制对象可分为以下几种：

1. 基本型

主要包括主体、控制器、辅助触头、扩展功能模块与附件等，可以实现对负载的控制与保护。

2. 可逆型

以 CPS 基本型作为主开关，与机械联锁和电气联锁等附件或可逆控制模块组合，构成对电动机可逆电路具有控制和保护作用的 CPS。

3. 双电源自动转换开关电器型

以 CPS 基本型作为主开关，与电压继电器、机械联锁、电气联锁等附件或双电源控制器组合，构成双电源自动转换开关电器（ATSE）。

4. 减压起动器型

以 CPS 基本型作为主开关，与适当接触器、时间继电器、机械联锁、电气联锁或相应的减压起动模块构成星 – 三角减压起动器型、自耦减压起动器型、电阻减压起动器型，实现电动机的减压起动控制。

5. 双速（或三速）控制器型

以 CPS 基本型作为主开关，与接触器、电气联锁等附件或双速（或三速）控制模块组合，构成双速（或三速）控制器，适用于双速（或三速）电动机的控制与保护。

6. 带保护控制箱型

以 CPS 基本型作为主开关，安装在标准的保护箱内组成动力终端箱，适用于户外以及远程单独分组的控制与保护。

7. 其他派生型

消防型、隔离型和插入式板后接线型等。

五、主要技术参数与性能指标

（1）主电路基本参数

包括：相应框架的主体额定电流 I_n，约定自由空气发热电流 I_{th}，额定绝缘电压 U_i，额定频率 f，热磁（数字化）脱扣器额定工作电流 I_e，以及额定工作电压 U_e。具体参数见表 A-1。

（2）额定工作制

额定工作制包括 8 小时工作制、不间断工作制、断续周期工作制（或断续工作制）、短时工作制和周期工作制等。

（3）电气间隙、爬电距离和额定冲击耐受电压

具体参数见表 A-2。

（4）标准的使用类别

标准的使用类别代号及典型用途见表 1-7。

表 1-7 标准的使用类别代号及典型用途

电路	使用类别	典型用途
主电路	AC – 40	配电电路，包括混合的电阻性和由组合电抗器组成的电感性负载
	AC – 41	无感或微感负载、电阻炉
	AC – 42	滑环型电动机：起动、分断
	AC – 43	笼型感应电动机：起动、运转中分断
	AC – 44	笼型感应电动机：起动、反接制动或反向运转、点动
	AC – 45a	放电灯的通断
	AC – 45b	白炽灯的通断

（续）

电路	使用类别	典型用途
主电路	AC－20A	在空载条件下闭合和断开电路
	AC－21A	通断电阻性负载，包括适当的过载
	DC－20A	在空载条件下闭合和断开电路
	DC－21A	通断电阻性负载，包括适当的过载
辅助电路	AC－15	控制交流电磁铁负载
	DC－13	控制直流电磁铁负载

（5）电寿命

CPS 的电寿命按其相应使用类别下不需维修或更换零件的有载操作循环次数来表示。

KB0 对其电寿命的测试规定为：电流从接通电流值降到分断电流值的通电时间为 0.05～0.1s，且 AC－43 的通电时间应按规定的负载因数和一周期内的等效发热电流不大于约定发热电流的原则选取。详见表 A-3。

（6）工频耐压试验电压值和绝缘电阻最小值

详见表 A-4。

（7）接通、承载和分断短路电流的能力

CPS 应能承受短路电流所引起的热效应、电动力效应和电场强度效应。KB0 接通、承载和分断短路电流的能力及试验电流值详见表 A-5。

（8）机械寿命

一种形式的 CPS 的机械寿命定义为有 90% 的这种形式的电器在需要进行维修或更换机械零件前，所能达到或超过的无载操作循环次数。详见表 A-6。

六、常见的 CPS 简介

随着电子技术的不断发展，电子技术被越来越多地应用到产品中也正是基于这些技术的应用，许多单纯利用电磁技术实现的功能被电子技术替代，大大缩小了产品的体积，如电磁系统的控制、短路保护技术等。国内产品根据市场需求，提供了一些更丰富、实用的功能，例如剩余电流保护功能、电压保护功能、消防场合的特殊功能、欠电压/失电压重起动功能及多种控制形式等。下面以国产 KB0 系列 CPS 为例，介绍几种常见 CPS 的产品。

（1）基本型开关与保护电器 KB0

图 1-67a 所示为基本型 KB0 外形图。

（2）隔离型开关与保护电器 KB0－G

图 1-67b 所示为隔离型 KB0－G 外形图。

（3）消防型开关与保护电器 KB0－F

图 1-67c 所示为消防型 KB0－F 外形图。

（4）双电源自动转换开关电器 KB0S

图 1-68 所示为双电源自动转换开关 KB0S 外形图。

（5）可逆型控制与保护开关电器 KB0N

图 1-69 所示为可逆型控制与保护开关 KB0N 外形图。

（6）双速、三速电动机控制器 KB0D

图 1-70 所示为双速电动机控制器 KB0D 外形图。

（7）星三角起动器 KB0J2

图 1-71 所示为星 – 三角起动器 KB0J2 外形图。

图 1-67　几种 KB0 外形图

a）基本型 KB0　b）隔离型 KB0 – G　c）消防型 KB0 – F

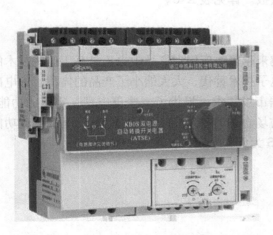

图 1-68　双电源自动转换开关 KB0S 外形图

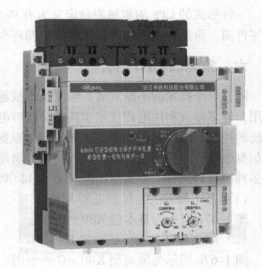

图 1-69　可逆型控制与保护开关 KB0N 外形图

七、CPS 的适用范围和典型用途

1. 适用范围

CPS 集控制与保护功能于一体，相当于断路器（熔断器）＋接触器＋热继电器＋辅助电器，很好地解决了分离元件很难解决的各元件之间特性匹配的问题，使得保护与控制特性配合更完善合理，可以作为分布式电动机的控制与保护、集中布置的配电控制与保护的主开关，通常可用于现代化建筑、冶金、煤矿、钢铁、石化、港口、铁路等领域的电动机控制与保护。特别适合于电动机控制中心（MCC）、要求高分断能力的 MCC、工厂或车间的单机控制与保护以及智能化电控系统和应用现场总线的配电电控系统等。

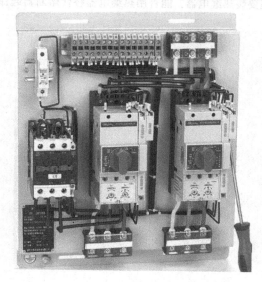

图 1-70　双速电动机控制器 KB0D 外形图

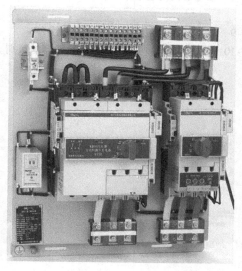

图 1-71　星 – 三角起动器 KB0J2 外形图

2. 典型用途

CPS 作为低压电控系统的基础电器元件，其应用量大、范围广，特别是基于高性能微处理器的可通信、智能化产品的出现，为电控系统提供了高可靠性的高端产品，特别适用于自动化集中控制系统和基于现场总线的分布式生产线的控制与保护。根据负载参数，选取基本的 CPS 模块，只需将进线端接电源、控制模块接控制电源、出线端接负载即可。通过面板内置或可选的显示操作模块，在现场可编程和参数设定；也可通过通信接口，构成计算机网络系统，远程编程与监控，实现短路保护及符合协调配合的保护、热过载及其他多种故障保护、电动机状态指示，以及就地与远程操作等。可按需要选择扩展模块，实现预警、接地（剩余电流）、温度和模拟量控制等功能。

例如，对于生产线传送带的控制，可选择带 AS – i 通信接口的控制器，构成基于现场总线技术的智能化可通信控制系统，可大大提升生产设备的运行和保护性能。在水处理厂的群控或电动机控制中心（MCC），可选择带 Modbus 通信接口的控制器，构成基于现场总线技术的智能化可通信控制系统，实时监控水泵的运行，避免空转或欠载运行。

习　题

1-1　交流接触器和直流接触器能否互换使用？为什么？

1-2　在低压电器中常用的熄弧方法有哪些？

1-3　何谓电磁式电器的吸力特性与反力特性？

1-4　简述电弧产生的原因及其造成的危害。

1-5　什么是继电器的返回系数？要提高电压（电流）继电器的返回系数可采取哪些措施？

1-6　热继电器在电路中的作用是什么？带断相保护的三相式热继电器各用在什么场合？

1-7　熔断器在电路中的作用是什么？由低熔点和高熔点金属材料制成的熔体，在保护作用上各有什么特点？各用于什么场合？

1-8　在电动机的主电路中装有熔断器，为什么还要装热继电器？能否用热继电器替代熔断器起保护作用？

1-9　低压断路器在电路中的作用是什么？

1-10　简述 CPS 的功能，以及与接触器的区别。

第二章 电气控制系统基本控制环节

在工业、农业、交通运输等部门中，使用着各种各样的生产机械，它们大多以电动机作为动力进行拖动。电动机是通过某种自动控制方式来进行控制的，最常见的是继电器控制方式，又称电气控制。

将按钮、继电器、接触器等低压控制电器，用导线按一定的次序和组合方式连接起来组成的电路称为继电器逻辑控制电路。其作用是：实现对电力拖动系统的起动、调速、反转和制动等运行性能的控制，实现对拖动控制系统的保护，满足生产工艺的要求，实现生产过程自动化。其特点是电路简单，电路图较直观形象，装置结构简单，价格便宜，抗干扰能力强，运行可靠，因此广泛应用于各类生产设备及控制系统中。它可以方便地实现简单的或复杂的集中控制、远距离控制和生产过程自动控制。它的缺点主要是由于采用固定接线形式，其通用性和灵活性较差，不易改变。另外，由于采用有触头的开关电器，触头易发生故障，维修量较大。尽管如此，目前，继电逻辑控制仍然是各类机械设备最基本的电器控制形式之一。

第一节 电气控制电路的绘制原则

电气控制系统是由许多电气元件按照一定要求连接而成的。为了表达生产机械电气控制系统的结构、原理等设计思路，同时也为了便于电气系统的安装、调整、使用和维修，需要将电气控制系统中各电气元件及其连接关系，用一定图形表示出来，这种图就是电气控制系统电路图。

电气系统电路图有三种：电气原理图、电器元件布置图、电气安装接线图。各种图纸有其不同的用途和规定的画法，下面分别介绍。

一、电气原理图

为了便于阅读和分析控制电路，根据简单清晰的原则，采用电器元件展开的形式绘制而成。它包括所有电器元件的导电部件和接线端点，但并不按照电器元件的实际布置位置来绘制，也不反应电器元件的大小。由于原理图结构简单，层次分明，适合研究、分析电路的工作原理等优点，所以在设计部门和生产现场都得到了广泛的应用。现以图 2-1 所示的某机床电气原理图来说明电气原理图的规定画法和应注意的事项。

（一）电气原理图的绘制原则

1）原理图分主电路和辅助电路两部分。主电路就是从电源到电动机，流过大电流的电路；辅助电路包括控制电路、照明电路、信号电路及保护电路，主要由继电器和接触器的线圈、继电器触头、接触器的辅助触头、按钮、照明灯、信号灯、控制变压器等元器件组成。

2）原理图中，各电器元件不画实际的外形图，而采用国家统一规定的电器元件的标准图形符号，标注也要用国家统一规定的文字符号。

3）在原理图中，各个电器元件和部件在控制电路中的位置，可根据便于读图的原则安排，不必按实际位置画，同一电器元件的各个部件可以不画在一处。

4）原理图中所有电器触头，都按没有通电和没有外力作用时的状态画出。对于继电器、接触器的触头，按吸引线圈不通电时的状态画出；控制器的手柄按处于零位时的状态画出；按钮、行程开关触头按不受外力作用时的状态画出。

5）原理图中，各电器元件一般按动作顺序从上到下，从左到右依次排列，可水平布置或垂直布置。

6）原理图中，有直接电联系的交叉导线，要用黑色圆点表示。

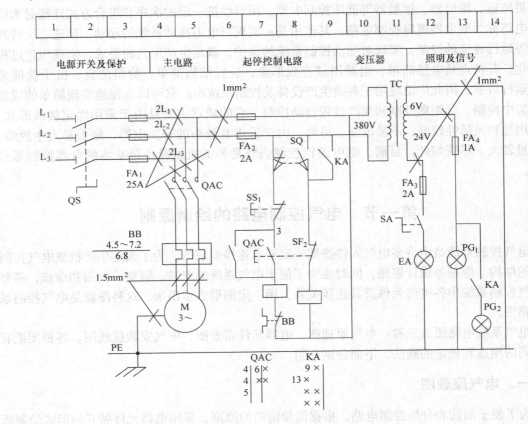

图 2-1　某机床电器原理图

（二）图面区域的划分

如图 2-1 中，图纸上方的数字编号 1，2，3，…是图面区域编号，它是为了便于检索电气电路，方便阅读、分析，避免遗漏而设置的。图区编号也可以设置在图的下方。

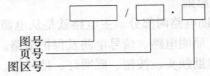

图号
页号
图区号

（三）符号位置的索引

符号位置的索引，用图号、页号和图区编号的组合索引法，索引代号的组成如下：

当某一元件相关的各符号元素出现在不同图号的图纸上，同时每个图号仅有一张图纸时，索引代号中的页号就可省去，简化成：

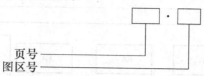

页号
图区号

当某一元件相关的各符号元素出现在同一图号的图纸上，而该图号有几张图纸时，可省略图号，将索引代号简化成：

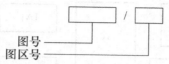

图号
图区号

当某一元件相关的各符号元素出现在同一张图纸上的不同图区时，可省略图号和页号，将索引代号简化成：

图区号

如图 2-1 中，KA8 的 "8" 即为最简单的索引代号，它指出继电器 KA 的线圈位置在图区 8。电气原理图中，接触器和继电器线圈与触头的从属关系应由附图表示。即在原理图中相应线圈的下方，给出触头的文字符号，并在其下面注明相应触头的索引代号，对未使用的触头用 "×" 表示，如下所示。

```
    QAC              KA
4 | 6 | ×        9  | ×
5 | × | ×        13 | ×
5 |              ×  | ×
                 ×  | ×
```

图 2-1 中，QAC 线圈和 KA 线圈下方的是接触器 QAC 和继电器 KA 相应触头的索引，其各栏的含义见表 2-1。

表 2-1　接触器和继电器相应触头的索引

器件	左栏	中栏	右栏
接触器 QAC	主触头所在图区号	辅助动合触头所在图区号	辅助动断触头所在图区号
继电器 KA	动合触头所在图区号	—	动断触头所在图区号

二、电器元件布置图

电器元件布置图主要是用来表明电气设备上所有电器元件的实际位置，为生产机械设备的制造、安装、维修提供必要的资料。以机床电器布置图为例，它主要由机床电气设备布置图、控制柜及控制板电气设备布置图、操纵台及悬挂操纵箱电气设备布置图等组成。电器布置图可按电气控制系统的复杂程度集中绘制或单独绘制。在绘制此类图形时，机床轮廓线用细实线或点画线表示，所有能见到的及需要表示清楚的电气设备，均用粗实线绘制出简单的外形轮廓。图2-2是某机床的电器元件布置图。

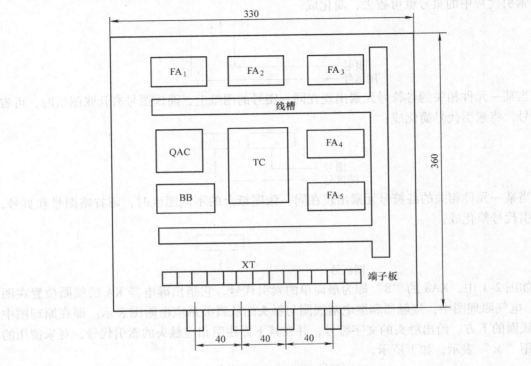

图2-2　某机床的电器元件布置图

三、电气安装接线图

电气控制电路安装接线图，是为了安装电器设备和电器元件进行配线或检修电器故障而服务的。安装图中可以显示出各电气设备中各元件的空间位置和接线情况，它可在安装或检修时对照原理图使用。它是根据电器位置布置的合理性和经济性的原则安排的，如图2-3是根据图2-1电气原理图绘制的接线图。它是用来表示机床电气设备各个单元之间的接线关系的，并标注出外部接线所需的数据。根据此接线图，就可以进行机床电气设备的总装接线。图2-3的点画线框中部件的接线，可根据电气原理图进行。对于某些较为复杂的电气设备，电气安装板上元件较多时，还可画出安装板的接线图。对于简单设备，仅画出接线图就可以了。实际工作中，接线图常与电气原理图结合起来使用。

绘制电气安装图时注意以下几点：

1）按电气原理图的要求，应将动力、控制和信号电路分开布置，并各自安装在相应的位置，以便于操作和维护。

2）电气控制柜中各元件之间，上、下、左、右之间的连线应保持一定的间距，并且应考虑器件的发热和散热因素，应便于布线、接线和检修。

3）给出部分元器件型号和参数。

4）图中的文字符号应与电气原理图和电气设备清单一致。

图2-3表明了该电气设备中电源进线、按钮板、照明灯、行程开关、电动机与机床安装

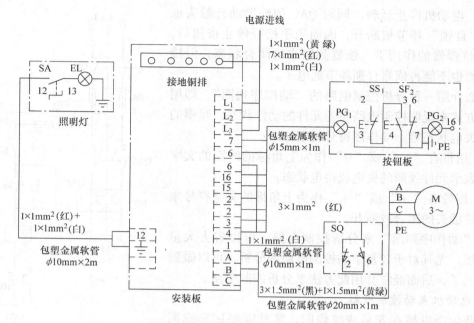

图 2-3　某机床电气接线图

板接线端之间的连接关系，也标注了所采用的包塑金属软管的直径和长度、连接导线的根数、截面积及颜色。如按钮板和电气安装板的连接，按钮板上有 SS_1、SF_2、PG_1 及 PG_2 四个元件，根据图 2-1 电气原理图，SS_1 与 SF_2 有一端相连为 "3"，PG_1 与 PG_2 有一端相连为 "地"。其余的 2、3、4、6、7、15、16 通过 $7 \times 1mm^2$ 的红色线接到安装板上相应的接线端，与安装板上的元件相连。黄绿双色线是接到接地铜排上的。

第二节　电气控制电路中的基本环节

一、起动、点动和停止控制环节

1. 单向全压起动控制电路

图 2-4 是一个常用的最简单、最基本的电动机控制电路。主电路由组合开关 QS、熔断器 FA_1、接触器 QAC 的主触头、热继电器 BB 的热元件与电动机 M 构成；控制回路由起动按钮 SF、停止按钮 SS、接触器 QAC 的线圈及其动合辅助触头、热继电器 BB 的动断触头等几部分构成。正常起动时，合上 QS，引入三相电源，按下 SF，交流接触器 QAC 的吸引线圈通电，接触器主触头闭合，电动机接通电源直接起动运转。同时与 SF 并联的动合辅助触头QAC 也闭合，使接触器吸引线圈经两条路通电。这样，当手松开，SF 自动复位时，接触器QAC 的线圈仍可通过辅助触头 QAC 使接触器线圈继续通电，从而保持电动机的连续运行。这个辅助触头起着自保持或自锁的作用。这种由接触器（继电器）自身的动合触头来使其线圈长期保持通电的环节叫 "自锁" 环节。

按下停止按钮 SS，控制电路被切断，接触器线圈 QAC 断电，其主触头释放，将三相电源断开，电动机停止运转。同时 QAC 的辅助动合触头也释放，"自锁"环节被断开，因而当手松开停止按钮后，SS 在复位弹簧的作用下，恢复到原来的闭合状态，但接触器线圈也不能再依靠自锁环节通电了。

下面介绍一种分析控制电路的"动作序列图"，即用图解的方式来说明控制电路中各元件的动作状态、线圈的得电与失电状态等。动作图符号规定如下：

1) 用带有"×"或"√"作为上角标的线圈的文字符号来表示元件线圈的失电或得电状态；

2) 用带有"+"或"-"作为上角标的文字符号来表示元件触头的闭合或断开。

用"动作序列图"来分析控制电路，可以省去大量文字叙述，尤其对于较复杂的控制电路的分析，可以做到简洁、明了，后面经常会用此方法来分析控制电路。

2. 电动机点动控制电路

某些生产机械在安装或维修时，常常需要试车或调整，此时就需要点动控制。点动控制的操作要求为：按下

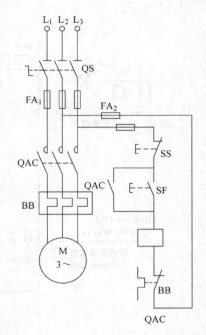

图 2-4　单向全压起动控制线路

点动按钮时，其动合触头接通电动机起动控制电路，电动机转动；松开按钮后，由于按钮自动复位，其动合触头断开，切断了电动机起动控制电路，电动机停转。点动起、停的时间长短由操作者手动控制。

图 2-5 中列出了实现点动的几种控制电路。下面用"动作序列图"来分析图 2-5 所示的几种控制电路。

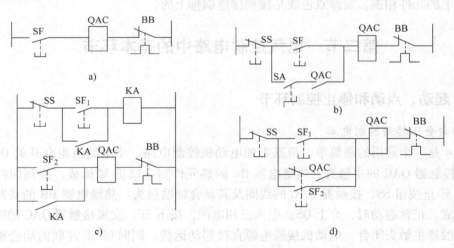

图 2-5　实现点动的几种控制电路

a) 方案一　b) 方案二　c) 方案三　d) 方案四

图 2-5a 是最基本的点动控制电路。

按下 $SF^+ \rightarrow QAC^{\checkmark} \rightarrow QAC$（主）$^+$，M 起动。

松开 SF$^-$→QAC$^\times$→QAC（主）$^-$，M 停止运转。

图 2-5b 是带旋转开关 SA 的点动控制电路。当需要点动操作时，将旋转开关 SA 转到断开位置，使自锁回路断开，此时，按下按钮 SF 时，接触器 QAC 线圈得电，主触头闭合，电动机接通电源起动；当手松开按钮时，接触器 QAC 线圈失电，主触头断开，电动机电源被切断而停止，从而实现了点动控制。

SF$^+$→QAC$^\vee$→QAC（主）$^+$，M 起动。

　　　　　　↘→QAC（辅）$^+$，但 SA$^-$，自锁环节开路。

SF$^-$→QAC$^\times$→QAC（主）$^-$，M 停止运转。

可见此电路实现了点动控制。当需要连续工作时，将旋转开关 SA 转到闭合位置，即可实现连续控制。这种方案比较实用，适用于不经常点动控制操作的场合。

图 2-5c 是利用中间继电器实现点动的控制电路。利用连续起动按钮 SF$_1$ 控制中间继电器 KA，KA 的动合触头并联在 SF$_2$ 两端，控制接触器 QAC，再控制电动机实现连续运转；当需要停转时，按下 SS 按钮即可。当需要点动运转时，按下 SF$_2$ 按钮即可。这种方案的特点是在电路中单独设置一个点动回路，适用于电动机功率较大并需经常点动控制操作的场合。

点动操作：

SF$_2$$^+$→QAC$^\vee$→QAC（主）$^+$，M 起动。

SF$_2$$^-$→QAC$^\times$→QAC（主）$^-$，M 停止运转。

连续运行操作：

SF$_1$$^+$→KA$^\vee$→KA$^+$ 自锁。

　　　　　　↘→KA$^+$→QAC$^\vee$→QAC（主）$^+$，M 起动，连续运行。

SS$^-$→KA$^\times$→KA$^-$→QAC$^\times$→QAC（主）$^+$，M 停止运转。

图 2-5d 是采用一个复合按钮 SF$_2$ 实现点动控制的电路。点动控制时，按下点动按钮 SF$_2$，其动断触头先断开自锁电路，动合触头后闭合，接通起动控制电路，接触器 QAC 线圈通电，主触头闭合，电动机起动旋转。当松开 SF$_2$ 时，接触器 QAC 线圈失电，主触头断开，电动机停止转动。若需要电动机连续运转，则按起动按钮 SF$_1$，停机时按下停止按钮 SS 即可。这种方案的特点是单独设置一个点动按钮，适用于需经常点动控制操作的场合。

二、可逆控制和互锁环节

在生产加工过程中，各种生产机械常常要求具有上下、左右、前后、往返等相反方向的运动，如电梯的上下运行、起重机吊钩的上升与下降、机床工作台的前进与后退及主轴的正转与反转等运动的控制，要求电动机能够实现正、反向运行。由交流电动机工作原理可知，若将接至电动机的三相电源进线中的任意两相对调，即可使电动机反向旋转。因此需要对单向运行的控制电路做相应的补充，即在主电路中设置两组接触器主触头，来实现电源相序的转换；在控制电路中对响应的两个接触器线圈进行控制，这样可同时控制电动机正转或反转的控制电路称为可逆控制电路。

图 2-6 所示为三相异步电动机可逆控制电路。图 a 为主电路，其中 QAC$_1$ 和 QAC$_2$ 所控制的电源相序相反，因此可使电动机反向运行。图 b 所示的控制电路中，要使电动机正转，可按下正转起动按钮 SF$_1$，QAC$_1$ 线圈得电，其主触头 QAC$_1$ 吸合，电动机正转，同时其辅助动合触头构成的自锁环节可保证电动机连续运行。按下停止按钮 SS，可使 QAC$_1$ 线圈失电，主

触头脱开，电动机停止运行。要使电动机反转，可按下反转起动按钮 SF₂，QAC₂线圈得电，其主触头 QAC₂吸合，电动机反转，同时其辅助动合触头构成的自锁环节可保证电动机连续运行；按下停止按钮 SF₁，可使 QAC₂线圈失电，主触头脱开，电动机停止运行。

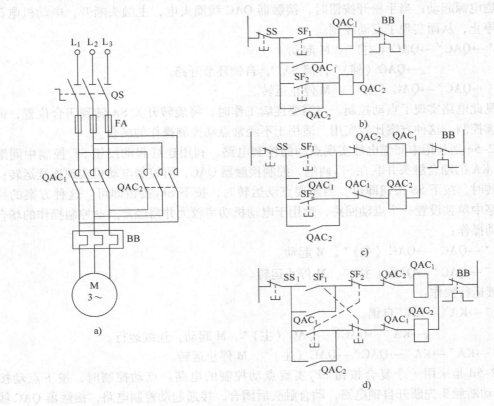

图 2-6　三相异步电动机可逆控制电路

a) 主电路　b) 无互锁的控制电路　c) 互锁控制电路　d) 采用复合按钮的可逆控制电路

可见，此控制电路可实现电动机的正、反转控制，但还存在致命的缺陷。当电动机已经处于正转运行状态下，此时，如果没有按下停止按钮 SS，而是直接按下反转起动按钮 SF₂，导致 QAC₂线圈得电，则主电路中 QAC₂的主触头随即吸合，这样就造成了电源线间短路的严重事故。为避免出现此类故障，需在控制电路上加以改进，如图 2-6c 所示，分别在 QAC₁的控制支路中串联了一个 QAC₂的动断触头，在 QAC₂的控制支路中串联了一个 QAC₁的动断触头。这时在按下正转起动按钮 SF₁，QAC₁线圈得电，其主触头 QAC₁吸合，电动机正转的同时，其辅助动断触头 QAC₁处于动作状态，即脱开状态，使得 QAC₂的控制支路处于断开状态，此时，即使再按下反转起动按钮 SF₃也无法使 QAC₂的线圈得电，只有当电动机停止正转之后，即 QAC₁失电后，反转控制支路才可能被接通，这样的电路就可以保证受控电动机主回路中的 QAC₁、QAC₂主触头不会同时闭合，避免了电源线间短路的故障。这种在控制电路中利用辅助触头互相制约工作状态的控制环节，称为"互锁"环节。设置互锁环节是可逆控制电路中防止电源线间短路的保证。

按照电动机可逆运行操作顺序的不同，有"正—停—反"和"正—反—停"两种控制电路。图2-6c控制电路作正、反向操作控制时，必须首先按下停止按钮SS，然后再进行反向起动操作，因此它是"正—停—反"控制电路。但在有些生产工艺中，希望能直接实现正反转的变换控制。由于电动机正转时按下反转按钮，首先应断开正转接触器线圈电路，待正转接触器释放后再接通反转接触器，为此可以采用两只复合按钮来实现。其控制电路如图2-6d所示。在这个电路中既有接触器的互锁，又有按钮的互锁，保证了电路工作的可靠性，在电力拖动控制系统中经常采用。正转起动按钮SF$_1$的动合触头用来使正转接触器QAC$_1$的线圈瞬时通电，其动断触头则串接在反转接触器QAC$_2$线圈的电路中，用来使之释放。反转起动按钮SF$_2$也按SF$_1$同样安排，当按下SF$_1$或SF$_2$时，首先其动断触头断开，然后才是动合触头闭合。这样在需要改变电动机运转方向时，就不必按SF$_1$停止按钮了，可直接操作正、反转按钮即能实现电动机运转情况的改变。

对于较大功率的电动机正、反转控制，可以采用可逆型接触器。这是一种由两台标准型接触器和一个机械互锁单元构成，集中了交流接触器及倒顺开关的优点，操作简单、安全可靠、成本低，主要用于电机的正反向运转、反向制动、恒定运行及点动操作。

KB0N是一种由两个KB0主开关，与机械联锁和电气联锁等附件组合，构成的一种可逆型控制与保护开关电器，适用于电动机的可逆控制或双向控制与保护。应用电路如图2-7所示。KB0N由KB0NR和KB0NL组成，分别控制电动机的正转和反转。SF$_1$、SF$_2$、SS$_1$为就地正反转起动、停止控制按钮，SF$_3$、SF$_4$、SS$_2$为远地正反转起动、停止控制按钮。先将KB0N的旋钮旋转到"自动"位置，KB0N内部两个隔离开关闭合，按下起动按钮SF$_1$（就地控制）/SF$_3$（远地控制），KB0NR线圈得电，其主触头闭合，电动机正转起动，同时其对应的辅助触头也随之动作，即13 – 14闭合，形成自锁，31 – 32断开，形成互锁。按下停止按钮SS$_1$（就地控制）/SS$_2$（远地控制），KB0NR线圈失电，其主触头断开，电动机正转停止，辅助触头31 – 32恢复闭合，13 – 14恢复断开。反转的起动、停止操作同正转相似。图中设置了一系列指示灯，PGW、PGG$_1$、PGG$_2$分别为电源、电动机正转运行和电机反转运行指示灯，PGB、PGY分别为短路和综合故障指示灯。

三、顺序控制环节

在以多台电动机为动力装置的生产设备中，有时需按一定的顺序控制各台电动机的起动和停止。如X62W型万能铣床要求主轴电动机起动后，进给电动机才能起动工作，而加工结束时，要求进给电动机先停车后主轴电机才能停止。这就需要具有相应的顺序控制功能的控制电路来实现此类控制要求。

如图2-8a所示为两台电动机顺序起动的控制电路。

下面用"动作序列图"来分析图2-8a所示的顺序起动控制电路的工作过程：

SF$_1$$^+$→QAC$_1$$^\vee$→QAC$_1$（主）$^+$，M$_1$起动。

　　　　↘→QAC$_1$（辅）$^+$，自锁。

　　　　↘→ 按下SF$_2$$^+$→QAC$_2$$^\vee$→QAC$_2$（主）$^+$，M$_2$起动。

　　　　　　　　　　↘→QAC$_2$（辅）$^+$，自锁。

两台电动机都起动之后，要使电动机停止运行，可如下操作：

SS$_1$$^-$→QAC$_1$$^\times$→QAC$_1$（主）$^-$，M$_1$停止运转。

　　　　↘→QAC$_2$$^\times$→QAC$_2$（主）$^-$，M$_2$停止运转。

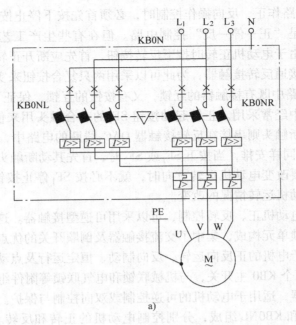

a)

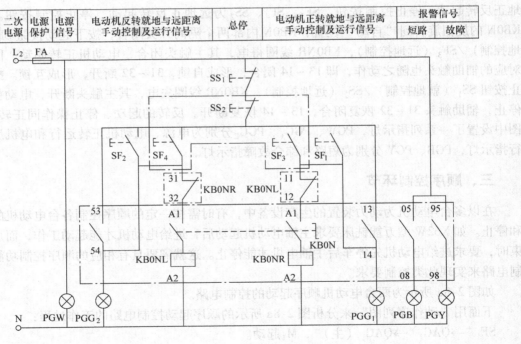

二次电源	电源保护	电源信号	电动机反转就地与远距离 手动控制及运行信号	总停	电动机正转就地与远距离 手动控制及运行信号	报警信号	
						短路	故障

b)

图 2-7 KB0N 电动机可逆控制电路

a) 主电路 b) 控制电路

如果想先起动 M_2,操作如下:

$SF_2{}^+ \rightarrow QAC_1{}^- \rightarrow QAC_2{}^\times$,$M_2$ 电动机无法起动。

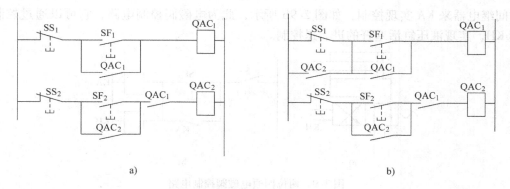

图 2-8　顺序控制电路

a）顺序起动控制电路　b）顺序起动逆序停车控制电路

可见，电动机 M_2 必须在电动机 M_1 先起动之后才可以起动，如果 M_1 不工作，M_2 就无法工作。这里 QAC_1 的动合辅助触头起到两个作用：一是构成自锁环节，保证其自身的连续运行；二是作为 QAC_2 得电的先决条件，实现顺序控制。

如图 2-8b 是一个实现顺序起动逆序停车的控制电路。由 QAC_1 和 QAC_2 分别控制两台电动机 M_1、M_2，要求 M_1 起动之后 M_2 才可以起动，M_2 停车之后 M_1 才可以停车。现用"动作序列图"分析此控制电路的工作过程。

起动操作：

$SF_1{}^+ \to QAC_1{}^\vee \to QAC_1$（主）$^+$，M 起动。

$\searrow \to QAC_1$（辅）$^+$，自锁。

$SF_2{}^+ \to QAC_2{}^\vee \to QAC_2$（主）$^+$，$M_2$ 起动。

$\searrow \to QAC_2$（辅）$^+$，自锁。

停车操作：

$SS_2{}^- \to QAC_2{}^\times \to QAC_2$（主）$^-$ 主触头释放脱开，M_2 停止运转。

$SS_1{}^- \to QAC_1{}^\times \to QAC_1$（主）$^-$ 主触头释放脱开，M_1 停止运转。

由于 QAC_2 控制支路中串有 QAC_1 的动合辅助触头，使得 QAC_2 无法单独先得电，而只有在 QAC_1 得电之后才可以，因而实现了顺序起动的控制要求；在 QAC_1 的停止按钮的下面并接了 QAC_2 的动合辅助触头，使得 QAC_2 未断电的情况下，QAC_1 也无法断电，只有当 QAC_2 先断电，QAC_1 才可以由停止按钮 SF1 使其断电，因而实现了逆序停车的控制要求。

四、执行元件为电磁阀时的控制电路

在第一章中已经介绍了电磁阀的结构和工作原理，但对于不同类型的电磁阀，在使用时，其控制电路是有所不同的。如三位四通阀控制的液压缸（或气缸），带动活塞杆前进、后退或停止，其控制原理与电动机类似，即一个电磁阀得电，活塞杆前进，另一个电磁阀得电，活塞杆后退，而两个电磁阀都失电时，活塞杆停止。但对于两位四通阀控制的液压缸（或气缸），则有所不同，此时活塞杆只有进、退两种运动状态，没有停止状态。

如图 2-9 所示，当电磁阀 KH 得电时，液压缸活塞杆可在压力油作用下向前推进；若 KH 失电，电磁阀的阀体复位，活塞杆自动退回。由于电磁阀 KH 是无触头执行元件，故需要通过中间继电器来 KA 实现控制，如图 2-9b 所示，此为电磁阀控制电路，它可以通过控制电磁阀 KH，实现液压缸活塞杆的进、退控制。

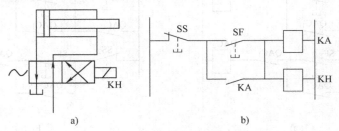

图 2-9　两位四通电磁阀控制电路

a）电磁阀控制液压缸电路　b）电磁阀控制电路

第三节　三相交流异步电动机起动控制电路

三相交流异步电动机的起动控制有直接起动、减压起动和软起动等方式。直接起动方式又称为全压起动方式，即起动时电源电压全部施加在电动机定子绕组上。减压起动方式是指在起动时将电源电压降低到一定的数值后再施加到电动机定子绕组上，待电动机的转速接近同步转速后，再使电动机恢复到电源电压下运行。软起动方式下，施加到电动机定子绕组上的电压是从零开始按预设的函数关系逐渐上升，直至起动过程结束，再使电动机在全电压下运行。通常对小容量的三相交流异步电动机均采用直接起动方式，起动时将电动机的定子绕组直接接在交流电源上，电动机在额定电压下直接起动。对于大、中容量的电动机，因起动电流较大，一般应采用减压起动方式，以防止过大的起动电流引起电源电压的波动，影响其他设备的正常运行。

一、直接起动控制电路

直接起动时，电动机单向运行和正、反向运行控制电路如图 2-4、图 2-5、图 2-6 和图 2-7 所示，其动作过程已在第二节中讲解分析过了，这里不做重述。

二、减压起动控制电路

常用的减压起动方式有星形 – 三角形（丫 – △）减压起动、串自耦变压器减压起动、定子串电阻减压起动、软起动（固态减压起动器）、延边三角形减压起动等。延边三角形减压起动方法仅适用于定子绕组特别设计的异步电动机，这种电动机共有 9 个出线端，改变延边三角形连接时，根据定子绕组的抽头比不同，就能够改变相电压的大小，从而改变起动转矩的大小。目前，丫 – △减压起动和串自耦变压器减压起动两种方式应用最广泛。

1. 定子串电阻减压起动控制电路

定子串电阻减压起动就是当电动机起动时，在三相定子电路中串接电阻，使电动机定子绕组电压降低，起动结束后再将电阻短接。显然，这种方法会消耗大量的电能且装置成本较高，一般仅适用于绕线式交流电动机的一些特殊场合下使用，如起重机械等。

如图 2-10 所示是定子串电阻减压起动控制电路。其工作过程如下：

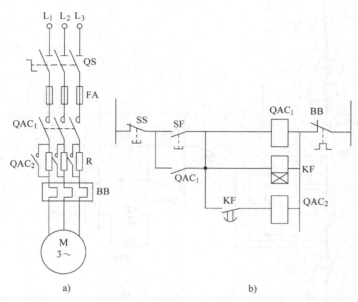

图 2-10　定子串电阻减压起动控制电路

a）主电路　b）控制电路

$SF^+ \to QAC_1^\vee \to QAC_1$（主）$^+$，M 串电阻起动。

$\downarrow$　　　　$\searrow \to QAC_1$（辅）$^+$，自锁。

$KF^\vee$ 开始延时→延时时间到→$KF^+ \to QAC_2^\vee \to QAC_2$（主）$^+ \to$将定子串接的电阻短接，使电动机在全压下进入稳态运行。

此控制电路中的 QAC_1 和 KF 在电动机起动后，仍需一直通电，处于动作状态，这是不必要的，可以调整控制电路，使得电动机起动完成后，只由接触器 QAC_2 得电使电动机正常运行。

定子串电阻减压起动的优点是按时间原则切除电阻，动作可靠，电路结构简单。缺点是电阻上功率损耗大。起动电阻一般采用由电阻丝绕制的板式电阻。为降低电功率损耗，可采用电抗器代替电阻，但其价格较贵，成本较高。

2. 星形 – 三角形减压起动控制电路

正常运行时定子绕组接成三角形的笼形异步电动机，常可采用星形 – 三角形（丫 – △）减压起动的方法来限制起动电流。丫 – △减压起动是在起动时先将电动机定子绕组结成丫形，这时加在电动机每相绕组上的电压为电源电压额定值的 $1/\sqrt{3}$，从而其起动转矩为△联结时直接起动转矩的 1/3，起动电流降为△联结直接起动电流的 1/3，减小了起动电流对电网的影响。待电动机起动后，按预先设定的时间再将定子绕组切换成△联结，使电动机在额定电压下正常运转。

星形 – 三角形减压起动控制电路如图 2-11 所示。其起动过程分析如下：

$SF^+ \to QAC_1^\vee \to QAC_1$（主）$^+ \to$电动机丫形起动。

$\downarrow$　　　　$\searrow \to QAC_2^\vee \to QAC_2$（主）$^+ \nearrow$

$KF^\vee \to$延时，时间到→$KF^+ \to QAC_3^\vee \to QAC_3$（主）$^+ \to$电动机△运行。

　　　　　　　　　　$\searrow \to KF^- \to QAC_2^\times \to QAC_2$（主）$^- \nearrow$

此电路中，KF 仅在起动时得电，处于动作状态；起动结束后，KF 处于失电状态。与其

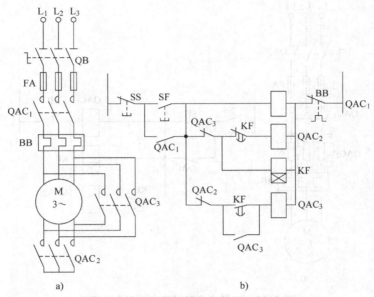

图 2-11　星形—三角形减压起动控制电路
a) 主电路　b) 控制电路

他降压起动方法相比，丫—△减压起动的起动电流小、投资少、电路简单、价格便宜，但起动转矩小，转矩特性差。因而这种起动方法适用于小容量电动机及轻载状态下起动，并只能用于正常运转时定子绕组接成三角形的三相交流异步电动机。

3. 自耦变压器减压起动控制电路

自耦变压器减压起动控制电路中，电动机起动电流是通过自耦变压器的降压作用而实现的。在电动机起动时，定子绕组上的电压是自耦变压器的二次电压，待起动完成后，自耦变压器被切除，定子绕组重新接上额定电压，电动机在全压下进入运行状态。图 2-12 为自耦变压器减压起动的控制电路。其起动过程分析如下：

$SF^+ \rightarrow QAC_1^\vee \rightarrow QAC_1$（主）$^+ \rightarrow$ M 定子绕组经自耦变压器减压起动。

$\searrow \rightarrow KF^\vee \rightarrow KF^+ \rightarrow$ 自锁。

$\downarrow$

延时$\rightarrow$时间到$\rightarrow KF^- \rightarrow QAC_1^\times \rightarrow QAC_1$（主）$^- \rightarrow$ 自耦变压器断开。

$\searrow KF^+ \rightarrow QAC_2^\vee \rightarrow QAC_2$（主）$^+ \rightarrow$ M 全压运行。

与串电阻降电压起动相比较，在同样的起动转矩下，自耦变压器减压起动对电网的电流冲击小，功率损耗小。但其结构相对较为复杂，价格较贵，而且不允许频繁起动。因此这一方法主要用于起动较大容量的电动机，起动转矩可以通过改变抽头的连接位置得到改变。

三、晶闸管减压起动器

晶闸管减压起动器是一种集电动机软起动、软停车、轻载节能和多种保护功能于一体的新颖的电动机控制装置。它可以实现交流异步电动机的软起动、软停止功能，同时还具有过载、缺相、过电压、欠电压、过热等多项保护功能，是替代传统的丫 - △起动、串电阻减压起动、自耦变压器减压起动最理想的更新换代产品。

晶闸管减压起动器由电动机的起、停控制装置和软起动控制器组成，其核心部件是软起

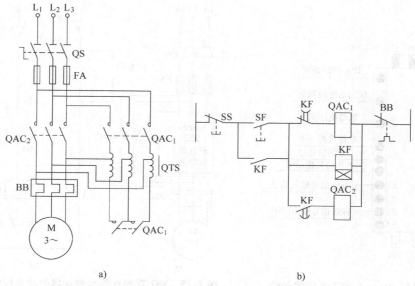

图 2-12　自耦变压器减压起动的控制电路

a) 主电路　b) 控制电路

动控制器，它是由功率半导体器件和其他电子元器件组成的。软起动控制器的主要结构是一组串接于电源与被控电动机之间的三相反并联晶闸管及其电子控制电路，利用晶闸管移相控制原理，控制三相反并联晶闸管的导通角，使被控电动机的输入电压按不同的要求而变化，从而实现不同的起动控制功能。起动时，使晶闸管的导通角从 0 开始，逐渐前移，电动机的端电压从零开始，按预设函数关系逐渐上升，直至达到起动转矩要求而使电动机顺利起动，再使电动机全压运行。软起动控制器原理结构图如图 2-13b 所示。

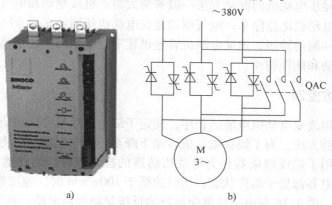

图 2-13　软起动控制器外形及原理结构图

a) 软起动控制器的外形示意图　b) 软起动控制器原理结构图

图 2-13a 为西诺克 Sinoco – SS2 系列软起动控制器的外形示意图，它是采用微电脑控制技术，专门为各种规格的三相交流异步电动机设计的软起动和软停止控制设备，该系列软起动控制器覆盖了 15 ~ 315kW 的异步电动机，被广泛应用于冶金、石油、消防、矿山、石化等工业领域的电动机传动设备。

图 2-14 为 Sinoco – SS2 系列软起动控制器引脚示意图。图 2-15 是用 SS2 系列软起动制动器起动一台电动机的控制电路。

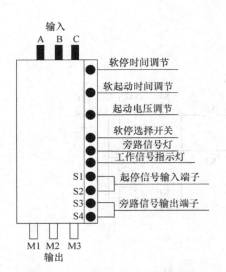

图 2-14　Sinoco - SS2 系列软起动
控制器引脚示意图

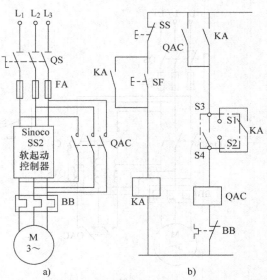

图 2-15　SS2 系列软起动制动器电动机控制电路
a) SS2 系列主电路　b) SS2 系列控制电路

第四节　三相交流异步电动机的制动控制电路

三相交流异步电动机电源被切断后，由于惯性的原因，总要经过一段时间，才可以完全停止旋转。这往往不能适应某些生产机械工艺的要求。如塔吊、机床设备等，从提高生产效率、生产安全及准确定位等方面考虑，都要求电动机能迅速停车，因此需要对电动机进行制动控制。三相交流异步电动机的制动方法一般有两大类：机械制动和电气制动。机械制动是用机械装置来强迫电动机迅速停车；电气制动是在电动机接到停车命令时，同时产生一个与原来旋转方向相反的制动转矩，迫使电动机转速迅速下降，从而实现快速停车。电气制动控制电路包括反接制动和能耗制动。

一、反接制动控制

反接制动是利用改变电动机电源的相序，使定子绕组产生反方向的旋转磁场，因而产生制动转矩的一种制动方法。为了能在电动机转速下降至接近零时能及时将电源切除，不至于再反向起动，而采用了速度继电器作为电动机转速的检测器件。当转速在 120 ~ 3000r/min 范围内时，速度继电器都处于动作状态；当转速低于 100r/min 时，速度继电器的触头复位，恢复到非动作状态。图 2-16 是电动机单向运行的反接制动控制电路。其工作过程分析如下：

起动：$SF^+ \to QAC_1{}^\vee \to QAC_1$（主）$^+$，M 起动。

$\downarrow \searrow \to QAC_1$（辅）$^+$，自锁。

$KS^+ \to$ 速度继电器吸合。

制动：$\to SF^- \to QAC_1{}^\times \to QAC_1$（主）$^-$，M 电源被切断。

$\searrow SF^+ \to QAC_2{}^\vee \to QAC_2$（主）$^+$，M 接入与制动前相序相反交流电源。

$KS^+ \nearrow$　　　　　$\searrow \to QAC_2$（辅）$^+ \to$ 自锁 $\to$ 电动机转速迅速下降 $\to$ 接近于零时 $\to KS^- \to QAC_2{}^\times \to QAC_2$（主）$^-$，M 电源被切断，反接制动结束。

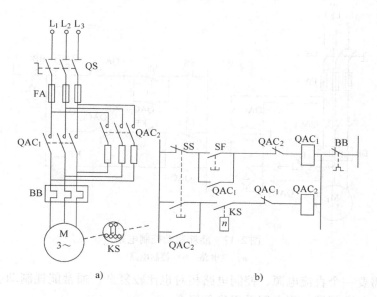

图 2-16　电动机反接制动控制电路
a）主电路　b）控制电路

由于反接制动时，转子与旋转磁场的相对速度接近于两倍的同步转速，所以定子绕组中流过的反接制动电流相当于全压直接起动时电流的两倍，因此反接制动的特点之一是制动迅速，效果好，但冲击效应较大，通常仅适用于较小容量电动机的制动。为了减小冲击电流，通常要求在电动机主电路中串接一定的电阻以限制反接制动电流。这个电阻称为反接制动电阻。反接制动的另一要求是在电动机转速接近于零时，及时切断反相序电源，以防止电动机再反向起动。

二、能耗制动控制

所谓能耗制动，就是在电动机脱离三相交流电源之后，在电动机定子绕组中的任意两相立即加上一个直流电压，形成固定磁场，它与旋转着的转子中的感应电流相互作用，产生制动转矩。能耗制动的时间可用时间继电器进行控制，也可以用速度继电器进行控制。下面以单向能耗制动控制电路为例来说明能耗制动的动作原理。

如图 2-17 所示，这是用时间继电器控制的单向能耗制动控制电路。在电动机正常运行的时候，若按下停止按钮 SS，接触器 QAC_1 线圈失电，主触头释放，电动机脱离三相交流电源，同时，接触器 QAC_2 线圈通电，主触头吸合，直流电源经 QAC_2 的主触头而加入定子绕组的 B、C 两相。时间继电器 KF 线圈与接触器 QAC_2 线圈同时通电，并由 QAC_2 辅助触头形成自锁，于是电动机进入能耗制动状态。当其转子的惯性速度接近于零时，时间继电器延时时间到，其动断触头 KF 断开接触器 QAC_2 线圈支路，QAC_2 线圈失电，主触头释放，直流电源被切断。由于 QAC_2 动合辅助触头复位，时间继电器 KF 线圈的电源也被断开，电动机能耗制动结束。该电路具有手动控制能耗制动的能力，只要使停止按钮 SS 处于按下的状态，电动机就能实现能耗制动。

由以上分析可知，由于能耗制动是利用转子中的储能进行的，所以比反接制动消耗的能量少，其制动电流也比反接制动电流小得多，制动准确。但能耗制动的制动速度不及反接制

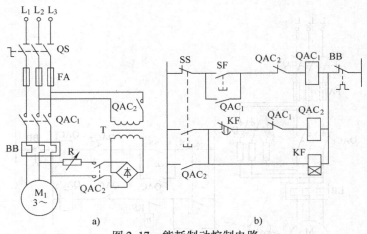

图 2-17　能耗制动控制电路

a) 主电路　b) 控制电路

动迅速，同时需要一个直流电源，控制电路相对也比较复杂，通常能耗制动适用于电动机容量较大和起动、制动频繁、要求制动平稳的场合。

习　题

2-1　试设计带有短路和过载保护的三相笼型异步电动机直接起动的主电路和控制电路。

2-2　图 2-18 中的电气控制电路中哪些有错误或不合适，不常用的地方，请指出并改正。

2-3　某三相笼型异步电动机单向运转，要求起动电流不能过大，制动时要快速停车，试设计主电路与控制电路。

2-4　某三相笼型异步电动机正、反向运转，要求减压起动，快速停车，试设计主电路与控制电路。

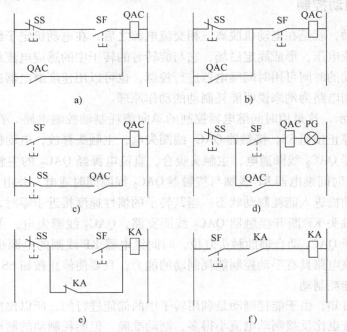

图 2-18　习题 2-2 线路图

第三章　电气控制系统设计

第一节　电气控制系统设计基础

电气控制电路的设计方法通常分为一般设计法和逻辑设计法两种。

一般设计法，通常是根据生产工艺的控制要求，利用各种典型的控制环节，直接设计出控制电路。它要求设计人员必须掌握大量的典型控制电路，以及各种典型电路的控制环节，同时具有丰富的设计经验，由于它主要是靠经验进行设计，因此又通常称其为经验设计方法。经验设计方法的特点是没有固定的设计模式，灵活性很大，但相对来说设计方法较简单，对于具有一定工作经验的电气人员来说，容易掌握，能较快地完成设计任务，因此在电气设计中被普遍采用。用经验设计方法初步设计出来的控制电路可能有多种，也可能有一些不完善的地方，需要反复地分析、修改，有时甚至要通过实践验证，确定比较合理的设计方案，才能使控制电路符合设计要求。

逻辑设计法就是利用逻辑代数这一数学工具来实现电气控制电路的设计。它根据生产工艺要求，将执行元件需要的工作信号以及主令电器的接通与断开状态看成逻辑变量，将它们之间根据控制要求形成的连接关系用逻辑函数表达式来描述，然后再运用逻辑函数基本公式和运算规律进行简化，使之成为所需要的最简"与"、"或"关系式，再根据最简式画出与其相对应的电气控制电路图，最后再做进一步的检查和完善，即能获得需要的控制电路。逻辑设计法特别适合完成较复杂生产工艺要求的电器控制电路的设计，但是相对于一般设计法而言，逻辑设计法难度较大，不容易掌握。

随着 PLC 的出现和 PLC 技术的飞速发展，其功能越来越强大，价格也越来越低，在电气控制领域，对于稍微复杂一些的电气控制电路，一般都采用 PLC 去实现控制要求，而不会再用继电器控制系统了，因此逻辑设计法使用得越来越少。基于这一因素，对于电气控制电路的设计和学习，我们将重点介绍一般设计法。使用该方法可以完成大多数的电气控制电路的设计。

一、电气设计中应注意的问题

采用经验设计法设计电路时，需注意以下几个问题：

1）尽量减少控制电源种类及控制电源的用量。当控制电路比较简单的情况下，可直接采用电网电压；当控制系统所用电器数量比较多时，应采用控制变压器降低控制电压或采用直流低电压控制。

2）尽量减少电器元件的品种、规格与数量，同一用途的器件尽可能选用相同品牌、型号的产品。注意收集各种电器新产品资料，以便及时应用于设计中，使控制电路在技术指标、先进性、稳定性、可靠性等方面得到进一步提高。

3）在控制电路正常工作时，除必要的必须通电的电器外，尽可能减少通电电器的数量，以利节能、延长电器元件寿命以及减少故障。

4）合理使用电器触头。在复杂的电气控制系统中，各类接触器、继电器数量较多，使用的触头也多，在设计中应注意：

① 尽可能减少触头使用数量，以简化电路。

② 使用的触头容量应满足控制要求，避免因使用不当而出现触头磨损、黏滞和无法释放等故障，以保证系统工作寿命和可靠性。

③ 应合理安排电器元件及触头的位置。对一个串联回路，各电器元件或触头位置互换，并不影响其工作原理，但从实际连线上有时会影响到安全、节省导线等方面的问题，如图 3-1a 和 b 两种接法所示，两者工作原理相同，但是采用图 3-1a 的接法既不安全又使接线复杂。因为行程开关 SQ 的动合、动断触头靠得很近，此种接法下，由于不是等电位，在触头断开时产生的电弧很可能在两触头间形成飞弧而造成电源短路，很不安全，而且这种接法控制柜到现场要引出 5 根线，很不合理；采用图 3-1b 所示的接法只引出三根线即可，而且两触头电位相同，就不会造成飞弧了。

④ 尽量缩短连接导线的数量和长度。设计控制电路时，应考虑各个元件之间的实际接线。特别要注意控制柜、操作台和按钮、限位开关等元件之间的连接线，如按钮一般均安装在控制柜或操作台上，而接触器安装在控制柜内，这就需要经控制柜端子排与按钮连接，所以一般都先将起动按钮和停止按钮的一端直接连接，另一端再与控制柜端子排连接，这样就可以减少一次引出线，如图 3-2 所示。

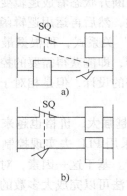

图 3-1　电器触头的连接
a）不合理　b）合理

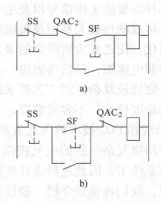

图 3-2　电器连接顺序
a）不合理　b）合理

⑤ 正确连接电器的线圈。在交流控制电路中，两个电器元件的线圈不能串联接入，如图 3-3 所示。即使外加电压是两个线圈额定电压之和，也是不允许的。因为每个线圈上所分配到的电压与线圈阻抗成正比，由于制造上的原因，两个电器总有差异，不可能同时吸合。如图 3-3a 假如交流接触器 QAC_2 先吸合，由于 QAC_2 的磁路闭合，线圈的电感显著增加，因而在该线圈上的电压降也相应增大，从而使另一个接触器 QAC_1 的线圈电压达不到动作电压。因此，两个电器需要同时动作时其线圈应并联连接，如图 3-3b 所示。

⑥ 在控制电路中应避免出现寄生电路。在电气控制电路的动作过程中，意外接通的电路叫寄生电路。图 3-4 所示是一个具有指示灯和热继电器保护的正、反转控制电路。为了节省触头，显示电动机运转状态的指示灯 PG_1、PG_2 采用了图示的接法。在正常工作时，能完

成正、反转起动、停止和信号指示。但当电动机在正转时，出现了过载，热继电器 BB 断开时，电路就出现了寄生电路如图 3-4 中虚线所示，由于接触器在吸合状态下的释放电压较低，因此，寄生回路电流可能使正向接触器 QAC_1 不能释放，起不到保护作用。如果将 BB 触头的位置移到电源进出线端，就可以避免产生寄生电路。

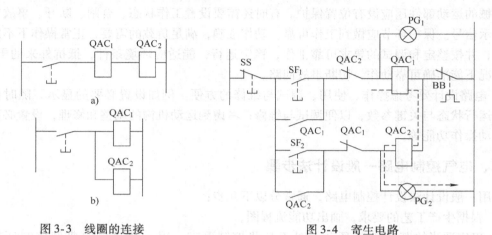

图 3-3 线圈的连接
a) 不正确 b) 正确

图 3-4 寄生电路

在设计电气控制电路时，严格按照"线圈、能耗元件右边接电源（零线），左边接触头"的原则，就可降低产生寄生回路的可能性。另外，还应注意消除两个电路之间可能产生联系的可能性，否则应加以区分、联锁隔离或采用多触头开关分离。如将图中的指示灯分别用 QAC_1、QAC_2 的另外的动合触头直接连接到左边控制母线上，加以区分就可消除寄生。

⑦ 避免发生触头"竞争"与"冒险"现象。在电器控制电路中，在某一控制信号作用下，电路从一个状态转换到另一个状态时，常常有几个电器的状态发生变化，由于电器元件总有一定的固有动作时间，往往会发生不按理论设计的时序动作情况，触头争先吸合，发生振荡，这种现象称为电路的"竞争"。同样，由于电器元件在释放时，也有其固有的释放时间，因而也会出现开关电器不按设计

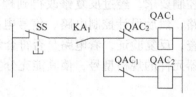

图 3-5 触头间"竞争"电路

要求转换状态，我们称这种现象为"冒险"。"竞争"与"冒险"现象都将造成控制回路不能按要求动作，引起控制失灵。如图 3-5 所示电路，当 KA_1 闭合时，QAC_1、QAC_2 争先吸合，而它们之间又互锁，只有经过多次振荡吸合竞争后，才能稳定在一个状态上。当电器元件的动作时间可能影响到控制电路的动作程序时，就需要用时间继电器配合控制，这样可清晰地反映元件动作时间及它们之间的互相配合，从而消除竞争和冒险。设计时要避免发生触头"竞争"与"冒险"现象，应尽量避免许多电器依次动作才能接通另一个电器的控制电路，防止电路中因电器元件固有特性引起配合不良后果。同样，若不可避免，则应将其区分、联锁隔离或采用多触头开关分离。

⑧ 电气联锁和机械联锁共用。在频繁操作的可逆电路、自动切换电路中，正、反转控制接触器之间必须设有电气联锁，必要时要设机械联锁，以避免误操作可能带来的事故。对于一些重要设备，应仔细考虑每一控制程序之间必要的联锁，要做到即使发生误操作也不会

造成设备事故。重要场合应选用机械联锁接触器，再附加电气联锁电路。

⑨ 控制电路应具有完善的保护环节。电气控制系统能否安全运行，主要由完善的保护环节来保证。除过载、短路、过电流、过电压、失压等电流、电压保护环节外，在控制电路的设计中，常常要对生产过程中的温度、压力、流量、转速等设置必要的保护。另外，对于生产机械的运动部件还应设有位置保护。有时还需要设置工作状态、合闸、断开、事故等必要的指示信号。保护环节应做到工作可靠，动作准确，满足负载的需要，正常操作下不发生误动作，并按整定和调试的要求可靠工作，稳定运行，能适应环境条件，抵抗外来的干扰；事故情况下能准确可靠动作，切断事故回路。

⑩ 电路设计要考虑操作、使用、调试与维修的方便。例如设置必要的显示，随时反映系统的运行状态与关键参数，以便调试与维修；考虑到运动机构的调整和修理，设置必要的单机点动操作功能等。

二、电气控制电路一般设计法步骤

采用一般设计法设计控制电路，通常分以下几步：

1）根据生产工艺的要求，画出功能流程图；

2）确定适当的基本控制环节。对于某些控制要求，用一些成熟的典型控制环节来实现；

3）根据生产工艺要求逐步完善电路的控制功能，并适当配置联锁和保护等环节，成为满足控制要求的完整电路。

设计过程中，要随时增减元器件和改变触头的组合方式，以满足被控系统的工作条件和控制要求，经过反复修改得到理想的控制电路。在进行具体电路设计时，一般先设计主电路，然后设计控制电路、信号电路、局部特殊电路等。初步设计完成后，应当做仔细地检查，反复验证，看电路是否符合设计的要求，并进一步使之完善和简化，最后选择恰当的电器元件的规格型号，使其能充分实现设计功能。

第二节　常用建筑设备的电气控制电路设计

在本节将以常用的建筑设备的电气控制电路设计为例，介绍电气控制电路的经验设计法。

一、水泵的电气控制电路设计

（一）给排水系统中水泵的控制

在智能建筑设备控制系统中，给排水控制系统是重要的组成部分。为防止城区供水管网在用水高峰时压力不足或发生爆管停水，应设有蓄水池或高位水箱。为保证高位水箱或供水管网有一定的水位或压力，常采用水泵加压。建筑给水排水控制方式一般要求能实现自动控制或远距离控制，根据控制要求不同可分为水位控制、压力控制等。

1. 给水系统的水位控制

（1）干簧管水位控制器

水位控制一般用于高位水箱给水和污水池排水。将水位信号转换为电信号的设备称为水

（液）位控制器（传感器）。常用的水位控制器有干簧管开关式、浮球（磁性开关、水银开关、微动开关）式、电极式和电接点压力表式等。干簧管水位控制器适用于建筑物水箱、水塔及水池等开口容器的水位控制或水位报警。干簧管水位控制器的安装和接线图如图 3-6 所示。其工作原理是：在塑料管或尼龙管内固定有上、下水位干簧管开关 BL_1 和 BL_2，塑料管下端密封防水，连线在上端接出。塑料管外，套一个能随水位移动的浮标。浮标中固定一个永磁环。当浮标移到上水位或下水位时，对应的干簧管接收到磁信号而动作，发出相关信号。因为干簧管开关触头有动合和动断两种形式，可有若干种组合方式用于水位控制及报警控制。高位水箱给水和污水池排水的水位控制中，通常利用 BL_1 的动合触头和 BL_2 的动断触头组合来实现水泵的控制。

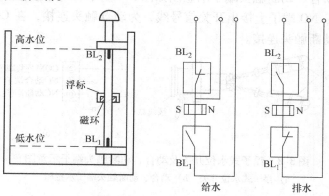

图 3-6　干簧管水位控制器的安装和接线图

（2）水位控制电路设计

1）水池水箱水泵联合供水水位控制系统

水池水箱水泵联合供水系统在给排水工程中应用非常广泛。在屋顶设置高位水箱，保证水压要求。在低处（地下室）设低位水箱，室外管网来水进入低位水箱，然后由给水泵从低位水箱抽水向高位水箱补水。水泵的运行工况由高低两个水箱的水位决定。如图 3-7 所示，这种供水系统由水池、水箱、水泵、水泵管路系统与用户管路系统组成。

根据控制系统的要求及水泵运行条件，系统控制应满足下列要求：

①水泵的起停运行既能手动控制，又能自动控制，处于手动控制状态时，水泵起停运行完全不受其他任何因素的影响，是无条件按控制指令工作的。

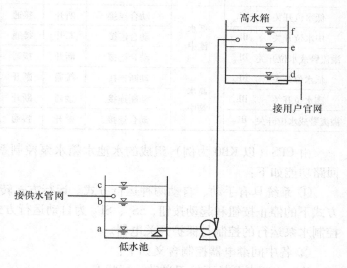

图 3-7　水池水箱水泵联合供水水位控制系统

② 自动控制状态下，低水池中的水位低于最低水位 a 时，水泵不能起动；水泵起动运行时，低水池中的水位要在 b 以上，这样的水量至少能保证水泵向高位水箱供水一次，以避免水泵频繁起动；水池中的水位至溢流警戒水位 c 时，及时发出报警信号。

③ 当高水箱水位下降至低水位 d 时水泵起动供水；水位上升至高水位 e 时水泵停止供水；水位至溢流警戒水位 f 时，发出报警信号。

根据以上控制要求，选用 6 只浮子式水位开关分别安装于高水箱和低水池的相应位置，提供水位的开关信号。该水位开关无水时自然下垂，动合触头处于断开状态，动断触头处于闭合状态；当浮子被水淹没后，浮子浮起，水位开关动作，动合触头闭合，动断触头断开。浮子式水位开关及动合、动断触头端子示意图如图 3-8 所示。每个水位开关包含动合、动断两个触头，在 COM、NO 端子上接出开关信号线，为动合触头连接，在 COM、NC 端子上接出开关信号线，为动断触头连接。

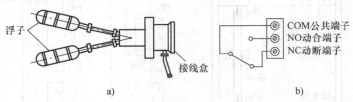

图 3-8　浮子式水位开关及动合、动断触头端子示意图
a) 浮子式水位开关　b) 动合、动断触头端子示意图

根据控制要求，设置的水位开关工作状态见表 3-1。

表 3-1　水位开关工作状态表

水位开关名称	编号	安装位置	接线方式	触头动作状态		控制信号含义
				无水时	水浸时	
低水位开关	BL_a	低水池中	动合连接	断开	接通	无水时断开，发出缺水停泵信号
中水位开关	BL_b		动合连接	断开	接通	淹没时接通，表示可以起动水泵
溢流警戒水位开关	BL_c		动合连接	断开	接通	淹没时接通，发出报警信号
低水位开关	BL_d	高水箱中	动断连接	接通	断开	无水时接通，发出开泵信号
高水位开关	BL_e		动断连接	接通	断开	被水淹没时断开，发出停泵信号
溢流警戒水位开关	BL_f		动合连接	断开	接通	淹没时接通，发出溢水报警信号

由 CPS（以 KB0 为例）组成的水池水箱水泵控制系统电气控制电路如图 3-9 所示。各回路功能如下：

① 系统具有手动、自动两种运行方式。运行方式转换开关为 SG；SS_1、SF_1 为手动运行方式下的停止按钮和起动按钮，SS_2、SF_2 为自动运行方式下的停止按钮和起动按钮；KB0 为控制水泵运行的控制与保护开关电器。

② 各中间继电器控制含义如下：

KA_1——水泵是否处于自动运行状态；

KA_2——BL_a、BL_e、BL_b、BL_d 水位开关组合连接后，给出的信号是否允许水泵起停；

KA_3——水池水箱中水位开关 BL_c、BL_f 是否给出了超过溢流警戒水位的信号。

③ 由 BL_a、BL_e、BL_b、BL_d 组成的自动控制水位条件回路中，各水位开关逻辑组合的结

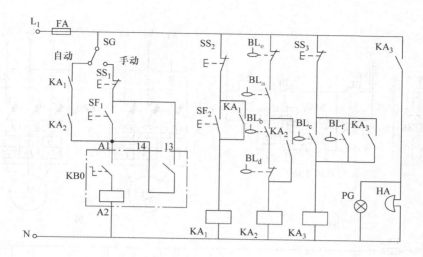

图3-9 水池水箱水泵控制系统电气控制电路

果使 KA_2 接通，水泵起动，否则 KA_2 断开，其结果保留于记忆回路中。

④ 当水箱或水池的水位升至溢流警戒水位时，BL_c 或 BL_f 接通，KA_3 得电并自锁，KA_3 动合触头接通报警设备，警铃 HA、警灯 PG 持续发出报警声光信号，直至按下 SS_3 警报解除按钮后，方可解除。

2）两台给水泵互为备用，备用泵手动投入控制

图3-10 为两台给水泵互为备用，备用泵手动投入控制的电路。图中的 SAC_1 和 SAC_2 操作手柄各有两个位置，手柄搬向上边（或左边）为自动方式，手柄搬向下边（或右边）为手动方式。自动控制方式下，由水位控制器 BL_1、BL_2 发出触头信号控制水泵的起动和停止；手动控制方式下，手动起动和停止按钮控制水泵电动机的起动和停止。

图3-10a 为水位控制开关接线图和水位信号电路图，图3-10b 为两台水泵的主电路，图3-10c 为两台水泵的控制电路。水泵需要运行时，首先将 KBO_1、KBO_2 旋到"自动"位置，因为是互为备用，转换开关 SAC_1 和 SAC_2 总是一个放在自动位，另一个放在手动位。设 SAC_1 放在自动位，SAC_2 放在手动位。SAC_1 的触头 1 - 2 和 3 - 4 是闭合的，触头 5 - 6 是断开的；SAC_2 的触头 1 - 2 和 3 - 4 是断开的，触头 5 - 6 是闭合的。1 号泵（M_1）为常用机组。2 号泵（M_2）为备用机组。

在低水位时，高位水箱（或水池）浮标磁铁下降到 BL_1 处，BL_1 动合触头闭合，水位信号电路的中间继电器 KA 线圈通电，动合触头闭合自锁，另一个动合触头 KA 通过 SAC_1 的触头 1 - 2 使控制与保护开关电器 KBO_1 得电，1 号泵投入运行，加压送水。随着水位上升，浮标会离开 BL_1，BL_1 断开。当水位到达高水位时，浮标磁铁使 BL_2 动断触头断开，继电器 KA 失电，KBO_1 失电，水泵电动机停止运行。

如果 1 号泵在投入运行时发生过载或者 KBO_1 接收信号不动作等故障，KBO_1 的辅助动断触头复位，通过 KBO_1 的触头 3 - 4 使警铃 HA 发出报警声，通知值班人员将 SAC_1 放在手动位，SAC_1 的触头 3 - 4 断开，警铃 HA 停止鸣叫，进行检修。并将 SAC_2 放在自动位，接受水位信号控制，2 号泵投入使用，1 号泵转为备用。

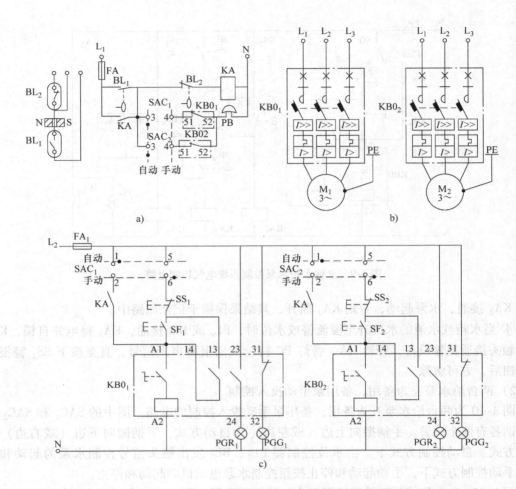

图 3-10　两台给水泵互为备用，备用泵手动投入控制的电路图

a）接线图　b）主电路　c）水位信号控制电路

3）两台给水泵互为备用，备用水泵自动投入控制

如图 3-11 所示。图 a 为两台给水泵互为备用，备用水泵自动投入的电气控制电路图主电路，图 b 为水位信号电路和控制电路。

正常工作时，先将 KB0₁、KB0₂ 旋到"自动"位置。万能转换开关 SAC 的接点表见表 3-2。手柄处于中间位置时，为手动操作控制方式，水泵不受水位控制器控制；当 SAC 手柄扳向左位（或上位）时，1 号泵为工作机组，2 号泵为备用机组；当 SAC 手柄扳向右位（或下位）时，2 号泵为工作机组，1 号泵为备用机组；下面以 SAC 手柄扳向左位（或上位）时为例，介绍该电气电路的工作原理。

当水位处于低水位时，浮标磁铁下降至 BL₁ 处，BL₁ 闭合，水位信号电路的中间继电器 KA₁ 线圈得电，其动合触头闭合，一个用于自锁，一个通过 SAC 触头 7 - 8 使 KB0₁ 线圈得电，1 号泵投入运行，加压送水。当浮标离开 BL₁ 时，BL₁ 断开。当水位到达高水位时，浮标磁铁使 BL₂ 动作，KA₁ 失电，KB0₁ 线圈失电，水泵停止运行。

如果 1 号泵在投入运行时发生超载或者 KB0₁ 接收信号不动作，SAC 触头 15 - 16、KB0₁

辅助动断触头、KA_2 动断触头使得时间继电器 KF 和警铃 HA 同时得电，警铃响，KF 延时 $5 \sim 10s$ 后，中间继电器 KA_2 通电，KA_2 经 SAC 触头 $9 - 10$ 使 $KB0_2$ 通电，同时 KF 和 HA 失电，2 号泵自动投入运行。

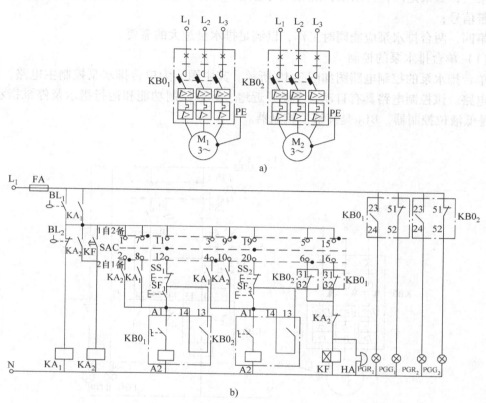

图 3-11　两台给水泵互为备用，备用水泵自动投入控制的电路图

a）主电路　b）水位信号电路和控制电路

表 3-2　SAC 接点表

触头 位置	1 – 2	3 – 4	5 – 6	7 – 8	9 – 10	11 – 12	13 – 14	15 – 16	17 – 18	19 – 20
左位			×	×				×		
中位						×			×	
右位	×	×	×				×			×

2. 排水系统中水泵的控制

室内排水系统的任务是将室内卫生设备产生的生活污水、工业区废水及屋面的雨、雪水收集起来，有组织地、及时通畅地排至室外排水管网、处理构筑物或水体，并能保持系统气压稳定，同时将管道系统内有害有毒气体排到一定空间而保证室内环境卫生。

生活污水的排水量一般可以预测。如果排水量不大，可以只设置一台排水泵；如果排水量比较大，可以设置两台排水泵，以提高工作可靠性。

对排水泵的基本控制要求如下：

第一，应具有手动和自动控制功能，高水位时自动起泵，低水位时自动停泵；

第二，能发出各种报警信息，如故障报警、溢流水位报警等；

第三，如果是两台排水泵，应能互为备用，工作泵故障时，备用泵要自动起动，同时发出报警信号；

第四，两台排水泵应能同时工作，以满足排水量过大的需要。

（1）单台排水泵的控制

单台排水泵的控制电路图如图 3-12 所示。其中图 a 为单台排水泵控制主电路，图 b 为控制电路。该控制电路具有自动、手动、近地、远地控制功能和运行指示及停泵指示功能。BL_1 是低液位控制器，BL_2 是高液位控制器。

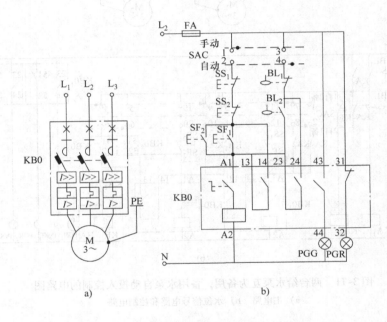

图 3-12　单台排水泵的控制电路图

a）主电路　b）控制电路

选择开关 SAC 置于"自动"位置，触头 3-4 接通。当集水池水位达到整定的高水位时，需要排水，高液位控制器 BL_2 接通，控制与保护开关电器 KB0 通电吸合，排水泵的电动机 M 起动运转，开始排水，停泵指示灯 PGR 熄灭，运行指示灯 PGG 点亮。当水位降低到低水位时，低液位控制器 BL_1 动断触头断开，KB0 断电释放，电动机停转，排水停止，停泵指示灯 PGR 点亮，运行指示灯 PGG 熄灭。

手动模式下设有近地和远地控制。SS_1、SF_1 为近地起停控制按钮，SS_2、SF_2 为远地起停控制按钮，安装在控制箱上。选择开关 SAC 置于旋到"手动"位置时，触头 1-2 接通。当需要排水时，可以按下 SF_1（或 SF_2），KB0 通电吸合并自锁，排水泵电动机 M 起动运转开始排水。当需要停止排水时，按下 SS_1（或 SS_2），KB0 断电释放，排水泵停转，停止排水。

（2）两台排水泵自动切换，溢流水位双泵运行的控制两台排水泵自动轮换控制电路如图 3-13 所示。两台排水泵的工作方式有手动和自动两种方式，由转换开关 SAC 控制。其中自动工作方式下，可以进行自动切换控制和溢流水位双泵同时工作控制。

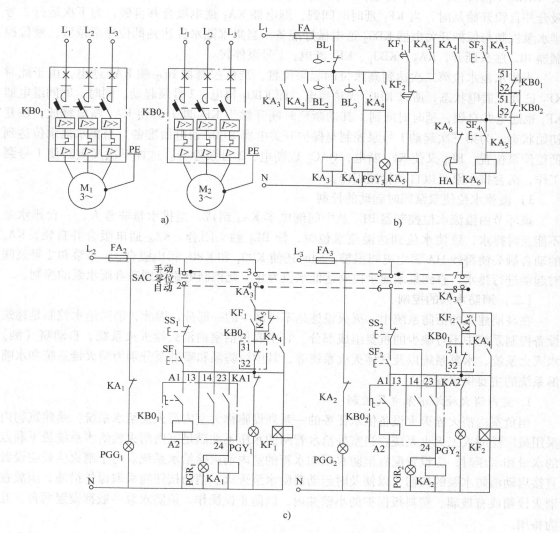

图 3-13 两台排水泵自动轮换控制电路

a）主电路 b）控制电路 1 c）控制电路 2

1）手动控制

将 SAC 置于上位，即手动位置。该档位主要用于水泵检修。手动控制时，SAC 的触头 1-2 和 5-6 接通各自电路，按钮 SS_1 和 SF_1 控制 $KB0_1$ 的通电和断电，即控制 1 号泵的起停；SS_2 和 SF_2 控制 2 号泵的起停；当排水量过大时，也可以在此位置同时将两台水泵起动。

2）自动轮换控制

将 SAC 置于下位，即自动位置。SAC 的触头 3-4 和 7-8 接通各自电路，该环节由中

间继电器 KA_3、时间继电器 KF_1 和 KF_2 组成。当集水池水位达到高水位的起泵位置时，液位控制器 BL_2 触头闭合，使 KA_3 得电吸合，SAC 的触头 $3-4 \rightarrow KA_3$ 动合触头 $\rightarrow KA_5$ 动断触头 $\rightarrow KB0_2$ 动断触头 $\rightarrow KB0_1$ 得电，1 号排水泵起动进行排水。同时，时间继电器 KF_1 也得电吸合并自锁开始延时，当 KF_1 延时时间到，继电器 KA_5 通电吸合并自锁，为下次运行 2 号排水泵控制与保护开关电器 $KB0_2$ 通电做好准备。当集水池水位达到低位停泵位置，液位控制器 BL_1 触头断开，KA_3、$KB0_1$、KF_1 断电，1 号泵停转。

当集水池水位第二次达到高水位的起泵位置，液位控制器 BL_2 使 KA_3 通电，由于此时 KF_5 已处在通电状态，所以 $KB0_1$ 无法得电，而 $KB0_2$ 得电，2 号泵起动。同时，时间继电器 KF_2 也通电并自锁，延时时间到，其动断延时断开触头 KF_2 断开，使 KA_5 断电释放，恢复初始状态，为第三次起动 1 号泵控制与保护开关电器 $KB0_1$ 通电做准备。当集水池水位达到低位停泵位置，BL_1 又使 KF_3 断电，QAC_2 也断电，2 号泵停转。这样下次又重新使 1 号泵工作，两台排水泵可以自动轮流工作。

3）溢流水位使双泵同时起动的控制

该环节由溢流水位控制器 BL_3 及中间继电器 KA_4 组成。当排水量非常大，一台排水泵不能及时排水，致使水位到达溢流水位时，使 BL_3 触头闭合，KA_4 通电吸合并自锁，KA_4 的动合触头使警铃 HA 得电鸣叫报警，同时还使 $KB0_1$ 和 $KB0_2$ 得电吸合，1 号泵和 2 号泵同时起动进行排水，直到集水池水位到达低水位为止。此控制电路特别适合雨水泵的控制。

（二）消防水泵的控制

在高层建筑的消防系统中，灭火设施是不可缺少的一部分，因此，消防给水控制是建筑设备控制系统中不可缺少的重要组成部分。它主要包括室内消火栓灭火系统、自动喷（洒）水灭火系统、水幕系统以及气体灭火系统等，其中消防泵和喷淋泵分别为消火栓系统和水喷淋系统的主要供水设备。

1. 室内消火栓给水泵电气控制

担负室内消火栓灭火设备供水任务的一系列设施称为室内消火栓给水系统，是建筑物内采用最广泛的人工灭火系统。当室外给水管网的水压不能满足室内消火栓给水系统最不利点的水量和水压时，应设置配有消防水泵和水箱的室内消火栓给水系统。每个消火栓处应设置直接启动消防水泵的按钮，以便及时起动消防水泵灭火。消防按钮应采取保护措施，应放在消火栓箱或有玻璃、塑料板保护的小壁龛内，以防止误操作。消防水泵一般都设置两台，互为备用。

图 3-14 为消防水泵电气控制的一种方案，两台泵互为备用，备用泵自动投入。正常运行时，电源开关和 SA_1 均合上。SA_2 为水泵检修双投开关，不检修时放在运行位置，$SF_{10} \sim SF_{1n}$ 为各消火栓箱消防起动按钮。无火灾时，按钮被玻璃面板压住，动合触头已经闭合，中间继电器 KA_1 通电，消火栓泵不会起动。SAC 为万能转换开关，手柄放在中间时，由泵房和消防控制中心通过按钮 SF_1、SF_3 控制启动水泵，不接受消火栓内消防按钮的控制指令。当 SAC 扳向左位（或上位）时，一旦发生火灾，1 号泵自动起动，2 号泵备用；当 SAC 扳向右位（或下位）时，一旦发生火灾，2 号泵自动起动，1 号泵备用。

发生火灾时，打开消火栓箱门，用硬物击碎（或按下）消防按钮的面板玻璃，其按钮 $SF_{10} \sim SF_{1n}$ 中相应的一个按钮动合触头复位断开，使 KA_1 断电，时间继电器 KF_3 通过 KA_1 的动断触头闭合得电，经数秒延时后使中间继电器 KA_2 通电并自锁，同时串接在 $KB0_1$ 线圈

回路中的 KA_2 经 SAC 的 1-2 使 $KB0_1$ 通电，1 号电动机起动运行，加压喷水。

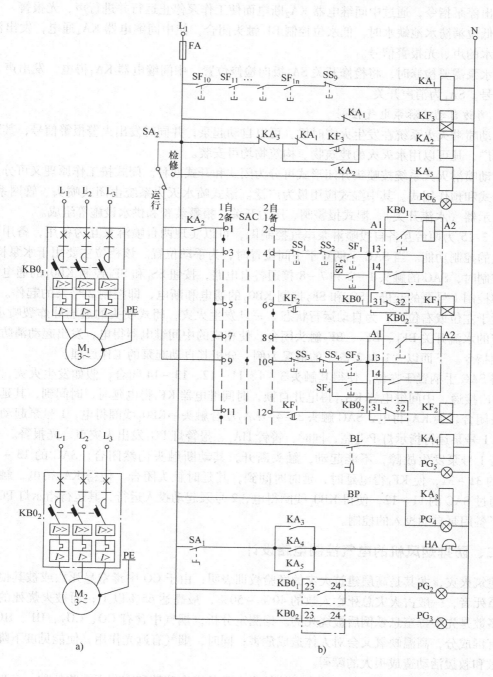

图 3-14 室内消火栓给水泵电气控制电路图

a）主电路 b）控制电路

如果 1 号泵发生故障或过载，$KB0_1$ 断电释放，其动断触头 31-32 恢复闭合，使时间继电器 KF_1 通电，其动合触头延时闭合，经 SAC 的 11-12 使 $KB0_2$ 通电，2 号泵投入运行。

当消防给水管网的压力过高时，管网压力继电器触头 BP 闭合，使中间继电器 KA_3 通电，发出停泵指令，通过中间继电器 KA_2 断电而使工作泵停止运行并进行声、光报警。

当低位消防水池缺水时，低水位控制 BL 触头闭合，使中间继电器 KA_4 通电，发出消防水池缺水的声、光报警信号。

当水泵需要检修时，将检修开关 SA_2 扳向检修位置，中间继电器 KA_5 得电，发出声、光报警信号。SA_1 为消声开关。

2. 消防自动喷淋泵电气控制

自动喷淋灭火系统在发生火灾时候，可以自动起泵，并同时发出火警报警信号，其适用范围很广，凡可以用水灭火的建筑物、构筑物均可安装。

自动喷淋灭火系统按喷头开闭形式可分为闭式和开式两种。闭式按工作原理又可分为湿式、干式和预作用式。其中湿式应用最为广泛。湿式喷水灭火系统由闭式喷头、管网系统、水流指示器（水流开关）、湿式报警阀、压力开关、报警装置和供水设施等组成。

图 3-15 为两台互备自投喷淋泵电气控制图，可以实现两台喷淋泵互为备用，备用泵自动投入的控制功能。当 SAC 手柄置于中间位置时，为手动位置。该档位主要用于水泵检修。手动控制时，SAC 的触头 1-2 和 7-8 接通各自电路，按钮 SS_1 和 SF_1 控制 KBO_1 的通电和断电，即控制 1 号泵的起停；SS_2 和 SF_2 控制 KBO_2 的通电和断电，即控制 2 号泵的起停。SAC 手柄置于左位或右位时，为自动运行状态。一旦发生火灾，闭式喷头的玻璃球炸裂喷水时，其对应的水流开关 BF_1、BF_2、BF_3 触头闭合，使相应的中间继电器得电，发出起动消防水泵的控制指令。下面以"1 自 2 备"的情况为例，分析其自动起泵的工作原理。

将 SAC 手柄置于左位，使得其触头 3-4、11-12、13-14 闭合，假如发生火灾，水流开关 BF_1 接通，中间继电器 KA_{11} 得电并自锁，时间继电器 KF_2 得电延时，时间到，其延时动合触头闭合，使 KA_2 得电，SAC 触头 3-4→KA_2 动合触头→KBO_1 线圈得电，1 号泵起动投入运行，1 号泵运行指示灯 PG_4 亮，同时，警铃 HA_1、报警灯 PG_1 发出火灾声、光报警。

若 1 号泵发生故障，不能起动，触头断开，其动断触头仍然闭合，SAC 的 13-14→KBO_1 的 31-31，使 KF_1 得电延时，延时时间到，其延时触头闭合，使得 KA_1 得电，触头闭合，通过 SAC 的 11-12，使得 KBO_2 线圈得电，2 号泵起动投入运行，其运行指示灯 PG_5 亮，实现了备用泵自动投入的控制。

二、防排烟风机的电气控制电路设计

建筑火灾，尤其是高层建筑火灾的经验教训表明：由于 CO 中毒窒息死亡或被其他有毒烟气熏死者，一般占火灾总死亡人数的 40% ~50%，最高达 65% 以上；而被火烧死的人当中，多数是先中毒窒息晕倒后被烧死的。据测定分析，烟气中含有 CO、CO_2、HF、HCN 等多种有毒成分，高温缺氧又会对人体造成危害；同时，烟气有遮光作用，使能见度下降。这对疏散和救援活动造成很大的障碍。

为了及时排除有害烟气，保障高层建筑内人员的安全疏散和有利于消防扑救，在高层建筑中设置防烟、排烟设施是十分必要的。

1. 防排烟控制方式

在建筑物中采用的排烟有自然排烟、机械排烟、自然与机械组合排烟以及机械加压送风排烟等几种方式。防烟可利用防火门、防火卷帘、防火垂壁等实现。防排烟设施有中心控制和模块控制两种方式。框图如图 3-16 所示。在中心控制方式中，有火灾发生时，火灾探测器动作，将报警信号传送到消防控制中心。消防中心接到火警信号后，根据火灾情况直接产生信号打开有关排烟道上的排烟阀门，起动排烟风机。降下有关部位防烟卷帘及防烟垂壁，打开安全出口的电动门。同时输出控制信号，关闭空调系统中的送风机、排风机、空调机。消防控制中心在发出控制信号的同时也接收各设备的返回信息，监测各设备的运行情况，确保设备按照控制指令运行。

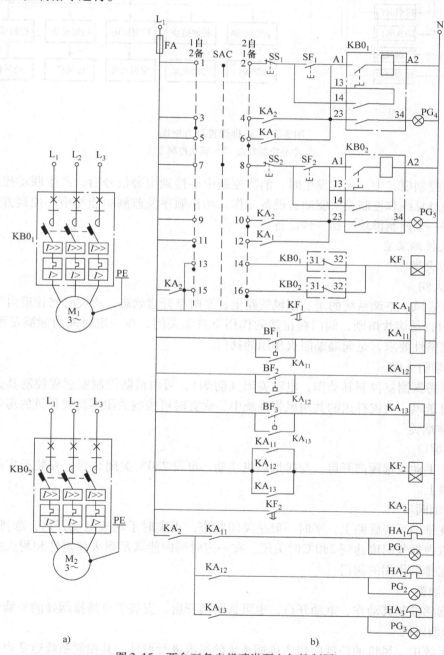

图 3-15 两台互备自投喷淋泵电气控制图
a) 主电路 b) 控制电路

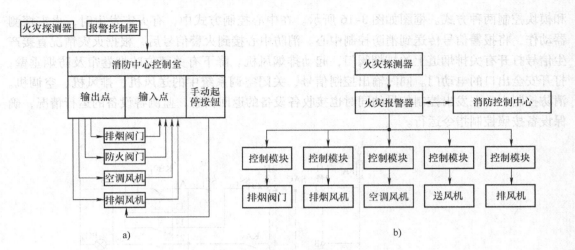

图 3-16　防排烟控制方框图
a）中心控制方式　b）模块控制方式

在模块控制模式中，火灾发生时，消防控制中心接到报警信号后，产生联动控制信号，控制信号经过总线和控制模块驱动各设备动作，动作顺序及监测功能与中心控制方式相同，不同的是每一个控制模块控制一台设备。

2. 防火排烟装置

（1）防火类

1）防火阀

安装在通风、空调系统的送、回风管路上，平时呈开启状态，火灾时当管道内气体温度达到 70℃时，易熔片熔断，阀门在扭簧的作用下自动关闭，在一定时间内能满足耐火稳定性和耐火完整性要求，是起隔烟阻火作用的阀门。

2）防烟防火阀

依靠烟感探测器控制其动作，电动关闭（防烟），可由消防控制室远程控制其关闭，一般用于平时送风、火灾补风的共用风管系统中，火灾时可控制关闭不需要补风的房间。

（2）排烟类

1）排烟口

电动、手动或远距离开启，与排烟风机联动，可设 280℃关闭装置，安装于排烟区域的顶棚或墙壁上。

2）排烟阀

安装在排烟系统管路上，平时一般呈关闭状态，火灾时手动或电动开启，起排烟作用。当排烟管道内烟气温度达到 280℃时关闭，在一定时间内能满足耐火稳定性和耐火完整性要求，属于起排烟作用的阀门。

3）排烟窗

依靠烟感控制其动作，电动开启，也可远距离开启，安装于自然排烟处的外墙上。

4）排烟风机

排烟系统中，风机的控制应按防排烟系统的组成进行设计。其控制系统通常由消防控制室、排烟口及就地控制等装置组成。就地控制是将转换开关旋到手动位置，通过按钮起动或停止排烟风机，检修时用。排烟风机可由消防联动模块控制或就地控制。联动模块控制时，通过联锁触头启动排烟风机。当排烟风道内温度超过280℃时，防火阀自动关闭，通过互锁环节，使排烟风机自动停止。

图3-17所示为通风与排烟共用一套风管，分别设置通风机和排烟风机的防排烟系统。在系统管道上设置排烟阀，在系统管道末端设置"T"风管将通风机和排烟风机与系统风管连通。通风机的送风口处设置防火阀，平时呈开启状态，当火灾发生时，电动关闭，风机关闭；排烟风机的排风口处排烟阀，平时呈关闭状态，当火灾发生时，电动开启，风机起动。

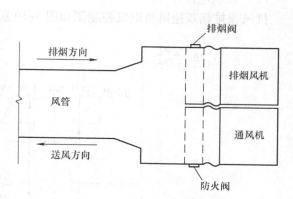

3. 双速排烟风机控制电路

双速排烟风机控制电路的控制功能是：正常工作时，低速运行作为排风使用，采

图3-17 防排烟系统示意图

取就地手动控制和远距离控制；火灾时高速运行作为排烟使用，由消防联动模块控制其起停。

（1）主电路

图3-18为双速排烟风机系统主电路。其中KB0D为带有控制双速电动机的控制与保护开关电器，它由两个控制与保护开关KB0$_1$、KB0$_2$和接触器QAC组成。双速电动机定子绕组的6个接线端U$_1$、V$_1$、W$_1$、U$_2$、V$_2$、W$_2$通过KB0D中的接触器QAC、控制与保护开关电器KB0$_1$、KB0$_2$接成三角形或双星形。当KB0$_1$接通时，定子绕组U$_1$、V$_1$、W$_1$接线端接三相交流电源。此时QAC、KB0$_2$都不接通，接线端U$_2$、V$_2$、W$_2$悬空，三相定子绕组为三角形接线，电动机的极数为4极，双速电动机低速运行；当KB0$_1$断开，QAC、KB0$_2$接通时，QAC主触头闭合将接线端U$_1$、V$_1$、W$_1$短接，KB0$_2$主触头闭合将接线端U$_2$、V$_2$、W$_2$接入电源，定子绕组为双星形联结，电动机的极数为2极，双速电动机高速运行。

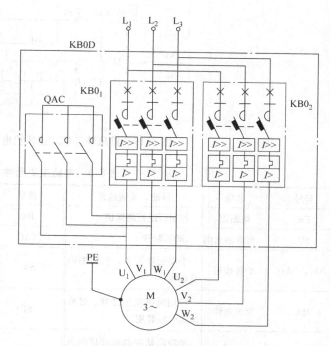

图3-18 双速排烟风机系统主电路

由主电路可知，任意时刻KB0$_1$与QAC、KB0$_2$不能同时接通，否则将引起主电路短路，即KB0$_1$与QAC、KB0$_2$之间应

有电气连锁关系。KB0₂ 为高速排烟时工作的控制与保护开关电器，应选用消防型产品，以满足在过载、过流时只报警不跳闸，短路时才跳闸的控制要求。

（2）控制电路

排风兼排烟双速风机电气控制图如图 3-19 所示，电路主要元件见表 3-3。

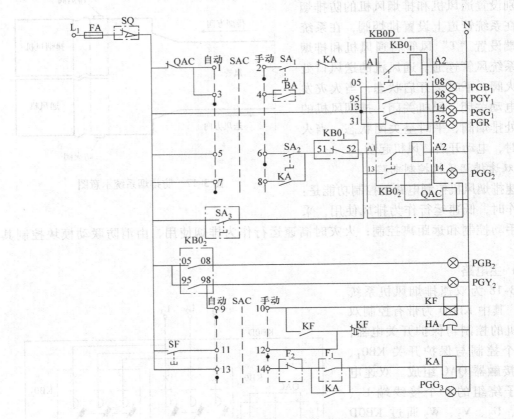

图 3-19　排风兼排烟双速风机电气控制图

表 3-3　电路主要元件

符号	名称	性能、安装位置	符号	名称	性能、安装位置
FA	熔断器	控制回路短路保护	BA	控制器触头	由楼宇自控系统控制
SQ	排烟防火阀	280℃断开	SAC	转换开关	三档、控制柜内安装
SA₁，SA₂	旋转按钮	手动起停开关，控制柜内及现场	SA₃	旋转式控制按钮	消防控制室的强行起动控制
HA	交流电铃	排烟风机发生过载、过流故障时报警用	SF	电铃按钮	手动检修试验电铃功能
KA	中间继电器	消防联动控制起动排烟风机信号	KF	时间继电器	用于声响报警解除
F₁、F₂	消防联动控制触头	接自消防控制屏或消防联动模块	KB0D	双速电机控制器	控制柜内安装

（续）

符号	名称	性能、安装位置	符号	名称	性能、安装位置
PGY_1、PGY_2	黄色信号灯	过载、过流等故障时发出灯光信号	PGB_1、PGB_2	蓝色信号灯	短路时发出灯光信号
PGG_1、PGG_2	绿色信号灯	风机运行指示灯	PGR	红色信号灯	风机停机指示灯
PGG_3	绿色信号灯	消防联动模块启动指示灯			

1）控制电路受防火阀制约

当280℃排烟阀 SQ 断开时，无论 SAC 位于何档，整个控制电路失电，双速电动机停止运行。

当 SQ 闭合时，无论 SAC 位于何档，KBO_2 与 QAC 线圈均受控制按钮 SA_3 的控制。当操作消防控制盘旋钮 SA_3 使其闭合时，双速电动机高速起动。

2）自动档

将转换开关 SAC 拨至"自动"，SAC 的 3 - 4 接通，双速电动机控制器低速运行线圈 KBO_1 唯一由楼宇自控系统发出的控制信号 BA 控制。SAC 的 3 - 4→BA 开关→KA 动断触头→KBO_1 线圈得电，KBO_1 动合主触头闭合，电动机低速起动运行。

SAC 的 7 - 8 接通高速运行线圈 KBO_2、QAC 唯一由消防控制系统发出的控制信号 KA 控制。当火灾发生时，消防系统发出联动控制信号，外控触头 F_1 闭合，中间继电器 KA 线圈通电，动断触头断开 KBO_1 线圈通路，停止低速运行通路；KA 动合触头闭合，控制回路 SAC 的 7 - 8→KA→KBO_1 动断触头→KBO_2 线圈得电，动合触头 13 - 14 闭合，QAC 线圈通电，动合主触头闭合，将电动机 U_1、V_1、W_1 接线端短接，KBO_2 动合主触头闭合，将电动机 U_2、V_2、W_2 接入电源，电动机起动并高速运行。

3）手动档

将转换开关 SAC 拨至"手动"，SAC 的 1 - 2、5 - 6 接通，此时双速电动机控制器线圈 KBO_1 及 KBO_2、QAC 分别由低、高速控制按钮控制，由控制总线发出的自动控制信号不起作用。

4）停止档

转换开关 SAC 位于中间的"停止"档时，双速排烟机只接受消防控制室的强行起动控制，过载声光报警信号回路不受 SAC 档位限制。

（3）电路保护

1）过载保护

根据控制要求，低速时作为排风机运行，由基本型控制与保护开关电器 KB01 控制风机的低速运行，此时若过载，KBO_1 的脱扣机构动作，导致 KBO_1 跳闸，主触头脱开，风机低速运行停止，同时其故障报警指示触头 95 - 98 闭合，PGY_1 指示灯亮。

高速时作为排烟机运行，由消防型控制与保护开关电器 KBO_2 控制风机的高速运行。根据消防设备控制要求，设备过载时只发出过载信号，不切断控制电路，因此，高速运行过载时，KBO_2 脱扣机构不动作，仅是故障报警指示触头 95 - 98 闭合，PGY_2 指示灯亮，再通过 SAC 的 9 - 10 触头，时间继电器 KF 线圈得电，瞬时动合触头 KF 闭合，经过延时动断触头，接通过载电铃报警指示电路，发出声光报警信号。经过一段时间延时，KF 延时触头断开，关闭电铃报警信号通路。过载消失后，KBO_2 的 95 - 98 断开，报警指示灯熄灭。

2）短路保护

主电路短路保护由双速电动机控制器实现，控制电路短路保护由熔断器 FA 实现。

3）特殊保护

当排烟温度达到 280℃时，为了避免将高温烟雾排出引起新的火灾，排烟风道上的防火阀 SQ 熔体熔断，切断控制回路，排烟风机停止运行。

4. 防火卷帘与防火门的作用及控制

为了防止火灾在建筑物中蔓延扩大，需要采取必要的防火分隔措施，防火门和防火卷帘等防火分隔物能在一定的时间内满足耐火稳定性、完整性和隔热性要求，把建筑物的空间分隔成若干个防火分区，使每个防火分区一旦发生火灾时，能够在一定的时间内不至于向外蔓延扩大，以此来有效地控制火势，为扑救火灾创造良好的条件。

（1）防火卷帘

《火灾自动报警系统设计规范》（GB 50116—2013）中对防火卷帘的控制有如下规定：

规范的 4.6.3 条规定疏散通道上设置的防火卷帘的联动控制设计，应符合下列规定：

1）联动控制方式，防火分区内任两只独立的感烟火灾探测器或任一只专门用于联动防火卷帘的感烟火灾探测器的报警信号应联动控制防火卷帘下降至距楼板面 1.8m 处。任一只专门用于联动防火卷帘的感温火灾探测器的报警信号应联动控制防火卷帘下降到楼板地面。在卷帘的任一侧距卷帘纵深 0.5～5m 内应设置不少于两只专门用于联动防火卷帘的感温火灾探测器。

2）手动控制方式，应由防火卷帘两侧设置的手动控制按钮控制防火卷帘的升降。

规范的 4.6.4 条规定非疏散通道上设置的防火卷帘的联动控制设计，应符合下列规定：

联动控制方式，应由防火卷帘所在防火分区内任两只独立的火灾探测器的报警信号，作为防火卷帘下降的联动触发信号，并应联动控制防火卷帘直接下降到楼板面。

手动控制方式，应由防火卷帘两侧设置的手动控制按钮控制防火卷帘的升降，并应能在消防控制室内的消防联动控制器上手动控制防火卷帘的降落。

规范的 4.6.5 条规定防火卷帘下降至距楼板面 1.8m 处、下降到楼板面的动作信号和防火卷帘控制器直接连接的感烟、感温火灾探测器的报警信号，应反馈至消防联动控制器。

按照规范的要求，设计的防火卷帘门电气控制系统主电路如图 3-20 所示，控制电路如图 3-21 所示。

图中，KB0N 是可逆型控制与保护开关电器，具有机械联锁功能，适用于电动机的可逆控制与保护。其内部包含的 KB0NL 和 KB0NR 分别控制电动机的正转和反转的控制开关电器。SQ_1、SQ_2 分别为卷帘门的下限位

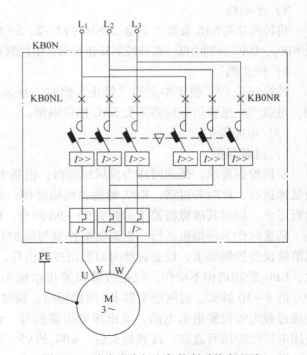

图 3-20　防火卷帘门电气控制系统主电路

和上限位，F_1、F_2为消防联动模块发出的控制信号，F_1闭合，起动防火卷帘下降到距地 1.8m，F_2闭合，防火卷帘下降到楼板地面。SG 为带钥匙的位置开关，SG 拨到闭合位置，为手动检修状态，此时，可以通过 SF_1、SF_2、SS 控制防火卷帘的下降、上升。按下下降起动按钮 SF_1，KB0NL 线圈 A1 – A2 得电，主触头吸合，电动机正转，防火卷帘下降，其动合辅助触头 53 – 54 闭合，自锁，动断辅助触头 11 – 12 断开，形成互锁。KA_3 线圈得电，其触头的动作信号送至消防联动模块，下降指示灯 PGG_1 点亮。可以通过停止按钮 SS 或是下限位 SQ_1 停止防火卷帘的下降。按下上升起动按钮 SF_2，KB0NR 线圈得电，主触头吸合，起动电动机反转，防火卷帘上升，其动合辅助触头 13 – 14 闭合，形成自锁，动断辅助触头 31 – 32 断开，形成互锁，上升指示灯 PGG_2 点亮。可以通过停止按钮 SS 或是上限位 SQ_2 停止防火卷帘的上升。

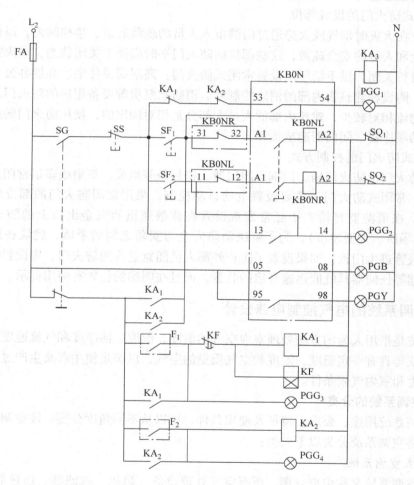

图 3-21 防火卷帘门控制电路

正常工作时，SG 旋到断开位置，为自动控制模式，此时防火卷帘只受消防联动模块控制。当用于联动防火卷帘的感烟火灾探测器动作，使联动模块发出 F_1 闭合信号，此时，形成的信号通路：SG→F_1→KF→KA_1、KF 线圈得电，KF 开始延时，KA_1 动合触头闭合，又形成信号通路：SG→KA$_1$→A1 - A2（KB0NL 线圈）得电，起动防火卷帘下降；通过设置 KF 的延时时间，当下降到距地 1.8m 时，KF 延时时间到，KF 延时动断触头断开，KA$_1$ 线圈失电，KA$_1$ 动合触头断开，A1 - A2（KB0NL 线圈）失电，防火卷帘停止下降。当用于联动防火卷帘的感温火灾探测器动作时，使联动模块发出 F$_2$ 闭合信号，KA$_2$ 线圈得电，动合触头闭合，形成信号通路：SG→KA$_2$→A1 - A2（KB0NL 线圈）得电，第二次起动防火卷帘下降，直到下限位 SQ$_1$ 动作，停止防火卷帘下降。

（2）防火门

防火门一般都设置在疏散门或安全出口处。防火门既是保持建筑物防火分隔完整性的主要物件之一，又是人员经过疏散出口或安全出口时需要开启的门。因此防火门的开启方式和方向应满足在紧急情况下人员迅速开启，快捷疏散的需要。

1）常闭式防火门的设置部位

为了防止在火灾时烟气或火势通过门洞窜入人员的疏散通道、楼梯间内，以保证疏散通道的相对安全和人员的安全疏散，这些部位的防火门平时应处于关闭状态，在火灾情况下人员疏散后能自行关闭。以下场所应设置常闭式防火门：高层居民住宅、高层办公楼、写字楼等公共建筑、附设在建筑物内部的消防控制室、消防水泵房等设备用房的防火门。这些建筑平时人流、物流相对较少，建筑内部的人员大部分是相对固定的，使用防火门的频率低，不会对防火门的顺序器、闭门器造成损坏。

2）常闭式防火门的控制方式

常闭式防火门由防火门扇、门框、闭门器、密封条等组成，双扇或多扇常闭式防火门还装有顺序器。常闭式防火门不需要设置电动自动控制，采用常闭防火门的部位应有常闭的"警示标志"。在消防监督检查中经常发现设置在疏散通道和安全出口上的防火门被锁闭（如公共娱乐场所、大型超市），为了解决消防安全与安防之间的矛盾，建议在这些场所应安装防火型报警逃生门锁，如果设置了防止外部人员随意进入的防火门，应设置在火灾情况下不需要钥匙等任何器具既能迅速开启的装置，而且在明确的位置有使用提示。

三、空调系统的电气控制电路设计

空调系统是指用人为的方法处理室内空气的温度、湿度、洁净度和气流速度的系统。可使某些场所获得具有一定温度、湿度和空气质量的空气，以满足使用者及生产过程的要求和改善劳动卫生和室内气候条件。

（一）空调系统的分类

根据空调系统用途、要求、特征及使用条件，可以从不同角度分类。按空调设备的设置情况，可以将空调系统分为以下三类：

1. 集中式空调系统

集中式空调系统又称中央空调，所有空气处理设备（风机、过滤器、加热器、冷却器、加湿器、减湿器和制冷机组等）都集中在空调机房内，由冷水机组、热泵、冷热水循环系统、冷却水循环系统（风冷冷水机组无须该系统）、以及末端空气处理设备，如空气处理机组、风机盘管等组成。空气处理后，由风管送到各空调房里。这种空调系统热源和冷源也是集中的。它处理空气量大，运行可靠，便于管理和维修，但机房占地面积大（采用风柜来处理全部风量）。

2. 分散式空调系统

分散式空调系统又称为局部空调系统。它是把空气处理设备、风机、自动控制系统及冷热源等统统组装在一起的空调机组，直接放在空调房间内就地处理空气的一种局部空调方式。这种系统在建筑内不需要机房，不需要分配空气的风道，但是维修管理不便。其中，家庭常用的窗式空调和柜式空调属于这种系统。

3. 半集中式空调系统

除有集中的空调机房外，在各空调房间内还设有二次处理设备，对来自集中处理室的空气进一步补充处理。如冷冻水集中制备或新风进行集中处理的系统就属于半集中式系统。全水系统、空气—水系统、水源热泵系统、变制冷剂流量系统都属于这类系统。

半集中式空调系统在建筑中占用的机房少，可以很容易满足各个房间的温、湿度控制要求。但房间内设置空气处理设备后，管理维修不方便。如果设备中有风机，还会给室内带来噪声。在半集中式空调系统中，空气处理所需的冷、热源也是由集中设置的冷冻站、锅炉房或热交换站供给。因此，集中式和半集中式空调系统又统称为中央空调系统。

（二）集中式空调系统

1. 集中式空调系统的组成

集中式空调系统主要由以下三部分组成：

（1）空气处理系统

主要由空气过滤器、表面式冷却器或喷水冷却室、加热器、加湿器等设备组成。对空气进行过滤和各种热湿处理的主要设备。其作用是将送风空气处理到预定的温度、湿度和洁净度的状态。

（2）空气输送设备

包括送风机、回风机、风道系统，以及装在风道上的风道调节阀、防火阀、消声器、风机减震器等配件。其作用是将经过处理的空气按照预定要求输送到各个空调房间，并从房间内抽出或排出一定量的空气。

（3）空气分配装置

包括在空调房间内的各种送风口和回风口。其作用是合理的组织室内气流，以保证工作区内有均匀的温度、湿度、气流速度和洁净度。

2. 集中式空调系统的电气控制特点和要求

（1）控制特点

能自动调节温度、湿度和自动进行季节工况转换，可做到全年自动化。开机时，只需按一下风机起动按钮，整个空调系统就自动投入运行（包括各设备间的程序控制、调节和季节的工况转换）；停机时，只要按一下风机停止按钮，就可以按一定程序停机。

（2）控制要求

自动控制温度时，在室内放置两个检测原件，一个是温度敏感元件 RT，还有一个是相对湿度敏感元件 RH 和 RT 组成的温差发送器。

RT 接在 P-4A 型调节器上，调节器根据室内实际温度与给定值的偏差使执行机构按比例规律进行控制。夏季时，控制一、二次回风风门维持恒温，当一次风门关小时，二次风门开大，既防止风门振动，又加快调节速度。冬季时，控制二次加热器的电动二通阀实现恒温。夏转冬时，随着天气变冷，室温信号使二次风门开大升温，如果还达不到给定值，则将二次风门开到极限，碰撞风门执行机构的终断开关发出信号，使中间继电器动作，从而过渡到冬季运行工况。

冬转夏时，利用加热器的电动二通阀关到位时碰终断开关后送出信号，经延时后自动转换到夏季运行工况。

相对湿度控制由 RH 和 RT 组成的温差发送器反映房间内相对湿度的变化，将此信号送至冬、夏共用的 P-4B 型温差调节器。调节器按比例规律控制执行机构，实现对相对湿度的自动控制。夏季时，控制喷淋水的温度实现降温。相对湿度较高时，通过调节电动三通阀改变冷冻水与循环水的比例，实现冷却减湿。冬季时，采用表面式蒸汽加热器升温，相对湿度较低时，采用喷蒸汽加湿。

3. 集中式空调机组电气控制电路工作过程分析

空调机组主要有新风阀、回风阀、排风阀、过滤器、冷/热盘管、送风机、回风机、加湿器组成。控制系统中的现场设备由现场控制器（DDC）、新风温度传感器、新风湿度传感器、回风温度传感器、回风湿度传感器、送风温度传感器、送风湿度传感器、防冻开关、压差开关、电动调节阀、风阀执行器组成。

电动风阀与送风机、回风机联锁控制，当送风机、回风机关闭时，电动风阀（新风、回风、排风风阀）都关闭。新风阀与排风阀动作同步，与回风阀动作相反。根据新风、回风以及送风焓值的比较，调节新风阀和回风阀的开度。

当冬季温度太低时，防冻开关送出信号，风机和新风阀关闭，防止盘管冻裂。当防冻开关正常时，应重新起动风机，打开新风阀，恢复正常工作。

送风机、回风机的起停顺序：起动时，先起动送风机，延时后再起动回风机；停机时，先关闭回风机，延时后再关闭送风机。

空调机组送、回风机与风阀联锁控制电路的主电路及控制电路分别如图 3-22 和 3-23 所示。本图适用于集中空调系统的送、回风机控制，采用就地检修手控和在正常工作时，由楼宇自动化系统实现远距离控制，并与各自风阀联锁，当设备起动运行后，风阀联动打开，设备停机后，风阀联动关闭。

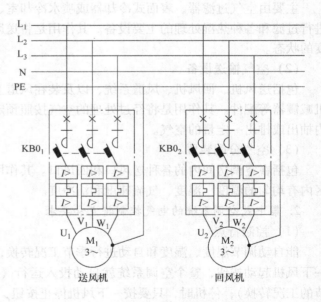

图 3-22　空调机组送、回风机与风阀联锁控制电路主电路

图 3-23 中，SQ_1、SQ_2 为防火阀，当防火阀动作（70℃断开）后，送、回风机关闭。BA 为楼宇自动化系统控制开关。

（1）就地检修手控

当 SAC 拨于上位，即手动位置时，处于就地检修状态。此时，两台风机以及各电动风阀均可以手动操作控制。下面用动作序列图讲解其控制过程。

$SA_1^+ \rightarrow KB0_1^{\vee} \rightarrow KB0_1$（主）$^+$，送风机 M_1 起动。

                $\searrow$ 13 - 14（辅）$^+$，送风机运行指示灯 PGG_1 点亮。

$SA_1^- \rightarrow KB0_1^{\times} \rightarrow KB0_1$（主）$^-$，送风机 M_1 停机。

                $\searrow$ 13 - 14（辅）$^-$，PGG_1 关断。

$SA_2^+ \rightarrow KB0_2^{\vee} \rightarrow KB0_2$（主）$^+$，回风机 M_2 起动。

                $\searrow$ 13 - 14（辅）$^+$，回风机运行指示灯 PGG_2 点亮。

$SA_2^- \rightarrow KB0_2^{\times} \rightarrow KB0_2$（主）$^-$，回风机 M_2 停机。

                $\searrow$ 13 - 14（辅）$^-$，PGG_1 关断。

按下 $SF_1 \sim SF_6$ 可以分别控制新风阀、送风阀和回风阀的开启和关闭。

（2）自动控制

当 SAC 拨于下位，即自动位置时，处于正常工作状态。此时，两台风机以及各电动风阀均都由 BA 系统自动控制。

$BA_1^+ \rightarrow KB0_1^{\vee} \rightarrow KB0_1$（主）$^+$，送风机 M_1 起动。

                $\searrow$ 13 - 14（辅）$^+$，PGG_1 送风机运行指示灯点亮。

                $\searrow$ 23 - 24（辅）$^+$，新风阀开启，指示灯 PGG_3 点亮。

                $\searrow$ 43 - 44（辅）$^+$，送风阀开启，指示灯 PGG_4 点亮。

                $\searrow$ 11 - 12（辅）$^-$，新风阀关闭指示灯 PGR_3 关灭。

                $\searrow$ 51 - 52（辅）$^-$，送风阀关闭指示灯 PGR_4 关灭。

$BA_2^+ \rightarrow KB0_2^{\vee} \rightarrow KB0_2$（主）$^+$，回风机 M_2 起动。

                $\searrow$ 13 - 14（辅）$^+$，PGG_2 回风机运行指示灯点亮。

                $\searrow$ 23 - 24（辅）$^+$，回风阀开启，指示灯 PGG_5 点亮。

                $\searrow$ 51 - 52（辅）$^-$，回风阀关闭指示灯 PGR_4 关灭。

（三）分散式空调系统

分散式空调系统的最大特点就是灵活、简易。它可满足不同房间的不同送风要求。当室内热湿负荷变化时，调节系统反应快，也不影响其他各室进风参数，洁净空间小而单一，管理比较方便，洁净度也易保证。加上没有输送管系统及专用机房，节约了输送能耗及沿途冷热损失和污染，减少了辅助占地面积。另外空调机组体积小，现场安装工作量少，操作使用也方便，不需要专业操作熟练的工人。

分散式空调系统的冷源通常采用压缩式制冷机组，热源在容量不大和要求灵活性大时可采用电热。空气处理设备主要是制冷机的蒸发器，电加湿器及电加热器。

分散式空调机组电气控制主电路图如图 3-24 所示，信号灯与电磁阀控制电路如图 3-25 所示。当空调机组需要投入运行时，合上电源总开关 QA，控制与保护开关电器 $KB0_1$、$KB0_2$、所有接触器 $QAC_1 \sim QAC_4$ 的上接线端子和控制电路 L_1 电源均有电。合上开关 SA_1，$KB0_1$ 得电，主触头吸合使风机 M_1 起动运行；辅助触头 13 - 14 闭合，指示灯 PGG_1 亮，23 - 24 闭合，为温度自动调节做好准备。风机未起动前，电加热器、电加湿器等都不能投入运行，起到安全保护作用，避免发生事故。

机组的冷源是由制冷压缩机供给的，压缩机电动机 M_2 的起动由开关 SA_2 控制。制冷量

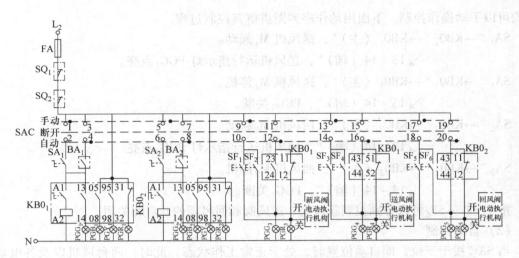

图 3-23　空调机组送、回风机与风阀联锁控制电路

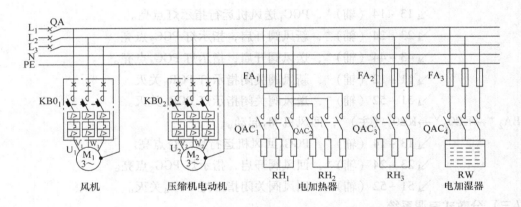

图 3-24　分散式空调机组电气控制主电路图

是利用控制电磁阀 KH_1、KH_2 调节蒸发器的蒸发面积实现的，并由转换开关 SG_4 控制是否全部投入。KH_1 控制 2/3 的蒸发器蒸发面积，KH_2 控制 1/3 的蒸发器面积。机组的热源由电加热器供给。电加热器分成三组，分别由开关 SG_1、SG_2、SG_3 控制。SG_1、SG_2、SG_3 都有"手动"、"停止"、"自动"三个位置。当扳到"自动"位置时，可以实现自动调节。

1. 夏季运行的温、湿度调节

夏季运行时需降温和减湿（增大制冷量去湿），压缩机需投入运行，设开关 SG_4 扳在"2"档，电磁阀 KH_1、KH_2 全部受控，电加热器可有一组投入运行，作为加热用。设 SG_1、SG_2、SG_3 扳至中间"停止"档，合上开关 SA_2，控制与保护开关电器 $KB0_2$ 得电，主触头闭合，制冷压缩机电动机 M_2 起动运行，辅助触头 13 – 14 闭合，指示灯 PGG_2 亮；动合辅助触头 23 – 24 闭合，电磁阀 KH_1 通电打开，蒸发器有 2/3 面积投入运行（另 1/3 面积受电磁阀 KH_2 和继电器 KA_3 的控制）。由于刚开机时室内的温度较高，敏感元件干球温度计 T 和湿球温度计 TW 触头都是接通的（T 的整定值比 TW 整定值稍高），与其相接的调节器 SY 中的继

电器 KA_1 和 KA_2 均不吸合。KA_1、KA_2 的动断触头保持闭合状态，使继电器 KA_3 得电吸合，KA_3 动合触头闭合，使电磁阀 KH_2 得电打开，蒸发器全部面积投入运行。空气机组向室内送入冷风，对新空气降温和减湿。

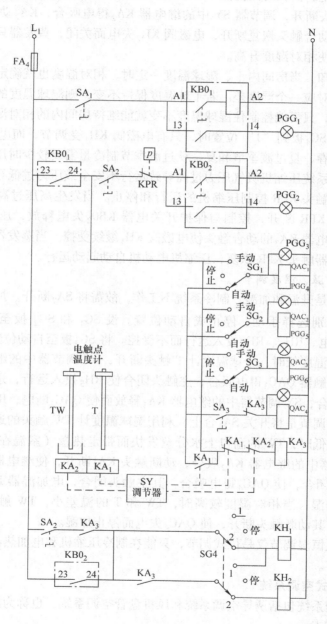

图 3-25　信号灯与电磁阀控制电路

当室内温度或相对湿度下降到低于 T 和 TW 的整定值时，其电触头断开使调节器 KA_1 或 KA_2 得电吸合，利用其触头动作可进行自动调节。例如：室温下降到 T 的整定值以下，T 触头断开，SY 调节器中的继电器 KA_1 得电吸合，其动断触头断开，使继电器 KA_3 失电，KA_3

动合触头恢复断开，电磁阀 KH$_2$ 失电而关闭，蒸发器只有 2/3 面积投入运行，制冷量减少而使相对湿度升高。

如室内温度一定，而相对湿度低于 T 和 TW 整定的湿度差时，TW 上的水分蒸发快而带走热量，使 TW 触头断开，调节器 SY 中的继电器 KA$_2$ 得电吸合，KA$_2$ 动断触头断开，使继电器 KA$_3$ 失电，其动合触头恢复断开，电磁阀 KH$_2$ 失电而关闭，蒸发器只有 2/3 面积投入运行，制冷量减少而使相对湿度升高。

从上述分析可知，当房间内干、湿球温度一定时，相对湿度也就确定了。这里，每一个干、湿球温度差就对应一个湿度差。若干球温度保持不变，则湿球温度的变化就表示了房间内相对湿度的变化，只要能控制住湿球温度不变就能维持房间内的相对湿度恒定。

如果选择开关 SG$_4$ 扳到"1"位置时，只有电磁阀 KH$_1$ 受调节，而电磁阀 KH$_2$ 不投入运行。此种状态可在春、夏过渡季节和夏、秋过渡季节制冷量需要较少时用，原理同上。

为了防止制冷系统压缩机吸气压力过高导致运行不安全或压力过低导致运行不经济，利用高低压力继电器触头 KPR 控制压缩机的运行和停止。当发生高压过高或低压过低时，高低压力继电器触头 KPR 断开，控制与保护开关电器 KBO$_2$ 失电释放，压缩机电动机停止运转。此时，通过继电器 KA$_3$ 的动合触头使电磁阀 KH$_1$ 继续受控。当蒸发器吸气压力恢复正常时，高低压力继电器触头 KPR 恢复，压缩机电动机自动起动运行。

2. 冬季运行的温、湿度调节

冬季运行主要是升温和加湿，制冷系统不工作，故需将 SA$_2$ 断开。加热器有三组，根据加热量不同，可分别选择手动、停止或自动位置。设 SG$_1$ 和 SG$_2$ 扳至手动位置，接触器 QAC$_1$、QAC$_2$ 均得电，RH$_1$、RH$_2$ 投入运行而不受控。将 SG$_3$ 扳至自动位置，RH$_3$ 受温度调节环节控制。当室内温度低时，干球温度计 T 触头断开，SY 调节器中的继电器 KA$_1$ 吸合，其动合触头闭合使接触器 QAC$_3$ 得电吸合，主触头闭合使 RH$_3$ 投入运行，送风温度升高。如室温较高，T 触头闭合，SY 调节器中的继电器 KA$_1$ 释放而使 QAC$_3$ 断电，RH$_3$ 不投入运行。

室内相对湿度调节是将开关 SA$_3$ 合上，利用湿球温度计 TW 触头的通断进行控制。例如当室内相对湿度较低时，TW 的温包上水分蒸发快而带走热量（室温在整定值时），TW 触头断开，SY 调节器中的继电器 KA$_2$ 吸合，动断触头 KA$_2$ 断开，使继电器 KA$_3$ 失电释放，使 KA$_3$ 动断触头恢复闭合，使 QAC$_4$ 得电吸合，其主触头闭合，电加湿器 RW 投入运行，产生蒸汽对送风进行加湿；当相对湿度较高时，TW 和 T 的温差小，TW 触头闭合，KA$_2$ 释放，继电器 KA$_3$ 得电，其动断触头断开，使 QAC$_4$ 失电而停止加湿。

该系统的恒温恒湿调节仅是位式调节，只能在制冷压缩机和电加热器的额定负荷以下才能保证温度的调节。

（四）半集中式空调系统

半集中式空调系统包括诱导空调系统和风机盘管空调系统，也称为混合式系统。

1. 诱导空调系统

诱导器加新风的混合式空调系统，称为诱导空调系统。空气处理室和风道断面尺寸较小，可节省建筑面积与空间。其缺点是设备价格贵，初期投资较多；易积灰尘，需定期清理；水的管路较复杂，维修工作量较大。

2. 风机盘管空调系统

风机盘管机组加新风系统的混合式空调系统称为风机盘管空调系统。风机盘管空调系统的主要缺点是目前设备的价格偏高，风机产生的噪音对有较高要求的房间难于处理。

对于空气调节房间较多且各房间要求单独调节的建筑物，条件许可时宜采用风机盘管加独立新风系统。目前，我国新建的旅游宾馆、饭店等的客房部分普遍采用风机盘管空调系统。

四、电梯的电气控制系统

在现代社会和经济活动中，电梯已经成为城市物质文明的一种标志。特别是在高层建筑中，电梯是不可缺少的垂直运输工具。电梯作为垂直运输的升降设备，其特点是在高层建筑物中所占的面积很小，同时通过电气或其他的控制方式可以将乘客或货物安全、合理、有效地送到不同的楼层。基于这些优点，在建筑业特别是高层建筑飞速发展的今天，电梯行业也随之进入了新的发展时期。

用于多层建筑乘人或载运货物的电梯，具有一个轿厢，运行在至少两列垂直的或倾斜角小于15°的刚性导轨之间。轿厢尺寸与结构形式便于乘客出入或搬运货物。也有台阶式，踏步板装在履带上连续运行，俗称自动扶梯。习惯上不论其驱动方式如何，将电梯作为建筑物内垂直交通运输工具的总称。

（一）电梯的控制要求

1. 安全要求

电梯安全保护系统一般由机械安全保护装置和电气安全保护装置两大部分组成。机械安全保护装置主要有限速器和安全钳、缓冲器、制动器、层门门锁与轿门电气联锁装置、门的安全保护装置、轿顶安全窗、轿顶防护栏杆、护脚板等；电气安全保护有直接触电的防护、间接触电的防护、电气故障的防护、电气安全装置等，其中一些机械安全装置往往需要电气方面的配合和联锁装置才能完成其动作和可靠的效果。

电梯的电气装置和电路必须采取安全保护措施，以防止发生人员触电和设备损毁事故。按照《电梯制造与安装安全规范》（GB 7588—2003）的要求，电梯应采取以下电气安全保护措施。

（1）直接触电保护

绝缘是防止发生直接触电和电气短路的基本措施。

（2）间接触电的防护

间接触电是指人接触正常时不带电而故障时带电的电气设备外露可导电部分，如金属外壳、金属线管、线槽等发生的触电。在电源中性点直接接地的供电系统中，防止间接触电最常用的防护措施是将故障时可能带电的电气设备外露可导电部分与供电变压器的中性点进行电气连接。

（3）电气故障防护

按规定交流电梯应有电源相序保护，直接与电源相连的电动机和照明电路应有短路保护，与电源直接相连的电动机还应有过载保护。

（4）电气安全装置

电气安全装置包括：直接切断驱动主机电源接触器或中间继电器的安全触头；不直接切断上述接触器或中间继电器的安全触头和不满足安全触电要求的触头。但当电梯电气设备出现故障，如无电压或低电压、导线中断、绝缘损坏、元件短路或断路、继电器和接触器不释放或不吸合、触头不断开或不闭合、以及断相错相等时，电气安全装置应能防止出现电梯危险状态。

2. 电梯电气控制要求

（1）电梯曳引电动机

电梯的电力拖动系统对电梯的起动加速、稳速运行、制动减速起着控制作用。拖动系统的优劣直接影响电梯的起动、制动加减速度、平层精度、乘坐的舒适感等指标。早期的电梯拖动电动机都是直流电动机，在 19 世纪中叶之前，直流拖动是当时电梯唯一的电力拖动方式，19 世纪末，电力系统出现了三相制交流电源，同时又发明了实用的交流感应电动机，因而从 20 世纪初开始交流电力拖动在电梯上得到了应用。

目前用于电梯的电力拖动系统有两大类，即直流电梯拖动系统和交流电梯拖动系统。直流电梯拖动系统通常分为两种：一种是用发电机组构成的可控硅励磁的发电机—电动机驱动系统；另一种是晶闸管直接供电的晶闸管–电动机系统。交流拖动系统又可分为三种：交流变极调速系统、交流变压调速系统和变频变压调速系统。电梯用的交流电动机的参数选择应满足《交流电梯电动机通用技术条件》（GB/T 12974—2012）的要求。

（2）电梯门机

电梯门机是安装在电梯门上的控制电梯门开和关的一个传动装置。有些电动机本身没有控制功能，需要借助变频器和编码器实现运转。电梯门机是一个负责起、闭电梯厅轿门的机构，当其受到电梯开、关门信号，电梯门机通过自带的控制系统控制开门电动机，将电动机产生的力矩转变为一个特定方向的力，关闭或打开门。当阻止关门力大于 150N 的时候，门机自动停止关门，并反向打开门，起到一定程度的关门保护作用。

现在市场上普遍存在三种形式的门机：直流门机、交流门机和永磁同步电梯门机。

交流异步变频门机通常简称为变频门机，其构成主要分为三部分：变频门机控制系统、交流异步电动机和机械系统；变频门机有两种运动控制方式：速度开关控制方式、编码器控制方式。速度开关控制方式不能检测轿厢门的运动方向、位置和速度，只能使用位置和速度开环控制，导致控制精度相对要差，门机运动过程的平滑性不太好，因此多使用编码器控制方式。现在市场上有特定的电梯门机变频器供应。

与变频门机相比，永磁同步门机将交流异步电动机升级到了永磁同步电动机。永磁是电动机励磁的一种方式，变频是电动机变速的控制方式。也就是说，变频门机强调的是门机控制部分是变频控制，而永磁同步门机强调的是门机电动机是永磁电动机。变频技术和永磁同步这两种技术其实是相辅相成的。

（3）电气控制要求

电气控制要求如下：

1）交流集选控制电梯操纵箱上应设有钥匙开关，管理人员或司机根据实际情况，用专用钥匙扭动钥匙开关，使电梯分别处在有、无司机控制（乘用人员自行控制）和检修慢速运行控制三种运行状态。

2）到达预定停靠的中间层站时，可提前自动换速和自动平层。

3）自动开、关门。

4）到达上下端站时，提前自动强迫电梯换速和自动平层。

5）厅外有召唤装置，召唤时厅外有记忆指示灯，轿内有音响信号和指示灯信号。

6）厅外有电梯运行方向和位置指示信号。

7）召唤要求执行完毕后，自动消除轿内、厅外原召唤记忆指示信号。

8）有司机操作控制时，司机可接收多个乘客要求并作指令登记，然后通过点按起动或关门起动按钮起动电梯，直到完成运行方向的最后一个内、外指令为止。若相反方向有内、外指令，电梯自动换向，点按起动或关门起动按钮后起动运行。运行前方出现顺向召唤信号时，电梯能到达顺向召唤层站自动停靠开门。司机可通过直驶按钮使电梯直驶。

（二）电梯电气控制系统

1. 交流双速电动机拖动系统的主电路

（1）交流双速电动机的主电路

图 3-26 是常见的交流双速电梯主电路，表 3-4 为主电路元件表。

图 3-26 中的接触器 QAC_1、QAC_2 分别控制电动机的正、反转运行。接触器 QAC_3 和 QAC_4 分别控制电动机的快速和慢速运转。快速接法的起动电阻 R_1、电抗 RA_1 由快速运行接触器 QAC_5 控制切除。慢速接法的起动、制动电抗 RA_2 和起动、制动电阻 R_2 由接触器 QAC_6 ~ QAC_8 分三次切除。

当快速接触器 QAC_3 通电吸合时，若上行接触器 QAC_1 也通电吸合，则电动机 M 正转，带动轿厢向上运行；若为下行接触器 QAC_2 通电吸合，则由于相序改变，电动机反转，带动轿厢下行。当电梯轿厢运行至平层区域或电梯处于检修状态时，快速接触器 QAC_3 失电，慢速接触器 QAC_4 通电吸合，配合 QAC_1 或 QAC_2 实现低速上行或下行运行。因此，主电路可分为由快速接触器 QAC_3 接通电源、部分和由慢速接触器 QAC_4 接通电源部分。前者称为起动、加速及稳速运行电路，后者称为减速制动及慢速检修运行电路。

在电动机正常工作过程中，为了限制起动电流及减少运行时的加速度以及增加乘客的舒适感和防止对电梯机件的冲击，在定子绕组电路中串入起动电阻及起动电抗，进行减压起动。在制动过程中，为了限制制动电流，保证制动的平稳性，也串入了制动电阻及电抗并分级切除，以保证减速平稳。

（2）电梯主电路的工作过程

根据所选择运行方向，接触器 QAC_1 或 QAC_2 通电吸合。快速接触器 QAC_3 通电吸合，电动机定子绕组接成 6 极，串入 R_1、RA_1 起动。经过延时，快速加速接触器 QAC_5 通电吸合，短接阻抗，电动机稳速运行。运行到需要停止的楼层时，由停层装置控制使 QAC_3 和 QAC_5 接触器失电，同时使慢速接触器 QAC_4 通电吸合，电动机接成 24 极接法，串入电抗 RA_2 和电阻 R_2 进入回馈发电制动运行状态；电梯减速，经过延时，制动接触器 QAC_6 通电吸合，切除一段电阻，又经延时，制动接触器 QAC_7 和 QAC_8 依次通电吸合，切除电阻 R_2 及电抗 RA_2，电动机进入稳定的慢速运行。电梯运行到层站位置时，由停层装置控制使 QAC_4、QAC_6 ~ QAC_8 接触器失电，电动机由电磁制动器 MB 制动停止。电梯的加速及减速阻抗通常按时间原则切除。

2. 电梯的控制电路

电梯的控制电路由多个基本环节组成，为了便于分析可将其分成主拖动控制，电梯运行过程控制，自动开关门控制，呼梯、记忆及销号控制，自动定向及截梯控制，选层、记忆信号消除控制，信号及指示控制，轿内照明控制及电路保护 9 个环节。

电梯的电气控制系统过去多采用继电器控制方式，因其使用的中间继电器和时间继电器

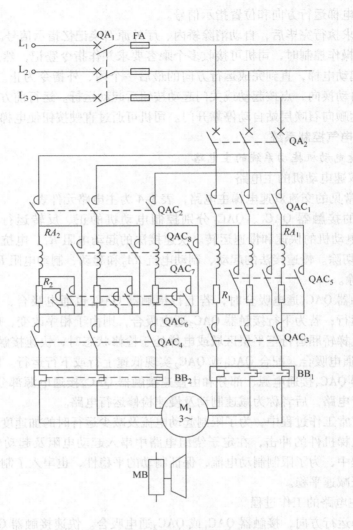

图 3-26 交流双速电梯主电路

较多，需要较大面积的机房，运行故障率高，因此，现在已经很少运用了。在现代电梯控制系统设计中，逐步以 PLC 取代传统的继电器控制系统，以提高电梯的可靠性和安全性。

现在常见的电梯控制系统硬件由轿厢操纵盘、厅门信号、PLC、变频器、调速系统构成，变频器只完成调速功能，而逻辑控制部分由 PLC 完成。PLC 负责处理各种信号的逻辑关系，从而向变频器发出起停信号，同时变频器也将本身的工作状态输送给 PLC，形成双向联络关系。系统还配置了与电动机同轴连接旋转编码器及 PG 卡，完成速度检测及反馈，形成速度闭环和位置闭环。此外系统还必须配置制动电阻，当电梯减速运行时，电动机处于再生发电状态，向变频器回馈电能，抑制直流电压升高。故在本节中，不再介绍继电器控制系统构成的电梯控制系统，将在后续有关章节中介绍 PLC 实现的电梯控制系统。

表 3-4　主电路元件表

符号	名称	符号	名称	符号	名称
QAC_1	上行工作接触器	QAC_7	第二减速接触器	M_1	双速电动机
QAC_2	下行工作接触器	QAC_8	第三减速接触器	MB	电磁制动器
QAC_3	快速接触器	R_1	起动电阻	QA_1	总电源断路器
QAC_4	慢速接触器	R_2	减速电阻	QA_2	终端极限开关
QAC_5	快速加速接触器	RA_1	起动电抗	BB_1，BB_2	热继电器
QAC_6	第一减速接触器	RA_2	减速电抗	FA_1	熔断器

习　　题

3-1　M_1、M_2 均为笼型电动机，都可以直接起动，试按下列要求设计主电路及控制电路。

1）M_1 先起动后，经 30s 后，M_2 自动起动；

2）M_2 起动后，M_1 立即停车；

3）M_2 可以单独停车；

4）M_1、M_2 均能点动。

3-2　某机车主轴和润滑泵分别由各自的笼型电动机拖动，且都采用直接起动，控制要求如下：

1）主轴必须在润滑泵起动之后才可以起动。

2）主轴连续运转时为正向运行，但还可以进行正向、反向点动。

3）主轴先停车后，润滑泵才可以停。

4）设有短路、过载及失电压保护。

试设计其主电路及控制电路。

3-3　现有三台电动机 M_1、M_2、M_3，控制要求如下：M_1 起动 10s 后，M_2 自动起动，运行 5s 后，M_1 停止，同时 M_3 自动起动，再运行 15s 后，M_2、M_3 同时停车。试设计其电器控制电路。

3-4　设计排风兼排烟风机控制电路。控制要求如下：

1）具有就地检修手控和正常工作时远距离控制功能。

2）消防时可由控制室手动控制盘直接控制。

3）设置 280℃ 防火阀限位开关。

试设计其主电路及控制电路。

3-5　设计单台风机控制电路。控制要求如下：

1）具有就地和远距离同时控制功能。

2）设置 70℃ 防火阀限位开关，防火阀动作后，设备停止运行。

试设计其主电路及控制电路。

3-6　设计单台水泵控制电路。控制要求：具有就地检修手控和正常工作时由楼宇自动化系统远距离控制功能。试设计其主电路及控制电路。

第四章　可编程序控制器概述

目前在工业控制领域应用的可编程序控制器种类很多，不同厂家的产品有各自不同的特点，但在其结构组成、工作原理和编程方法等诸多方面都是基本相同的。本章主要介绍可编程序控制器的一般特性、硬件结构、工作原理和工作方式。

第一节　可编程序控制器的产生与定义

一、可编程序控制器的产生

在 PLC 出现之前，继电器控制系统已广泛应用于工业生产的各个领域，占据着工业控制的主导地位。继电器控制系统通常是针对某一固定的动作顺序或生产工艺而设计，其控制功能也局限于逻辑控制、定时、计数等一些简单的控制，一旦动作顺序或生产工艺发生变化，就必须重新进行设计、布线、装配和调试，造成时间和资金的严重浪费。随着生产规模的逐步扩大，继电器控制系统已越来越难以适应现代工业生产的要求。

为了改变这一现状，1968 年美国最大的汽车制造商通用汽车公司（GM），为了适应汽车型号不断更新的需求，并能在竞争激烈的汽车工业中占有优势，提出要研制一种新型的工业控制装置来取代继电器控制装置，为此，拟定了 10 项公开招标的技术要求：

1）编程简单，可现场修改。

2）硬件易维护，最好是插件式结构。

3）可靠性高于继电器控制装置。

4）体积小于继电器控制装置。

5）可直接向管理计算机传送数据。

6）成本可与继电器控制装置竞争。

7）输入可以是交流 115V。

8）输出可以是交流 115V，2A 以上，能直接驱动电磁阀。

9）扩展时原有系统只需做很小的改动。

10）程序存储器容量至少可扩展到 4KB。

根据招标的技术要求，第二年，美国数字设备公司（DEC）研制出世界上第一台可编程逻辑控制器（Programmable Controller），简称为 PLC，并在通用汽车公司自动装配线上试用成功。这种新型的工控装置，以其体积小、可变性好、可靠性高、使用寿命长、简单易懂、以及操作维护方便等一系列优点，很快就在美国的许多行业里得到推广应用，也受到了世界上许多国家的高度重视。我国从 1974 年开始研制 PLC，到 1977 年开始应用于工控领域。在这一时期，PLC 虽然采用了计算机的设计思想，但限于当时计算机的发展水平，早期的 PLC 只能完成顺序控制，仅有逻辑运算等简单功能。

二、可编程序控制器的定义

由于 PLC 一直处于飞速发展中，因此直到如今，还未对其做一个十分确切的定义。国际电工委员会（IEC）于 1987 年 2 月颁布了可编程序控制器标准草案第三稿，其中对 PLC 的定义为："可编程序控制器是一种数字运算操作电子系统，专为在工业环境下应用而设计。它采用了可编程序的存储器，用来在其内部存储执行逻辑运算、顺序控制、定时、计数和算术运算等操作的指令，并通过数字的、模拟的输入和输出，控制各种类型的机械或生产过程。可编程序控制器及其有关的外围设备，都应按易于与工业控制系统形成一个整体、易于扩充其功能的原则设计。"我国于 2007 颁布实施的规范 GB/T 15969.1—2007《可编程序控制器第 1 部分：通用信息》中对 PLC 定义如下：

可编程序控制器是一种用于工业环境的数字式操作的电子系统。这种系统用可编程序的存储器作面向用户指令的内部寄存器，完成规定的功能。如逻辑、顺序、定时、计数和运算等，通过数字模拟式的输入/输出，控制各种类型机械或过程。可编程序控制器及其相关外围设备的设计，使它能够非常方便地集成到工业控制系统中，并能很容易地达到所期望的所有功能。

三、可编程序控制器的分类

可编程序控制器发展到今天，品种繁多，型号规格也不一样，分类时一般按照以下原则来考虑。

1. 按 I/O 点数分类

PLC 所能接受的输入信号个数和输出信号个数分别称为 PLC 的输入点数和输出点数。其输入/输出点数的数目之和称为 PLC 的输入/输出点数，简称 I/O 点数。I/O 点数是选择 PLC 的重要依据之一。一般而言，PLC 控制系统处理的 I/O 点数较多时，控制关系比较复杂，用户要求的程序存储器容量也较大，要求 PLC 指令及其他功能比较多。按 I/O 点数可将 PLC 分为以下三类：

（1）小型机

小型 PLC 输入/输出总点数一般在 256 点以下，用户程序存储器容量在 4KB 左右。小型 PLC 的功能一般以开关量控制为主，适合单机控制和小型控制系统。

（2）中型机

中型 PLC 的输入/输出总点数在 256～2048 点之间，用户程序存储器容量达到 8KB 左右。中型机适用于组成多机系统和大型控制系统。

（3）大型机

大型 PLC 的输入/输出总点数在 2084 点以上，用户程序存储器容量达到 16KB 以上。大型机适用于组成分布式控制系统和整个工厂的集散控制网络。

上述划分没有一个十分严格的界限，随着 PLC 技术的飞速发展，一些小型 PLC 也具备中型或大型 PLC 的功能，这也是 PLC 的发展趋势。

2. 按结构形式分类

按照 PLC 的结构特点可分为整体式、模块式两大类。

（1）整体式结构

把 PLC 的 CPU、存储器、输入/输出单元、电源等封装在一个基本单元中，其上设有扩展端口，通过电缆与扩展单元相连，可配接特殊功能模块。其结构紧凑，体积小，成本低，安装方便。基本单元微型和小型 PLC 一般为整体式结构，如西门子的 S7 - 200 系列属整体式结构。

(2) 模块式结构

模块式结构的 PLC 由一些模块单元构成，这些标准模块包括 CPU 模块、输入模块、输出模块、电源模块和各种特殊功能模块等，使用时将这些模块插在标准机架内即可。各模块功能是独立的，外形尺寸是统一的。模块式 PLC 的硬件组态方便灵活，装配和维修方便，易于扩展。目前，中大型 PLC 多采用模块式结构形式，如西门子的 S7 - 300 和 S7 - 400 系列。

四、可编程序控制器的特点

1. 可靠性高，抗干扰能力强

工业生产一般对控制设备的可靠性要求很高，并且要有很强的抗干扰能力。PLC 能在恶劣的环境中可靠的工作，平均无故障时间达到数万小时以上，已被公认为最可靠的工业控制设备之一。PLC 本身具有较强的自诊断功能，保证硬件核心设备（CPU、存储器、I/O 总线等）在正常情况下执行用户程序，一旦出现故障则立即给出出错信号，停止用户程序的执行，切断所有输出信号，等待修复。

PLC 的主要模块均采用大规模和超大规模集成电路，I/O 系统设计有完善的通道保护与信号调理电路。在结构上对耐热、防潮、防尘、抗振等都有精确的考虑，在硬件上采用隔离、屏蔽、滤波、接地等抗干扰措施，在软件上采用数字滤波等措施。与继电器系统和通用计算机相比，PLC 更能适应工业现场的环境要求。

2. 硬件配套齐全，使用方便，适应性强

PLC 是通过执行程序实现控制的。当控制要求发生改变时，只要修改程序即可，最大限度地缩短了工艺更新所需要的时间。PLC 的产品已标准化、系列化、模块化，而且 PLC 及配套产品的模块品种多，用户可以灵活方便地进行系统配置组合成各种不同规模、不同功能的控制系统。在 PLC 控制系统中，只需在 PLC 的端子上接入相应的输入/输出信号线即可，不需要进行大量且复杂的硬接线，并且 PLC 有较强的带负载能力，可以直接驱动一般的电磁阀和交流接触器。

3. 编程直观，易学易会

PLC 提供了多种编程语言，其中梯形图使用最普遍。PLC 是面向用户的设备，PLC 的设计者充分考虑到现场工程技术人员的技能和习惯，因此 PLC 程序的编制采用梯形图的简单指令形式。梯形图与继电原理图相似，这种编程语言形象直观，易学易懂，不需要专门的计算机知识和语言，现场工程技术人员可在短时间内学会使用。用户在购买 PLC 后，只需按说明书的提示，做少量的接线和进行简易的用户程序编制工作，就可灵活方便地将 PLC 应用于生产实践。

4. 系统的设计、安装、调试工作量小，维护方便

PLC 用软件取代了继电器控制系统中大量的中间继电器、时间继电器、计数器等器件，使控制柜的设计、安装、接线工作量大为减少。同时 PLC 的用户程序大部分可以在实验室

进行模拟调试，模拟调试好后再将 PLC 控制系统安装到生产现场，进行联机调试，既安全，又快捷方便。

PLC 的故障率很低，并且有完善的自诊断和显示功能。当发生故障时，可以根据 PLC 的状态指示灯显示或编程器提供的信息迅速查找到故障原因，排除故障。

5. 体积小，能耗低

由于 PLC 采用了半导体集成电路，其体积小，重量轻，结构紧凑，功耗低，便于安装，是机电一体化的理想控制器。对于复杂的控制系统，采用 PLC 后，一般可将开关柜的体积缩小到原来的 1/10 ~ 1/2。

五、可编程序控制器的结构

可编程序控制器的结构多种多样，但其组成的一般结构基本相同，都是以微处理器为核心，连接各种外围扩展电路。整体式结构 PLC 通常由中央处理单元（CPU）、存储器（RAM、ROM）、输入/输出单元（I/O）、电源、扩展接口和通信接口等几个部分构成。PLC 的编程器也算作 PLC 的一部分，有专用的编程器，用计算机安装编程软件也可以实现编程。可编程序控制器结构图如图 4-1 所示。

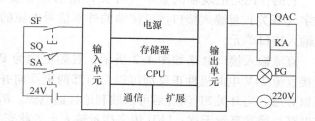

图 4-1　可编程序控制器结构图

1. 中央处理单元（CPU）

可编程序控制器中常用的 CPU 主要采用通用微处理器、单片机和双极型位片式微处理器三种类型。

通用微处理器有 8080、8086、80286、80386 等；单片机有 8031、8096 等；位片式微处理器的 AM2900、AM2903 等。

不同型号的 PLC 其 CPU 芯片是不同的，有采用通用 CPU 芯片的，有采用厂家自行设计的专用 CPU 芯片的。FX_2 可编程序控制器使用的微处理器是 16 位的 8096 单片机，S7 - 200 可编程序控制器 CPU 的中央处理芯片数据长度为 32 位。CPU 芯片的性能关系到 PLC 处理控制信号的能力与速度，CPU 位数越高，系统处理的信息量越大，运算速度也越快。PLC 的功能是随着 CPU 芯片技术的发展而提高和增强的。

2. 存储单元

PLC 的存储器包括系统存储器和用户存储器两部分。系统存储器用来存放由 PLC 生产厂家编写的系统程序，并固化在 ROM 内，用户不能直接更改。用户存储器用来存放用户编制的控制程序，一般用 RAM 实现或固化到只读存储器中。现在的 PLC 一般均采用可电擦除的 E^2PROM 存储器来作为系统存储器和用户存储器。

3. 输入/输出接口（I/O 接口）

输入/输出接口是 PLC 的 CPU 与现场 I/O 装置或其他外围设备之间连接的接口部件。其作用是将各输入信号（如限位开关、操作按钮、选择开关、行程开关以及其他一些传感器的信号），转换成 PLC 标准电平供 PLC 处理，再将处理好的输出信号转换成用户设备所要求的信号驱动外部负载。

由于可编程序控制器工作于工业生产现场，因而要求输入/输出接口要具有良好的抗干扰能力，以及对各类输入/输出信号（开关量、模拟量、直流量、交流量）的匹配能力。

PLC 输入/输出接口的类型：模拟量输入/输出接口、开关量输入/输出接口（直流、交流及交直流）。用户可根据输入/输出信号的类型选择合适的输入/输出输出接口。各种输入/输出接口均采取了抗干扰措施。如带有光耦合器隔离使 PLC 与外部输入/输出信号进行隔离，并设有 RC 滤波器，用以消除输入触头的抖动和外部噪声干扰。

（1）输入接口电路

可编程序控制器为不同的接口需求设计了不同的接口电路。主要有以下几种：

1）数字量输入接口

它的作用是把现场的数字（开关）量信号变成可编程序控制器内部处理的标准信号。数字（开关）量输入接口按可接纳的外部信号电源的类型不同分为直流输入接口单元和交流输入接口单元。

直流输入接口电路如图 4-2 所示，右侧框内为 PLC 内部结构，左侧为用户外部连线。外接直流 24V 电源极性正反都可以，内部两组反向并联的发光二极管，使电路两个方向都可以导通，当开关 SF 闭合后可以顺利地接通电源。R_1 为限流电阻，电阻 R_2 和电容 C 组成滤波电路，滤除高频干扰；LED 用来指示输入点的状态，电流两个方向导通时都能发光指示；KF 为光耦合器，起光电隔离作用。为防止各种干扰信号和高压信号进入 PLC，影响其可靠性或造成设备损坏，现场输入接口电路由光电耦合电路进行隔离。

交流输入接口电路如图 4-3 所示，电容 C 对交流电相当于短路，为隔直电容。电阻 R_1 和 R_2 组成分压电路，降低内部输入电压。左侧为外接电路，接交流 220V。其工作原理与直流输入型相似。

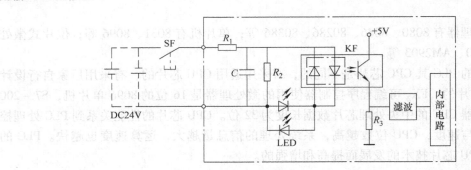

图 4-2　直流输入接口电路

2）模拟量输入接口

它的作用是把现场连续变化的模拟量标准信号转换成适合可编程序控制器内部处理的数字量信号。模拟量输入接口接收标准模拟信号，无论是电压信号还是电流信号均可。这里标准信号是指符合国际标准的通用电压电流信号值，如 4 ~ 20mA 的直流电流信号，1 ~ 10V 的直流电压信号等。工业现场中模拟量信号的变化范围一般是不标准的，需先经变送处理，才能送入模拟量接口。

（2）输出接口电路

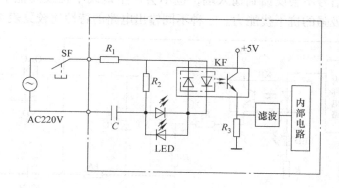

图 4-3　交流输入接口电路

输出接口电路将 CPU 输出的低电压信号变换为控制器件所能接收的电压、电流信号，以驱动接触器、信号灯、电磁阀和电磁开关等，进行必要的功率放大。

1）数字（开关）量输出接口

它的作用是把可编程内部的标准信号转换成现场执行机构所需要的数字（开关）量信号。数字（开关）量输出接口按可编程序控制器内部使用的器件不同可分为继电器输出型、晶体管输出型及晶闸管输出型。

继电器输出型电路如图 4-4 所示，KA 为小型继电器，其工作特性与普通继电器相同，开关频率和工作寿命都比晶体管输出型低。为使 PLC 避免受瞬间大电流的作用而损坏，输出端外部接线必须采用保护措施：一是输出公共端接熔断器；二是采用保护电路，对交流感性负载用阻容吸收回路，对直流感性负载用续流二极管。

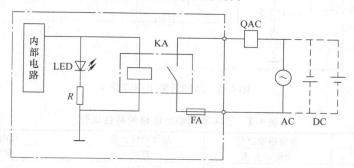

图 4-4　继电器输出型电路

晶体管输出型电路如图 4-5 所示，VT 为输出晶体管，内部输出继电器状态为 1 时其导通，形成电流回路，负载得电。VD_1 为保护二极管，防止负载电压极性接反或电压过高。FA 为熔断器，起短路保护作用。晶体管为无触头开关，寿命长，可关断次数多。

晶闸管输出型一般应用较少，仅适用于交流驱动场合，其电路如图 4-6 所示。KF 为光控双向晶闸管，R_2 和 C 组成阻容吸收电路。

输出电路都采用电气隔离技术，电源由外部提供，输出电流一般为 0.5～2A，输出电流的额定值与负载的性质有关。由于输入和输出端是靠光信号耦合的，在电气上是完全隔离的，因此输出端的信号不会反馈到输入端，也不会产生地线干扰或其他干扰，因此 PLC 具有很高的可靠性和极强的抗干扰能力。三种不同输出电路的特性比较见表 4-1。

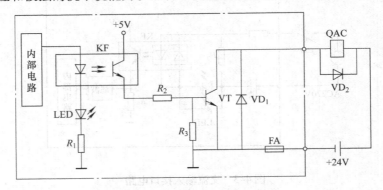

图 4-5　晶体管输出型电路

2）模拟量输出接口

它的作用是将可编程序控制器运算处理后的数字量信号转换为模拟量信号输出，以满足生产过程现场连续控制信号的需求。模拟量输出接口一般由光电隔离、D - A 转换和信号驱动等环节组成。

模拟量输入/输出接口一般安装在专门的模拟量工作单元上。

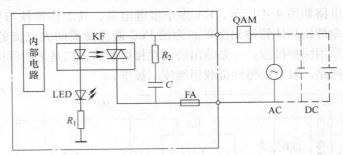

图 4-6　晶闸管输出型电路

表 4-1　三种不同输出电路的特性比较

输出电路类型	继电器输出型	晶体管输出型	晶闸管输出型
输出电压类型	交流、直流	直流	交流、直流
输出电压等级	中（220V）	低（24V）	高（600V）
输出频率	低（1Hz）	高（100kHz）	中
可关断次数	少	多	多
响应时间	长	短	中

（3）智能输入/输出接口

为了适应较复杂的控制工作的需要，可编程序控制器还有一些智能控制单元。如 PID 工作单元、高速计数器工作单元、温度控制单元等。这类单元大多是独立的工作单元，它们和普通输入输出接口的区别在于其一般带有单独的 CPU，有专门的处理能力。在具体的工作中，每个扫描周期智能单元和主机的 CPU 交换一次信息，共同完成控制任务。从近期的发展来看，不少新型的可编程序控制器本身也带有 PID 功能及高速计数器接口，但它们的功能一般比专用智能输入/输出单元的功能稍弱。

4. 电源单元

可编程序控制器电源单元包括系统的电源、保护电路及备用电池，电源单元的作用是把外部电源转换成内部工作电压。PLC 电源一般使用 220V 的交流电，内部的开关电源为 PLC 的 CPU、存储器和其他电路提供 DC5V、DC ± 12V、DC24V 电源，使 PLC 能够正常运行。电源单元还向外部提供 24V 直流电源，可作为某些传感器的电源。电源采用开关电源，其特点是输入电压范围宽，体积小，重量轻，效率高，抗干扰性能好。电源部件的位置形式可有多种，对于整体式结构的 PLC，通常电源封装到机壳内部；对于模块式 PLC，可采用单独电源模块，也可将电源与 CPU 封装到一个模块中。电源的性能直接影响 PLC 的抗干扰能力。

5. 扩展接口单元

扩展接口用于将扩展模块与基本单元相连，使 PLC 的配置更加灵活，以满足不同控制系统的需要。各功能模块与 PLC 主机连接时只需简单的插接即可，非常方便。

6. 通信接口单元

为了实现"人 – 机"或"机 – 机"之间的对话，PLC 配有多种通信接口。PLC 通过这些通信接口可以与编程器、人机接口、打印机和其他的 PLC 或计算机相连。当与人机接口相连时，可接收设置的控制参数或将过程图像和数据显示出来；当 PLC 与打印机相连时，可将过程信息、系统参数等输出打印；当与其他 PLC 相连时，可组成多种系统或联成网络，实现更大规模的控制；当与计算机相连时，可以组成多级网络控制系统，实现控制与管理相结合的综合控制。

7. 编程器

PLC 的编程器是用来生成 PLC 的用户程序，并对程序进行编辑、修改、调试的外部专用设备，编程器实现了人与 PLC 的对话。通过编程器可以把用户程序输入到 PLC 的 RAM 中，可以对 PLC 的工作状态进行监视和跟踪。编程器分为简易型和智能型。简易编程器体积很小，由键盘和液晶显示器组成，只能输入和编辑助记符语句程序。简易编程器可直接插在 PLC 的插座上，有的要用电缆与 PLC 相接。智能型编程器实际是一台专用计算机，可以直接输入梯形图程序。它可以在线（联机）编程，也可以离线（脱机）编程。离线编程不影响 PLC 的现行工作，待程序编写完后再与 PLC 相接。近年来，智能型编程器一般采用个人计算机装上相应的编程软件构成，世界上各主要的 PLC 生产厂家现生产的 PLC 都采用了这种计算机编程。

六、可编程序控制器的工作原理

1. 可编程序控制器工作方式

可编程序控制器是一种工业用计算机，故其具有计算机控制系统的许多特点，但它的工作方式却有很大不同。计算机控制系统一般采用等待命令的工作方式，如常见的键盘扫描方式或 I/O 扫描方，若有键按下或有 I/O 变化，则转入相应的子程序，若无则继续扫描等待。而 PLC 则是采用循环扫描的工作方式。每一次扫描所用的时间称为扫描周期或工作周期。CPU 从第一条指令执行开始，按顺序逐条地执行用户程序直到用户程序结束，然后返回第一条指令开始新的一轮扫描。PLC 就是这样周而复始地重复上述循环扫描的。PLC 工作的全过程可用图 4-7 所示的运行框图来表示，整个过程可分为 4 部分：上电处理、自诊断处理、通信服务和扫描过程。

（1）上电处理

PLC 上电后对系统进行一次初始化，包括硬件初始化，I/O 模块配置检查，停电保持范围设定及其他初始化处理等。

（2）自诊断处理

PLC 每扫描一次，执行一次自诊断检查，确定 PLC 自身的动作是否正常。如 CPU、电池电压、程序存储器、I/O 和通信等是否异常或出错，如检查出异常时，CPU 面板上的 LED 及异常继电器会接通，在特殊寄存器中会存入出错代码。当出现致命错误时，CPU 被强制为 STOP 方式，所有的扫描停止。

（3）通信服务

PLC 自诊断处理完成以后进入通信服务过程。首先检查有无通信任务，优先完成与其他设备的通信处理，并对通信数据做相应处理，然后进行时钟、特殊寄存器更新处理等工作。

（4）扫描过程

PLC 上电处理完后进入扫描工作过程。先进行输入处理，其次完成与其他外设的通信处理，再次进行时钟、特殊寄存器更新。当 CPU 处于 STOP 方式时，转入执行自诊断检查。当

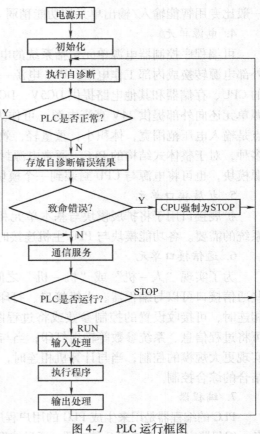

图 4-7　PLC 运行框图

CPU 处于 RUN 方式时，还要完成用户程序的执行和输出处理，再转入执行自诊断检查。PLC 工作的中心任务都在此阶段完成。

PLC 运行正常时，通常用 PLC 执行 1KB 指令所需要时间来说明其扫描速度，一般为零点几毫秒到上百毫秒。扫描周期的长短与 CPU 的运算速度、I/O 点的情况、用户应用程序大小及所用指令类型等因素有关。不同指令其执行时间是不同的，从零点几微秒到上百微秒不等，故选用不同指令所用的扫描时间将会不同。若用于高速系统要缩短扫描周期时，可从软件和硬件上同时考虑。

2. PLC 工作过程的中心内容

PLC 工作过程的中心内容如图 4-8 所示，分为输入采样、程序执行和输出刷新三个阶段。

（1）输入采样

PLC 在输入采样阶段，首先扫描所有输入端子，顺序读入所有输入端子的通电状态，并将读入的信息存入内存中相对应的映像寄存器。输入映像寄存器被刷新后进入程序执行阶段。程序执行阶段和输出刷新阶段输入映像寄存器与外界隔离，无论输入信号如何变化，其映像寄存器内容均保持不变，直到下一个扫描周期的输入采样阶段，才重新写入输入端的新内容。所以，一般情况下输入信号的宽度要大于一个扫描周期，否则很可能造成信号的丢失。

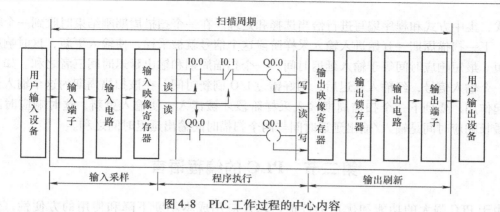

图 4-8 PLC 工作过程的中心内容

（2）程序执行

根据 PLC 梯形图程序扫描原则，PLC 按从左到右、从上到下的步骤顺序执行程序。当指令中涉及输入/输出状态时，PLC 就从输入映像寄存器中读入对应输入端子状态，从元件映像寄存器读入对应元件的当前状态。然后，进行相应的运算，运算结果再存入元件映像寄存器中。对于每个元件来说，元件映像寄存器中所寄存的内容会随着程序执行过程而变化。对元件映像寄存器来说，每一个元件的状态会随着程序执行过程而变化。

（3）输出刷新

在所有指令执行完毕后，元件映像寄存器中所有输出继电器的状态（接通/断开）在输出刷新阶段转存到输出锁存器中，通过隔离电路，最后经过输出端子驱动外部负载。

在用户程序执行阶段 PLC 对输入/输出的处理必须遵守以下规则：

1）输入映像寄存器的内容，由上一个扫描周期输入端子在输入采样期间的状态决定。

2）输出映像寄存器的状态，由程序执行期间输出指令的执行结果决定。

3）输出锁存器的状态，由上一次输出刷新期间输出映像寄存器的状态决定。

4）输出端子的状态，由输出锁存器来决定。

5）执行程序时所用的 I/O 状态值，取用于输入/输出映像寄存器的状态。

PLC 以扫描的方式处理信息，连续地、顺序地、循环地逐条执行程序。在任何时刻它只能执行一条指令，即以"串行"处理方式进行工作，这样会导致输入/输出延迟响应。输入/输出延迟响应时间是指当 PLC 的输入端的信号发生变化到 PLC 输出端对该变化做出反应需要一段时间，也称滞后时间。电磁式电器的固有动作时间为几十至几百毫秒，输入/输出延迟响应时间一般仅为 1~2 个扫描周期，故一般是允许的。但是对那些要求响应速度快的场合，如响应时间小于一个扫描周期的场合，则不能满足。这时可考虑使用快速响应模块或立即 I/O 指令，通过与扫描周期脱离的方式来解决。

响应时间是设计 PLC 控制系统时应了解的一个重要参数。响应时间与以下因素有关：

1）输入滤波电路的时间常数（输入延迟）。

2）输出电路的滞后时间（输出延迟）。

3）PLC 循环扫描的工作方式（串行处理方式）。

4）PLC 对输入采样、输出刷新的特殊处理方式（集中方式）。

5）用户程序中语句的安排（编程技巧）。

其中输入延迟、输出延迟是由 PLC 的工作原理决定的，无法改变，但用户可对串行处理方式、集中方式和程序编写进行恰当选择和处理。在一个扫描周期刚结束时收到一个输入信号，下一扫描周期一开始进入输入采样阶段这个信号就被采样，使输入更新，这时响应时间最短。最短响应时间等于输入延迟时间、一个扫描周期和输出延迟时间三者之和。如果收到的一个输入信号，经输入延迟后，刚好错过 I/O 刷新时间，在该扫描周期内这个输入信号不会起作用，要到下一个扫描周期输入采样阶段才被读入，使输入更新，这时响应时间最长。最长响应时间是输入/输出延迟时间与两个扫描时间输出延迟时间之和。

第二节　PLC 的编程语言

由于 PLC 强大的功能和优良的性能，以及应用成本不断下降和使用的方便性，促使 PLC 的应用领域不断扩展，市场潜力巨大，于是，全世界许多公司纷纷推出自己的 PLC 产品。出于垄断或市场保护的目的，各家公司的 PLC 产品各有差别，互不兼容。当形形色色的 PLC 涌入市场时，国际电工委员会与有关 PLC 制造商多次协商，于 1993 年制定了 IEC1131 标准以引导 PLC 健康地发展。IEC1131 标准（后更名为 IEC61131 标准）共分为以下几个部分：

IEC61131 - 1：1992　一般信息，即对通用逻辑编程做了一般性介绍并讨论了逻辑编程的基本概念、术语和定义

IEC61131 - 2：1992　装配和测试需要，从机械和电气两部分介绍了逻辑编程对硬件设备的要求和测试需要

IEC61131 - 3：1993　编程语言的标准，它吸取了多种编程语言的长处，并制定了 5 种标准语言

IEC61131 - 4：1995　用户指导，提供了有关选择、安装、维护的信息资料和用户指导手册

IEC61131 - 5：2000　通信服务规范，规定了逻辑控制设备与其他装置的通信联系规范

IEC61131 - 7：2000　模糊控制编程软件工具实施

IEC61131 - 8：2001　IEC 61131 - 3 语言实现导则

我国的工业过程测量和控制标准化委员会按与 IEC 国际标准等效的原则，组织翻译出版工作。于 1995 年 12 月 29 日颁布了 GB/T 15969.1 ～ 4 的 PLC 国家标准，之后又对该标准进行了修订和补充工作，并正式颁布第 2 版标准，具体如下：

GB/T 15969.1—2007：可编程序控制器　第 1 部分：通用信息

GB/T 15969.2—2008：可编程序控制器　第 2 部分：设备要求和测试

GB/T 15969.3—2005：可编程序控制器　第 3 部分：编程语言

GB/T 15969.4—2007：可编程序控制器　第 4 部分：用户导则

GB/T 15969.5—2002：可编程序控制器　第 5 部分：通信

GB/T 15969.7—2008：可编程序控制器　第 7 部分：模糊控制编程

GB/T 15969.8—2007：可编程序控制器　第 8 部分：编程语言的应用和实现导则

在 IEC61131 - 3 中，规定了控制逻辑编程中的语法、语义和显示，并对以往编程语言进行了部分修改后形成目前通用的 5 种语言。其中，3 种是图形化语言，包括：梯形图（LD - Ladder Diagram）、功能块图（FBD - Function Block Diagram）、顺序功能图（SFC - Sequential Function Chart）。两种是文本化语言，包括：指令表（IL - Instruction List）和结构化文本（ST - Strutured Text）。IEC 并不要求每种产品都运行这 5 种语言，可以只运行其中的一种或几种，但均必须符合标准。在实际组态时，可以在同一项目中运用多种编程语言，相互嵌套，以供用户选择最简单的方式生成控制策略。

　　由于 IEC61131 - 3 标准的公布，许多 PLC 制造厂先后推出符合这一标准的 PLC 产品。美国罗克韦尔（Rockwell）公司许多 PLC 产品都带符合 IEC61131 - 3 标准中结构文本的软件选项。法国施耐德（Schneider）公司的 Modicon TSX Quantum PLC 产品可采用符合 IEC61131 - 3 标准的 Concept 软件包，它在支持 Modicon 984 梯形图的同时，也遵循 IEC61131 - 3 标准的 5 种编程语言。德国西门子（Siemens）公司的 SIMATIC S7 - 200、S7 - 300、S7 - 400、C7 - 620 均采用 SIMATIC 软件包，其中梯形图和功能块图部分符合 IEC61131 - 3 标准。

一、梯形图（LD）

　　梯形图编程语言是 PLC 最先采用的编程语言，也是 PLC 最普遍采用的编程语言。梯形图编程语言是从继电器控制系统原理图的基础上演变而来的。PLC 的梯形图与继电器控制系统梯形图的基本思想是一致的，只是在使用符号和表达方式上有一定区别。图 4-9 所示就是典型的梯形图示例。左右两条垂直的线称作母线。母线之间是触头的逻辑连接和线圈的输出。

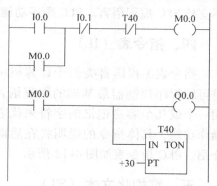

图 4-9　PLC 梯形图

　　PLC 的设计初衷是为工厂车间电气技术人员而使用的，为了符合继电器控制电路的思维习惯，作为首先在 PLC 中使用的编程语言，梯形图保留了继电器电路图的风格和习惯，并引入"能流"的概念。图 4-9 中，把左边的母线假想为电源正极或"相线"，而把右边的母线假想为电源负极或"零线"。如果有"能流"从左至右流向线圈，则线圈被激励。如没有"能流"，则线圈未被激励。"能流"是梯形图的一个关键概念，它仅是概念上的"能流"，是为了和继电接触器控制系统相比较，对梯形图有一个形象深入的认识，其实"能流"在梯形图中是不存在的。"能流"可以通过动作（ON）的动合触头和未动作（OFF）的动断触头自左向右流。"能流"在任何时候都不会通过触头自右向左流。图 4-9 中，当 I0.0 动作而 I0.1、T40 未动作时，线圈 M0.0 才能接通（被激励）。梯形图实质上就是 PLC 内部的一段控制程序，所以常把它称作伪程序。

　　有的 PLC 的梯形图有两根母线，但大部分 PLC 现在只保留左边的母线了。在梯形图中，基本符号有触头（包括动合和动断）、线圈和功能盒。触头代表逻辑"输入"条件，如按钮、位置开关、内部条件等；线圈通常代表逻辑"输出"结果，可以通过输出端子和外部电路驱动被控对象，如电磁阀、接触器、指示灯等；功能盒也是一种输出，它代表实现某些特定功能的指令，如定时器、计数器和各种功能指令等。

二、功能块图（FBD）

　　功能块图是采用类似于数字逻辑门电路的图形符号，逻辑直观，使用方便，但一些低档的 PLC 并不支持 FBD 编程语言。S7 – 200 的 PLC 专门提供了 FBD 编程语言，利用 FBD 可以查看到像普通逻辑门图形的逻辑盒指令。它没有梯形图编程器中的触头和线圈，但有与之等价的指令，这些指令是作为盒指令出现的，程序逻辑由这些盒指令之间的连接决定。也就是说，一个指令（例如 AND 盒）的输出可以用来允许另一条指令（例如定时器），这样可以建立所需要的控制逻辑。这样的连接思想可以解决范围广泛的逻辑问题。PLC 功能块图如图 4-10 所示。

图 4-10　PLC 功能块图

三、顺序功能图（SFC）

顺序功能图，又称功能流程图或状态转移图，是一种图形化的功能性编程语言，专用于描述工业顺序控制程序。使用它可以对具有并发、选择等复杂结构的系统进行编程，一些高档的 PLC 提供了用于 SFC 编程的指令，但一些低档的 PLC 并不支持 SFC 编程语言。PLC 顺序功能图如图 4-11 所示。

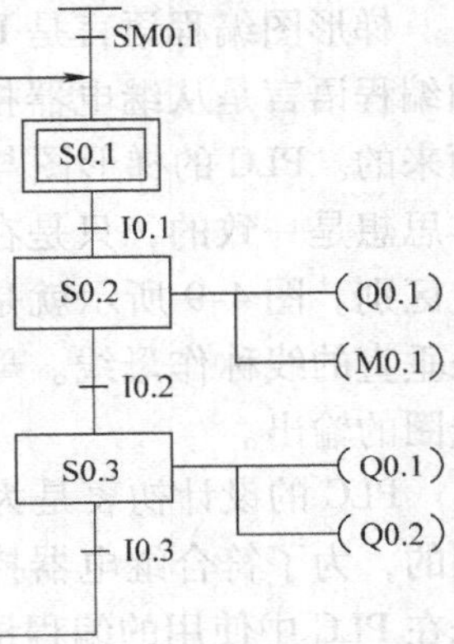

四、指令表（IL）

指令表编程语言类似于计算机中的助记符汇编语言，它是可编程序控制器最基础的编程语言。所谓指令表编程，是用一个或几个容易记忆的字符来代表可编程序控制器的某种操作功能，具体指令的说明将在后面的相关内容中做详细的介绍。PLC 指令表如图 4-12 所示。

五、结构化文本（ST）

图 4-11　PLC 顺序功能图

结构化文本是一种高级的文本语言，可以用来描述功能、功能块和程序的行为，还可以在顺序功能流程图中描述步、动作和转变的行为。结构化文本语言表面上与 PASCAL 语言很相似，但它是一个专门为工业控制应用开发的编程语言，具有很强的编程能力，用于对变量赋值、回调和功能块、创建表达式、编写条件语句和迭代程序等。结构化文本非常适合应用于有复杂的算术计算的应用中。PLC 结构化文本程序如图 4-13 所示。

```
LD    I0.0
O     I0.1
O     M1.0
=     Q0.0
LDN   I1.0
O     M1.0
AN    I1.1
```

图 4-12　PLC 指令表

```
IF X0==true AND M0<>X0 THEN
    index_X0:=index_X0+1;
    IF 5==index_X0 THEN
        a:=a+1;
        IF 3==a THEN
            Y0:=true;
        END_IF
    END_IF
END_IF
```

图 4-13　PLC 结构化文本程序

第三节　S7 – 200 系列 PLC 的内部资源与寻址方式

一、软元件

PLC 通过程序的运行实施控制的过程其实质就是对存储器中数据进行操作或处理的过程。根据使用功能的不同，把存储器分为若干个区域和种类，这些由用户使用的每一个内部存储单元统称为软元件。各元件有其不同的功能，有固定的地址。软元件的数量决定了可编程序控制器的规模和数据处理能力。各种型号 PLC 的软元件表示符号不尽相同，下边以 S7 – 200 为机型加以介绍。

1. 输入继电器

输入继电器一般都有一个 PLC 的输入端子与之对应，也就是输入映像寄存器，它用于接收外部的开关信号。当外部的开关信号闭合时，输入继电器的线圈得电，在程序中其动合触头闭合，动断触头断开。这些触头可以在编程时任意使用，使用次数不受限制，即无限次使用。在每个扫描周期的开始，PLC 对各输入点进行采样，并把采样值送到相应的输入映像寄存器。PLC 在接下来的本周期其他阶段不再改变输入映像寄存器中的值，直到下一个扫描周期的输入采样阶段。

S7 – 200 系列 PLC 输入继电器用"I"表示，输入映像寄存器区属于位地址空间，范围为 I0.0 ~ I15.7，可进行位、字节、字、双字操作。实际输入点数不能超过这个数量。

2. 输出继电器

在每个扫描周期的输入采样、程序执行等阶段，并不把输出结果信号直接送到输出继电器，而只是送到输出映像寄存器，只有在每个扫描周期的末尾才将输出映像寄存器中的结果几乎同时送到输出锁存器，对输出点进行刷新。实际未用的输出映像区可做他用，用法与输入继电器相同。输出继电器一般都有一个 PLC 的输出端子与之对应，当通过程序使得输出继电器线圈得电时，PLC 上的输出端开关闭合，它可以作为控制外部负载的开关信号。同时在程序中其动合触头闭合，动断触头断开。这些触头可以在编程时任意使用，使用次数不受限制。

S7 – 200 系列 PLC 输出继电器用"Q"表示，输出映像寄存器区属于位地址空间，范围为 Q0.0 ~ Q15.7，可进行位、字节、字、双字操作。实际输出点数不能超过这个数量。

3. 通用辅助继电器

通用辅助继电器的作用和继电器控制系统中的中间继电器类似，它不直接受输入信号的控制，主要起逻辑控制作用，在设计中它被大量的使用来计算一些中间变量的逻辑关系。

S7 – 200 系列 PLC 通用辅助继电器用"M"表示，通用辅助继电器区属于位地址空间，范围为 M0.0 ~ M31.7，可进行位、字节、字、双字操作。

4. 特殊辅助继电器

特殊辅助继电器是具有特殊功能或存储系统的状态变量、有关的控制参数和信息的特殊标志位。用户可以通过特殊辅助继电器来沟通 PLC 与被控对象之间的信息，如可以读取程序运行过程中的设备状态和运算结果信息，利用这些信息用程序实现一定的控制动作。用户也可通过直接设置某些特殊辅助继电器来使设备实现某种功能。

S7 – 200 系列 PLC 特殊辅助继电器用 "SM" 表示，范围：SM0.0 ~ SM549.7，特殊标志继电器区根据功能和性质不同具有位、字节、字和双字操作方式。其中 SMB0、SMB1 为系统状态字，只能读取其中的状态数据，不能改写，可以位寻址。系统状态字中部分常用的标志位说明如下：

SM0.0　始终接通

SM0.1　首次扫描为 1，以后为 0，常用来对程序进行初始化

SM0.2　当机器执行数学运算的结果为负时，该位被置 1

SM0.3　开机后进入 RUN 方式，该位被置 1 一个扫描周期

SM0.4　该位提供一个周期为 1min 的时钟脉冲，30s 为 1，30s 为 0

SM0.5　该位提供一个周期为 1min 的时钟脉冲，0.5s 为 1，0.5s 为 0

SM0.6　该位为扫描时钟脉冲，本次扫描为 1，下次扫描为 0

SM1.0　当执行某些指令，其结果为 0 时，将该位置 1

SM1.1　当执行某些指令，其结果溢出或为非法数值时，将该位置 1

SM1.2　当执行数学运算指令，其结果为负数时，将该位置 1

SM1.3　试图除以 0 时，将该位置 1

其他特殊辅助继电器的功能可参见 S7 – 200 系统手册。

5. 计数器

计数器是用来累计内部事件的次数。可以用来累计内部任何编程元件动作的次数，也可以通过输入端子累计外部事件发生的次数，它是应用非常广泛的编程元件，经常用来对产品进行计数或进行特定功能的编程。使用时要提前输入它的设定值（计数的个数）。计数的方式有累加、递减和双向加减三种。当输入条件满足时，计数器开始累计它的输入端脉冲电位上升沿（正跳变）的次数；当计数器计数达到预定的设定值时，其动合触头闭合，动断触头断开。

S7 – 200 系列 PLC 计数器用 "C" 表示，范围：C0 ~ C255，共 256 个。

6. 定时器

定时器是累计时间增量的内部器件。定时器的工作过程与继电器控制系统中时间继电器基本相同，也分为得电延时和失电延时两种，但它没有瞬动触头。使用时要提前输入时间预定值，当定时器的输入条件满足时开始计时，当前值从 0 开始按一定的时间单位增加；当定时器的当前值达到预设值时，它的动合触头闭合，动断触头断开，利用定时器的触头就可以按照延时时间实现各种控制规律或动作。定时器分为普通定时器和具有断电保持功能的定时器两种。定时精度分为 1ms、10ms 和 100ms 三种，根据功能和精度需要由编程者选用。

S7 – 200 系列 PLC 定时器用 "T" 表示，范围：T0 ~ T255。

7. 顺序控制继电器

顺序控制继电器在顺序功能图编程中使用，它是特殊的继电器。

S7 – 200 系列 PLC 顺序控制继电器用 "S" 表示，范围：S0.0 ~ S31.7，属于位地址空间，可进行位操作，也可以进行字节、字、双字操作。

8. 变量存储器和局部变量存储器

变量存储器用 "V" 表示，是保存程序执行过程中控制逻辑操作的中间结果，所有的 V 存储器都可以存储在永久存储器区内。变量存储器是 S7 – 200 中空间最大的存储区域，所以

常用来进行数学运算和数据处理，存放全局变量数据。

局部变量存储器用"L"表示，存储局部变量，不是全局有效，只和特定的程序相关联。S7－200 系列 PLC 提供了 64 个字节的局部存储器，局部变量存储器区属于位地址空间，可进行位操作，也可以进行字节、字、双字操作。

9. 高速计数器

高速计数器的工作原理与普通计数器基本相同，它用来累计比主机扫描速率更快的高速脉冲。高速计数器的当前值为双字长（32 位）的整数，且为只读值。

高速计数器用 HC 表示，数量很少，S7－200 系列 PLC 中 CPU226 的高速计数器范围：HC0～HC5。

10. 累加器

在 S7－200CPU 中有 4 个 32 位累加器，即 AC0～AC3，用它可把参数传给子程序或任何带参数的指令和指令块。此外，PLC 在响应外部或内部的中断请求而调用中断服务程序时，累加器中的数据不会丢失，即 PLC 会将其中的内容压入堆栈。因此，用户在中断服务程序中仍可使用这些累加器，待中断程序执行完返回时，将自动从堆栈中弹出原先的内容，以恢复中断前累加器的内容。但应注意，不能利用累加器做主程序和中断服务子程序之间的参数传递。

11. 模拟量输入映像寄存器/模拟量输出映像寄存器

模拟量输入/输出电路可实现模拟量的 A－D 和 D－A 转换。在模拟量输入/输出映像寄存器中，数字量的长度为 1 字长（16 位），且从偶数号字节进行编址来存取转换前后的模拟量值，如 0、2、4、6、8。编址内容包括元件名称、数据长度和起始字节的地址，模拟量输入映像寄存器用 AI 表示，模拟量输出映像寄存器用 AQ 表示，如 AIW10、AQW4 等。

PLC 对这两种寄存器的存取方式是不同的，模拟量输入寄存器只能作读取操作，而对模拟量输出寄存器只能作写入操作。

二、S7－200 PLC 的寻址方式

在 S7－200 PLC 中，CPU 的寻址方式分为直接寻址和间接寻址两种方式。

1. 直接寻址

直接寻址方式，就是在一条指令中，操作数以其所在地址的形式出现。如：

MOVB　VB40　VB30

该指令功能是将 VB40 中的数据传送给 VB30。在该指令中，源操作数只给出其所在的地址是 VB40，执行该指令时，CPU 要到 VB40 中读取操作数，这种寻址方式就是直接寻址。

2. 间接寻址

间接寻址方式，就是在存储单元中放置一个地址指针，按照这一地址找到的存储单元中的数据操作数，相当于间接取得数据。地址指针前面加"＊"。如：

MOVW　2010　＊VD40

该指令中，＊VD40 就是地址指针，在 VD40 中存放的是操作数的地址值，如 VW0，该指令功能是将操作数 2010 存放到 VD40 中存放的地址所示单元 VW0 中。

可以用指针进行间接寻址的存储区有：输入继电器 I、输出继电器 Q、通用辅助继电器 M、变量存储器 V、顺序控制继电器 S、定时器 T 和计数器 C。其中 T 和 C 仅仅是当前值可

以进行间接寻址，而对独立的位值和模拟量值不能进行间接寻址。

第四节　S7 – 200 PLC 主机及扩展模块

一、S7 – 200 PLC 的主机

（一）机型

从 CPU 主机的功能来看，S7 – 200 系列小型可编程序控制器发展至今，经历了两代产品。第一代产品的 CPU 模块为 CPU 21 ＊，现已基本退出市场。第二代产品的 CPU 模块为 CPU 22 ＊，是 21 世纪初投放市场的。其速度快，功能强，具有极强的通信功能。

CPU 22 ＊系列具有不同的技术性能，适用于不同要求的控制系统。

CPU 221：用户程序和数据存储容量较小，有一定的高速计数处理能力，适合用于点数少的控制系统。

CPU222：和 CPU221 相比，它可以进行一定模拟量的控制，可以连接两个扩展模块，应用更为广泛。

CPU224：和前两者相比，存储容量扩大了一倍，有内置时钟，它有更强的模拟量和高速计数的处理能力，使用很普遍。

CPU 226：和 CPU224 相比，增加了通信口的数量，通信能力大大增强，可用于点数较多、要求较高的小型或中型控制系统。

CPU226XM：它是西门子公司推出的一款增强型主机，主要在用户程序和数据存储容量上进行了扩展，其他指标和 CPU 226 相同。

（二）主机的技术指标

S7 – 200 系列 PLC 的技术规范见附录 B。

CPU224 集成了 14 点输入/10 点输出，共有 24 点数字量 I/O。它可连接 7 个扩展模块，最大扩展到 168 点数字量 I/O 或 35 路模拟量 I/O。6 个独立的 30kHz 高速计数器，两路独立的 20kHz 高速脉冲输出，具有 PID 控制器。1 个 RS – 485 通信/编程口，具有 PPI 通信协议、MPI 通信协议和自由方式通信能力。

S7 – 200 系列 PLC 的存储系统由 RAM 和 E^2PROM 两种存储器构成，CPU224 有 13KB 程序和数据存储空间。CPU 模块内部配备一定容量的 RAM 和 E^2PROM，CPU 主机还支持外插可选的 E^2PROM 存储器卡。超级电容和电池模块用于长时间保持数据，用户数据可通过主机的超级电容存储若干天；电池模块可选，可使数据的存储时间延长到 200 天。

当 CPU 的 I/O 点数不够用或需要进行特殊功能的控制时，就要进行扩展。不同的 CPU 有不同的扩展规范，它主要受 CPU 的功能限制。

S7 – 200 PLC 的电源电压有 DC（20.4 ~ 28.8V）和 AC（85 ~ 264V）两种，主机上还集成了 24V 直流电源，可以直接用于连接传感器和小容量负载。S7 – 200 的输出类型有晶体管（DC）、继电器（DC/AC）两种输出方式。它可以用普通输入端子捕捉比 CPU 扫描周期更快的脉冲信号，实现高速计数。两路最大可达 20kHz 的高频脉冲输出，可用于驱动步进电动机和伺服电动机以实现精确定位任务。可以用模块上的电位器来改变它对应的特殊寄存器中的数值，可以实时更改程序运行中的一些参数，如定时器/计数器的设定值、过程量的控制

参数等。实时时钟可用于对信息加注时间标记，记录机器运行时间或对过程进行时间控制。

（三）S7-200 PLC 的输入/输出规范

PLC 主机应用最多的输入形式是直流输入型，CPU 输入规范有助于了解 PLC 性能和进行 PLC 选择。CPU 直流输入规范见表 B-3。

CPU 的输出接口电路有继电器输出和晶体管输出两种类型。每种输出电路都采用电气隔离技术，电源由外部提供，输出电流一般为 0.5～2A，输出电流的额定值与负载的性质有关。为使 PLC 避免受瞬间大电流的作用而损坏，输出端外部接线必须采用保护措施，这样就不会产生地线干扰或其他串扰。CPU 输出规范见表 B-4。

二、S7-200 PLC 的扩展模块

（一）开关量 I/O 扩展模块

S7-200 系列 CPU 主机提供一定数量的数字量 I/O 点，但在主机 I/O 点数不够的情况下，就必须使用扩展模块来增加 I/O 点。开关量 I/O 扩展模块一般也叫数字量扩展模块。开关量输入模块是用来接收现场输入设备的开关信号，将信号转换为 PLC 内部接收的低电压信号，并实现 PLC 内、外信号的电气隔离。分组式的开关量输入模块是将输入点分成若干组，每一组（几个输入点）有一个公共端，各组之间是分隔的。开关量输出模块是将 PLC 内部低电压信号转换成驱动外部输出设备的开关信号，并实现 PLC 内外信号的电气隔离。

1. **典型的开关量输入模块和输出模块种类**

1）输入扩展模块 EM221 有两种：8 点 DC 输入和 8 点 AC 输出。

2）输出扩展模块 EM222 有三种：8 点 DC 晶体管输出、8 点 AC 输出、8 点继电器输出。

3）输入/输出混合扩展模块 EM223 有 6 种：分别为 4 点（8 点、16 点）DC 输入/4 点（8 点、16 点）DC 输出、4 点（8 点、16 点）DC 输入/4 点（8 点、16 点）继电器输出。

对于开关量输入模块，在选择时没有特殊要求，输入端电源也可用 PLC 自带的传感器电源。

2. **开关量输出模块的选择方法**

（1）输出方式

S7-200PLC 的开关量输出模块主要有继电器输出和晶体管输出两种方式。继电器输出方式既可以用于驱动交流负载，又可用于驱动直流负载，而且适用的电压大小范围较宽、导通压降小，同时承受瞬时过电压和过电流的能力较强。但其属于有触头元件，动作速度较慢（驱动感性负载时，触头动作频率不得超过 1Hz）、寿命较短、可靠性较差，只能适用于不频繁通断的场合。晶体管输出方式属无触头输出，开关频率高，多用于频繁通断的负载。晶体管输出方式只能用于直流负载。

（2）驱动能力

开关量输出模块的输出电流的驱动能力必须大于 PLC 外接输出设备的额定电流。根据实际输出设备的电流大小来选择输出模块的输出电流，如果实际输出设备的电流比较大，输出模块无法直接驱动，可增加功率放大环节。输出的最大电流与负载类型、环境温度等因素有关。

（3）同时接通的输出点数量

同时接通输出设备的累计电流值必须小于公共端所允许通过的电流值。例如一个 AC220V/2A 的 8 点输出模块，每个输出点可承受 2A 的电流，但输出公共端允许通过的电流并不是 16A，通常要比这个值要小很多，应用时一定要注意。

（二）模拟量扩展模块

在工业控制中，压力、温度、流量和转速等输入量是模拟量，变频器、电动调节阀和晶闸管调速装置等设备要求对输出模拟量信号进行控制。CPU 主机一般只具有数字量 I/O 接口，或者是仅具有少量的模拟量接口，所以就要进行模拟量输入和输出模块的扩展才能满足控制要求。模拟量扩展模块的主要功能是数据转换，并与 PLC 内部总线相连，也有电气隔离功能。模拟量输入（A–D）模块是将现场由传感器检测而产生的连续的模拟量信号转换成 PLC 内部可接收的数字量；模拟量输出（D–A）模块是将 PLC 内部的数字量转换为模拟量信号输出。

1. 模拟量扩展模块的类型

1）模拟量输入扩展模块 EM231；

2）模拟量输出扩展模块 EM232；

3）模拟量输入/输出混合模块 EM235。

2. 模拟量扩展模块的优点

模拟量扩展模块提供了模拟量输入/输出的功能，优点如下：

1）适应性强，多种输入/输出范围，可适用于复杂的控制场合，能够直接与传感器和执行器相连。

2）灵活性大，当实际应用变化时，PLC 可以相应地进行扩展，并可非常容易的调整用户程序。

3）标准化程度高，输入和输出信号符合标准信号要求。即 0～20mA 电流信号，0～5V 和 0～10V 电压信号等。

3. 模拟量扩展模块的技术参数

EM232 的模拟量输出点数为 2，信号输出范围：电压 –10～+10V，电流 0～20mA。

EM231 模拟量输入点数为 4，输入阻抗大于等于 10MΩ，最大输入电压 DC30V，最大输入电流 32mA。

模拟量扩展模块的主要技术参数见表 B-5、表 B-6 和表 B-7。

典型模拟量扩展模块的量程为 –10～+10V、–5～+5V 和 4～20mA 等，可根据实际需要选用不同等级，同时还应考虑其分辨率和转换精度等因素。特殊模拟量输入模块可用来直接接收传感器信号（如热电阻、热电偶等的信号）。

（三）温度测量模块

温度测量模块是专门为检测温度而设计的。温度测量扩展模块有热电偶温度测量模块 EM231TC 和热电阻温度测量模块 EM231RTD 两种。热电偶模块用于 J、K、E、N、S、T 和 R 型热电偶；热电阻模块用于 Pt–100、Pt–1000、Cu–9.035、Ni–10 和 R–150 等多种热电阻，通过模块下方的 DIP 开关可选择传感器类型。

EM231 TC 和 EM231RTD 的一些主要的技术参数见表 B-8。

（四）位控制模块

EM253 位控模块是 S7–200 的特殊功能模块，它能够产生脉冲串用于步进电动机或伺服电动机的速度和位置开环控制。它与 S7 - 200 通过扩展的 I/O 总线通信，它带有 8 个数字输出。位控模块能够产生移动控制所需的脉冲串，其组态信息存储在 S7 - 200 的 V 存储区中。为了简化应用程序中位控功能的使用，STEP 7 软件提供的位控向导能够很快完成对位控模块的组态，可以控制监控和测试位控操作。

位控模块的特性：

1）位控模块可提供单轴开环移动控制所需要的功能和性能。

2）提供高速控制从 12 个脉冲每秒至 200000 个脉冲每秒。

3）支持急停 S 曲线或线性的加速减速功能。

4）供可组态的测量系统既可以使用工程单位如英寸或厘米，也可以使用脉冲数。

5）提供可组态的补偿。

6）支持绝对、相对和手动的位控方式。

7）提供连续操作。

8）提供多达 25 组的移动包络 Profile，每组最多可有 4 种速度。

9）提供 4 种不同的参考点寻找模式，每种模式都可对起始的寻找方向和最终的接近方向进行选择。

10）提供可拆卸的现场接线端子便于安装和拆卸。

（五）通信模块

1. PROFIBUS - DP 现场总线通信模块

EM277 是 PROFIBUS - DP 现场总线通信模块，用来将 CPU224 连接到 PROFIBUS - DP 现场总线网络，EM277 通过扩展总线接口与 CPU224 相连，用专用扁平电缆连接。EM277 通过 RS -485 通信接口连接到 PROFIBUS - DP 网络的其他设备上，此端口可按 9600 ~ 12Mbit/s 之间的 PROFIBUS 波特率运行。网络段最多站数为 32 个，每个网络最多站数达 126 个。EM277 模块接收从站来的 I/O 配置，向主站发送数据和接收来自主站的数据。EM277 可以读写 CPU224 中定义的变量存储器中的数据块，从而用户能与主站交换数据参数等各种类型的数据。同样，从主站传来的数据存储在 CPU224 的变量存储区后，可以传送到其他数据区，这在工业控制中进行参数改变比较灵活方便。

2. AS -i 接口模块

AS -i 接口模块 CP243 -2 是专门用于现场执行器和传感器接口的模块，并具有集成模拟量处理和传送单元。CP243 -2 模块前面板上的 LED 可显示运行状态及所连接从站的准备情况，通过 LED 指示错误，包括 AS -i 电压错误和组态错误等。每台 S7 - 200 可同时处理两台 CP243 -2，CP243 -2 最多连接 31 个 AS -I 从站，这样可明显增加 S7 - 200 的数字量输入和输出点数。S7 - 200 与 CP243 -2 的连接方法同其他扩展模块相同。

3. 工业以太网模块

工业以太网根据国际标准 IEEE 802.3 定义。S7 - 200 PLC 所应用的工业以太网模块主要有 CP243 -1 和 CP243 -1 IT 两种。在技术上，工业以太网是一种基于屏蔽同轴电缆、双绞电缆而建立的电气网络，或是一种基于光缆的光网络。CP 243 -1 可用于将 S7 - 200 系统连接到工业以太网（IE）中，可用于实现 S7 低端性能产品的以太网通信。因此，可以使用 STEP 7 Micro/WIN 32，对 S7 - 200 进行远程组态、编程和诊断。S7 - 200 还可通过以太网与其他 S7 - 200、S7 - 300 或 S7 - 400PLC 进行通信。在开放式 SIMATIC NET 通信系统中，工业以太网可以用作协调级和单元级网络。

4. 调制解调器模块

调制解调器模块 EM241，可连接到模拟电话线，应用 Modbus 主/从协议实现 S7 - 200 PLC 主机与远程 PC 进行通信，即实现 PLC - TO - PC 通信。通过电话线，应用 Modbus 或 PPI 协议进行 PLC - TO - PLC 通信。也可向手机发送短消息，实现远程维护和诊断。不占用 PLC 主机通信接口，导轨安装，标准电源供电，安装经济简便。

第五节　CPU226 及其扩展模块的应用

一、PLC 主机接线

1. CPU226 DC/DC/DC（晶体管）外围接线图

CPU226 DC/DC/DC（晶体管）外围接线图如图 4-14 所示。主机电源为 DC 24V，输入和输出端电源都是 DC 24V。

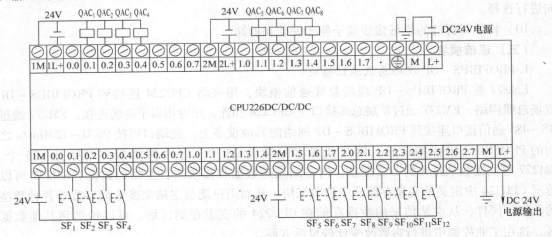

图 4-14　CPU226 DC/DC/DC（晶体管）外围接线图

　　PLC 常用的输入设备有按钮、继电器触头、行程开关、接近开关、光电开关、转换开关、拨码器和各种开关量传感器等。图中的 PLC 为直流输入，即所有输入点共用 M，M 端接 DC 24V 电源。输出设备有继电器、接触器和电磁阀等。正确地连接输入和输出电路，是保证 PLC 安全可靠工作的前提。图中的 PLC 输出端所接的接触器线圈工作电压要求是 DC 24V。

2. CPU226 AC/DC/RELAY（继电器）外围接线图

CPU226 AC/DC/RELAY（继电器）外围接线图如图 4-15 所示。CPU226 输入端电源为 DC 24V，输出端电源为 AC 220V。右下方 L + 和 M 端可输出 DC 24V 传感器电源，给外部传感器供电，在容量允许的情况下可作主机和扩展模块的电源。

一般整体式 PLC 既有分组式输出，也有分隔式输出。PLC 与输出设备连接时，不同组（不同公共端）的输出点，其对应输出设备（负载）的电压类型、等级可以不同，但同组（相同公共端）的输出点，其电压类型和等级应该相同。要根据输出设备电压的类型和等级来决定是否分组连接。除了 PLC 输入和输出共用同一电源外，输入公共端与输出公共端一般不能接在一起。扩展模块接地点一般与主机的接地点接在一起。

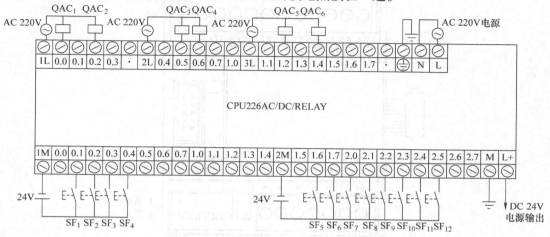

图 4-15　CPU226 AC/DC/RELAY（继电器）外围接线图

二、I/O 扩展模块接线

图 4-16 所示为 CPU226 AC/DC/RELAY（继电器）与 EM223 外围接线图。图中输入/输出扩展模块 EM223 的输入/输出点形式有多种，输入/输出规范与 CPU226 相同，只画出 4 个点。输入接有按钮和行程开关的动合触头，输出接有接触器和电磁阀的线圈，电压都是 AC 220V。

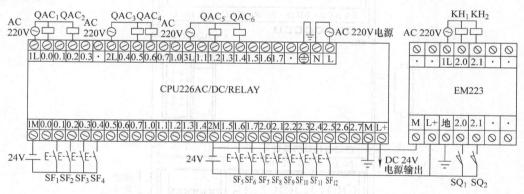

图 4-16　CPU226 AC/DC/RELAY（继电器）与 EM223 外围接线图

三、模拟量扩展模块接线

模拟量输入扩展模块 EM231、模拟量输入/输出扩展模块 EM235 外形图如图 4-17 和图 4-18 所示。模拟量扩展模块 EM231 外围接线图、EM232 外围接线图和 EM235 的外围接线图如图 4-19、图 4-20 和图 4-21 所示。

电压型与电流型信号的输入和输出接线方式有所不同，图 4-19 中 EM231 所接信号：两个电流输出型的传感器信号和一个电压输出型的传感器的信号，电流信号传输距离较远。

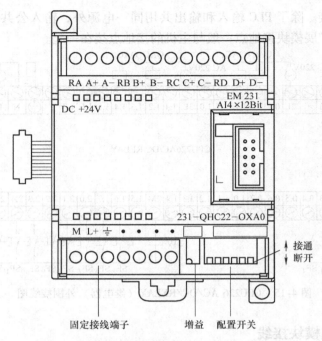

图 4-17　模拟量输入扩展模块 EM231 外形图

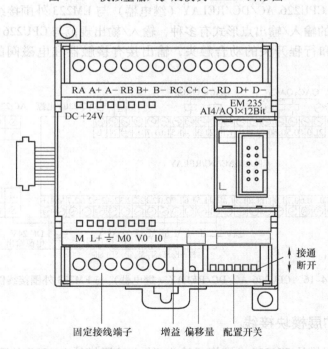

图 4-18　模拟量输入/输出扩展模块 EM235 外形图

图 4-20 中，EM232 输出模拟电流信号接 I0 端和 I1 端，电压信号分别接 V0 端和 V1 端。一般情况下电流输出应用于较远距离的控制。

模拟量模块输出信号的选择通过对模拟量模块连接端子的选择，可以得到两种信号，

0 ~ 10V 或 0 ~ 5V 电压信号以及 4 ~ 20mA 电流信号。模拟量模块的增益及偏置调节模块的增益可设定为任意值。如果要得到最大 12 位的分辨率可使用 0 ~ 32000，可采用 0 ~ 32000 的数字量对应 0 ~ 5V 的电压输出。可对模块进行偏置调节，例如数字量 6400 ~ 32000 对应 4 ~ 20mA。

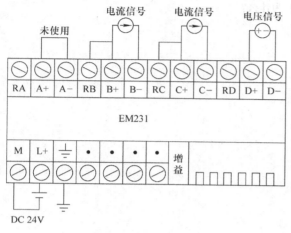

图 4-19　EM231 外围接线图　　　　　　　　　　图 4-20　EM232 外围接线图

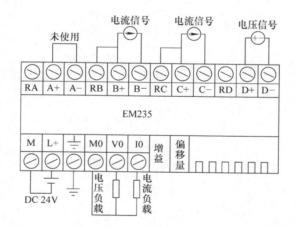

图 4-21　EM235 外围接线图

习　　题

4-1　与继电器控制系统相比 PLC 控制系统有哪些优势？

4-2　PLC 的主要部件有哪些？各部分的作用是什么？

4-3　PLC 开关量输出接口按输出开关器件的种类不同有几种形式？各有什么样的特点？

4-4　PLC 梯形图程序与继电器控制电路有什么不同？

4-5　PLC 是按什么样的工作方式工作的？工作的中心任务是什么？扫描工作过程各阶段的主要任务是什么？

4-6　PLC 按 I/O 点数和结构形式可分为几类？

4-7　CPU226XP 与 CPU226 结构上和功能上有何不同？

4-8　模拟量模块有哪几种类型？模拟量模块的主要功能是什么？

4-9　PLC 的开关量输入单元一般有哪几种输入方式？它们分别适用于什么场合？

4-10　PLC 的开关量输出单元一般有哪几种输出方式？各有什么特点？

4-11　PLC 输入/输出有哪几种接线方式？为什么？

第五章　S7－200 PLC指令系统

在国际电工委员会规定的PLC五种标准语言（IEC1131－3）中，梯形图和语句表是最基本、最常用的编程语言。本章以S7－200系列PLC的指令系统为对象，结合例子来说明PLC的基本指令系统及梯形图和语句表构成的基本原则，并介绍基本指令的一些简单应用。

第一节　基本逻辑指令

一、基本位操作指令

（一）逻辑取及线圈驱动指令 LD、LDN、＝

1. LD（Load）

用于网络块逻辑运算开始时动合触头与左母线的连接，对应梯形图即是从左侧母线连接动合触头，称之为取指令。

2. LDN（Load Not）

用于网络块逻辑运算开始时动断触头与左母线的连接，对应梯形图即是从左侧母线连接动断触头，称之为取反指令。

LD、LDN不仅用于从左母线取单个触头，也可以与后边说明的ALD、OLD指令配合用于分支回路的起点。其操作数为I、Q、V、M、SM、S、T、C和L。

3. ＝（Out）

线圈驱动指令，其功能是将运算结果输出到某个继电器。

图5-1为上述三条指令的使用举例。

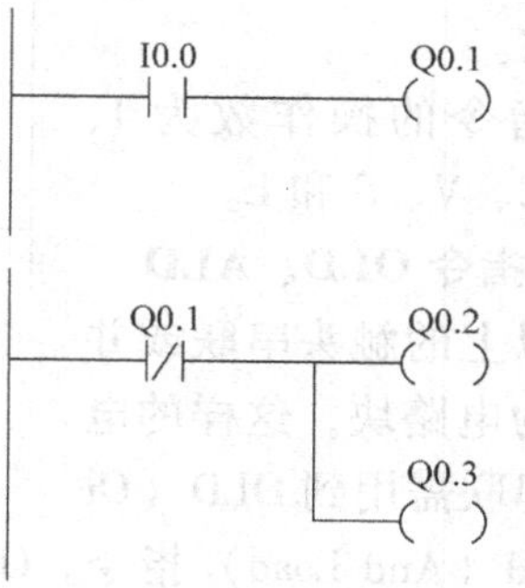

LDN	Q0.1
=	Q0.2
=	Q0.3
LD	I0.0
=	Q0.1

b)

图5-1　LD、LDN及＝指令的使用
a）梯形图　b）语句表

使用说明：

1）在分支电路块的开始也要使用LD、LDN指令，与后面要讲的ALD、OLD指令配合完成块电路的编程。

2）并联的线圈驱动指令可以连续使用任意次。

3）在同一程序中不能使用双线圈输出，即一个元器件在同一程序中只能使用一次＝指令。

4）因为输入继电器的状态只能由外部决定，不能由用户程序决定，所以对输入继电器不能使用线圈驱动指令。

（二）触头串联指令 A、AN

1. A（And）

与操作指令，用于单个动合触头的串联。

2. AN（And Not）

与反操作指令，用于单个动断触头的串联。

图 5-2 为上述两条指令的使用举例。

使用说明：

1）A、AN 是单个触头串联指令，可以连续使用多次。但编程时由于会受到屏幕显示的限制，编程软件规定的串联触头使用上限为 11 个。

2）A、AN 的操作数为：I、Q、M、SM、T、C、V、S 和 L。

3）一个触头或几个触头串联后驱动一个线圈的电路与上边一个线圈并联称之为连续输出，可以连续使用 = 指令编程。如果顺序颠倒，则需要用到后边讲述的逻辑堆栈操作指令。

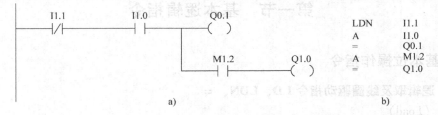

图 5-2　A、AN 指令使用
a）梯形图　b）语句表

（三）三触头并联指令 O、ON

1. O（Or）

或操作指令，用于单个动合触头的并联。

2. ON（Or Not）

或反操作指令，用于单个动断触头的并联。

图 5-3 为上述两条指令的使用举例。

使用说明：

1）O、ON 是单个触头并联指令，可以连续使用多次。

2）O、ON 指令的操作数为 I、Q、M、SM、T、C、V、S 和 L。

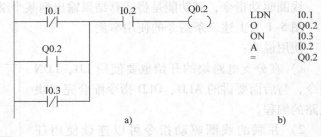

图 5-3　O、ON 指令使用
a）梯形图　b）语句表

（四）块操作指令 OLD、ALD

两个或两个以上的触头串联或并联形成的支路称为电路块，这样的电路块进行并联或串联需用到 OLD（Or Load）指令或 ALD（And Load）指令。OLD、ALD 指令不需要地址，在梯形图中它相当于需要并联或串联的两块电路右端的或中间的一段垂直连线。每完成一次块电路的并联或串联时必须写一次 OLD 或 ALD 指令。

图 5-4 为上述指令的使用举例。

使用说明：

1）每个电路块的开始要使用 LD 和 LDN 指令。

2）每完成一次电路块的并联时要写上 OLD 或 ALD 指令。

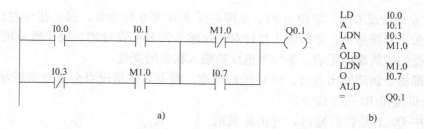

图 5-4　OLD、ALD 指令使用

a) 梯形图　b) 语句表

3）OLD、ALD 指令无操作数，它是对刚写完的块电路进行并联、串联操作。

二、置位指令 S、复位指令 R

执行 S（Set）指令时，从指定的位地址开始的 N 个位地址都被置位（变为1）并保持，而执行 R（Reset）指令时，从指定的位地址开始的 N 个位地址都被复位（变为0）并保持。

S 指令和 R 指令可以互换位置使用，但由于 PLC 采用的是从上到下的扫描工作方式，所以写在后面的指令具有优先权。

如果被指定复位的是定时器位或计数器位，则定时器和计数器的当前值被清零。

图 5-5 所示为上述指令的使用举例。

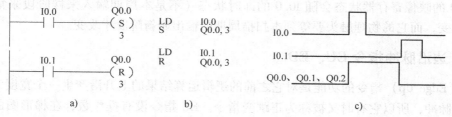

图 5-5　S/R 指令使用

a) 梯形图　b) 语句表　c) 时序图

使用说明：

1）位元件一旦被置位就保持在通电状态，除非对它复位；而一旦被复位就保持在断电状态，除非再对它置位。

2）S 指令和 R 指令可以互换次序使用，但由于 PLC 采用的是从上到下、从左到右的扫描工作方式，所以写在后面的指令具有优先权。

3）N 的常数范围为 1 ～ 255，也可以为：VB、IB、QB、MB、SMB、SB、LB、AC、＊VD、＊AC、＊LD，一般情况下使用常数。

4）R/S 指令的操作数为：I、Q、M、SM、T、C、V、S 和 L。

三、立即指令 I

为了提高 PLC 对输入和输出的响应速度，系统设置有立即指令 I（Immediate）。它不受 PLC 扫描工作方式的影响，能够对输入和输出进行快速的取和存操作。

当用立即指令读取输入点状态时，根据具体情况可分为立即取 LDI、立即取反 LDNI、立即或 OI、立即或反 ONI、立即与 AI、立即与反 ANI 等 6 种指令，这些指令对应的触头称之为立即触头。显而易见，立即触头是针对快速输入需要而设计的，操作数只能是 I。这些立即触头不受扫描周期的影响，能即时地反映输入状态的变化。

当用立即指令访问输出点时，对 Q 进行操作。根据具体情况可分为立即输出 = I、立即置位 SI 和立即复位 RI 三种指令。

图 5-6 中 Q0.1 是普通输出，它由普通的动合触头 I0.0 控制，由 PLC 工作方式可以知道 Q0.1 的映像寄存器状态会随本扫描周期采集到的 I0.0 状态在执行到 Q0.1 的线圈驱动指令时加以改变，而 Q0.1 的物理触头需等到本周期的输出刷新阶段才改变。

图 5-6 中 Q0.2 使用的是立即输出指令，在程序执行到这条指令时 Q0.2 的映像寄存器和物理触头同时随本扫描周期采集到的 I0.0 状态改变，物理触头不会等到本周期的输出刷新阶段才改变。

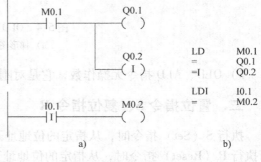

图 5-6 立即指令的使用
a）梯形图 b）语句表

图 5-6 中 M0.0 是普通输出，但它的输入逻辑是 I0.0 的立即触头，所以在程序执行到它时，M0.0 的映像寄存器状态会随 I0.0 的即时状态（不是本周期输入采样阶段采集到的状态）而改变，而它的物理触头要等到本扫描周期的输出刷新阶段才改变。

四、边沿脉冲指令 EU、ED

EU（Edge Up）指令的功能是对它之前的逻辑运算结果的上升沿产生一个宽度为一个扫描周期的脉冲，所以它有时又被称为正跳变指令。EU 指令没有操作数，在梯形图的触头符号中间用"P"（Positive Transition）来表示正跳变。

ED（Edge Down）指令的功能是对它之前的逻辑运算结果的下降沿产生一个宽度为一个扫描周期的脉冲，有时也称为负跳变指令。ED 指令同样没有操作数，在梯形图的触头符号中间用"N"（Negative Transition）来表示负跳变。

图 5-7 所示为上述两条指令的使用举例。

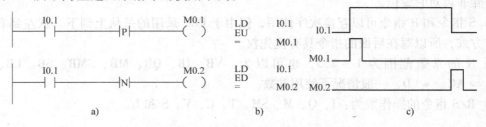

图 5-7 EU/ED 边沿脉冲指令使用
a）梯形图 b）语句表 c）时序图

五、空操作指令 NOP（Nop Operation）

该指令很少使用。一般用在跳转指令的结束处，或在调试程序中使用。它的使用对用户程序的执行没有影响。

空操作指令形式：NOP　n

其中，n 的范围是 0～255。该指令的使用如图 5-8 所示。

六、触发器指令

RS 触发器指令的基本功能与置位指令 S 和复位指令 R 的功能相同。此指令只在编程软件 Micro/WIN32 V3.2 版本中才有。它包括置位优先触发器指令 SR（Set Dominant Bistable）和复位优先触发器指令 RS（Reset Dominant Bistable）。

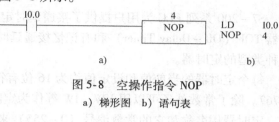

图 5-8　空操作指令 NOP
a）梯形图　b）语句表

SR 触发器的置位信号 SI 和复位信号 R 同时为 1 时，输出 OUT 信号为 1。

RS 触发器的置位信号 S 和复位信号 RI 同时为 1 时，输出 OUT 信号为 0。

触发器指令的使用举例如图 5-9 和图 5-10 所示。

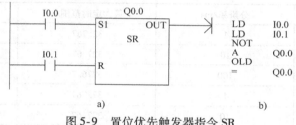

图 5-9　置位优先触发器指令 SR
a）梯形图　b）语句表

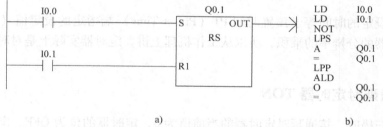

图 5-10　复位优先触发器指令 RS
a）梯形图　b）语句表

七、取反指令 NOT

取反触头能够将它左边电路的逻辑运算结果取反，为用户使用反逻辑提供方便。运算结果若为 1 则变为 0，为 0 则变为 1，该指令没有操作数。能流到达该触头的时候即停止；若能流未到达该触头，该触头给右侧提供能流。取反指令 NOT 如图 5-11 所示。

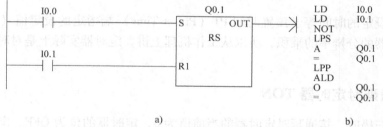

图 5-11　取反指令 NOT
a）梯形图　b）语句表

第二节　定时器指令

S7 – 200 系列 PLC 为用户提供了接通延时定时器 TON（On – Delay Timer）、断开延时定时器 TOF（Off – Delay Timer）和有记忆接通延时定时器 TONR（Retentive On – Delay Timer）三种类型的定时器。

每个定时器的当前值和设定值均为 16 位有符号整数（INT），所以允许的最大设定值为 32767。除了常数外还可以用 VW、IW 等作为定时器的设定值。

定时器用名称和它的常数编号（0 ~ 255）来表示，如 T66。编号能够反映定时器的类型和分辨率。类型、分辨率和编号三者之间的关系见表 5-1。

从表 5-1 中可以看出，TON、TOF 使用的是相同的编号，但在程序中 TON 和 TOF 绝对不能使用同一个编号。

表 5-1　定时器编号与分辨率

类型	分辨率/ms	最大定时范围/s	编号
TONR	1	32. 767	T0 和 T64
	10	327. 67	T1 ~ T4 和 T65 ~ T68
	100	3276. 7	T5 ~ T31 和 T69 ~ T95
TON TOF	1	32. 767	T32 和 T96
	10	327. 67	T33 ~ T36 和 T97 ~ T100
	100	3276. 7	T37 ~ T63 和 T101 ~ T255

定时器所设定的时间等于预置时间 PT（Preset Time）端指定的设定值（1 ~ 32767）与所使用的定时器的分辨率的乘积，所以从工作机理上讲，定时器实际上是对时间间隔计数的计数器。

一、接通延时定时器 TON

PLC 首次扫描时，接通延时定时器的当前值为 0，定时器的位为 OFF。定时器在使能输入端 IN 的输入电路接通时开始定时，当前值从 0 每过一定时间（编号对应的分辨率）自动加 1，当前值等于设定值时定时器的位变为 ON，程序中对应的定时器动合触头闭合，动断触头断开。当前值达到设定值后，如 IN 的输入电路继续保持接通，当前值继续计数直到 32767。

输入电路断开，定时器自动复位，当前值被清零，定时器位变为 OFF。在图 5-12 中，定时器设定值为 6.6s，在 I0.3 为 ON 不足 6.6s 的时候 I0.3 又变为 OFF，则定时器当前值被清零。

二、断开延时定时器 TOF

PLC 首次扫描时，TOF 定时器的当前值和位均被清零。使能输入端 IN 的输入电路接通时定时器的位变为 ON，当前值被清零，如图 5-13 所示。IN 的输入电路由接通变为断开时，定时器开始定时，从零每过一定时间（编号对应的分辨率）自动加 1。当前值等于设定值时

a)

```
LD    I0.0
TON   T63,200

LD    T63
=     Q0.0
```

b)

c)

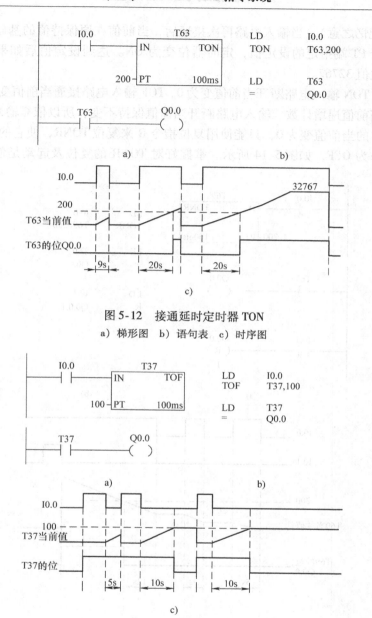

图 5-12　接通延时定时器 TON

a）梯形图　b）语句表　c）时序图

a)

```
LD    I0.0
TOF   T37,100

LD    T37
=     Q0.0
```

b)

c)

图 5-13　断开延时定时器 TOF

a）梯形图　b）语句表　c）时序图

定时器的位变为 OFF，当前值保持不变，直到输入电路再次被接通当前值被清零为止。

TOF 可以用于某些设备停机后的延时，例如电梯轿厢停止运行一定时间后轿厢内的风扇才停止转动。

三、记忆型接通延时定时器 TONR

TONR 用于累计输入电路接通的若干个时间间隔。

输入电路接通时，当前值递增开始计时。如果当前值小于设定值时输入电路断开，当前值保持不变（记忆之意）。当输入电路再次接通后，当前值在原保持值的基础上继续递增计时。当前值大于 PT 端指定的设定值，定时器位变为 ON。达到设定值后如果条件满足继续计数，直到最大值 32767。

由上可知，TON 输入电路断开当前值变为 0，TOF 输入电路接通当前值变为 0，而 TONR 输入电路接通当前值递增计数、输入电路断开当前值保持不变，所以依靠输入电路的通和断不可能使 TONR 的当前值变为 0，只能使用复位指令 R 来复位 TONR，使它的当前值变为零，同时使定时器位为 OFF，如图 5-14 所示。掌握好对 TONR 的复位及起动是使用好 TONR 指令的关键。

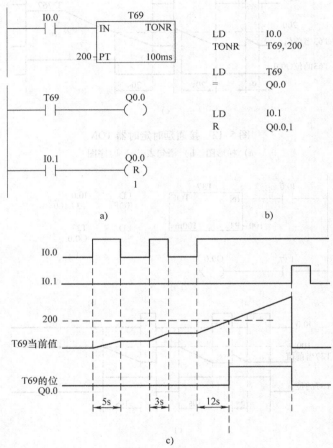

图 5-14　记忆型接通延时定时器 TONR
a）梯形图　b）语句表　c）时序图

第三节　计数器指令

S7 – 200 系列 PLC 有增计数器、减计数器和增/减计数器三类计数器指令。计数器由名称 C 和它的编号（0 ~ 255）组成。不同类型的计数器不能共用同一编号。

计数器当前值是指计数器当前所累计的脉冲个数，由 16 位符号整数表示，最大数值为 32767。

一、增计数器指令 CTU（Count Up）

增计数器指令（CTU），使该计数器在每一个 CU 输入的上升（从 OFF 到 ON）递增计数，直到计数器的最大值。在当前计数值大于或等于预置计数值（PV）时，该计数器被置位。当复位输入（R）为 1 时，计数器被复位。

增计数器指令 CTU 如图 5-15 所示。

PLC 首次扫描时，计数器的位为 OFF，当前值为 0。当计数器复位输入端（R）电路断开情况下，CTU 脉冲输入端（CU）电路由断开变为接通，计数器的当前值加 1。当前值等于设定值时，计数器的位为 ON，如果继续有 CU 上升沿，当前值可继续计数到 32767 后停止计数。当复位输入端（R）有效或对计数器执行复位指令时，计数器被复位，即计数器位为 OFF，当前值被清零。

二、减计数器指令 CTD（Count Down）

CTD 在脉冲输入端（CD）信号每个上升沿（从 OFF 到 ON），计数器的当前值减 1，当前值减到 0 时，停止计数，计数器位被置为 ON。当复位输入端（LD）为 1 时，计数器被复位，即计数器位为 OFF，当前值被重新装入预设值。需注意的是 CTD 的复位端为 LD，与 CTU 的复位端子（R）不同。

减计数器指令 CTD 如图 5-16 所示。

a)

```
LD    I0.1
LD    I1.0
CTU   C1,5

LD    C1
=     Q0.0
```

b)

c)

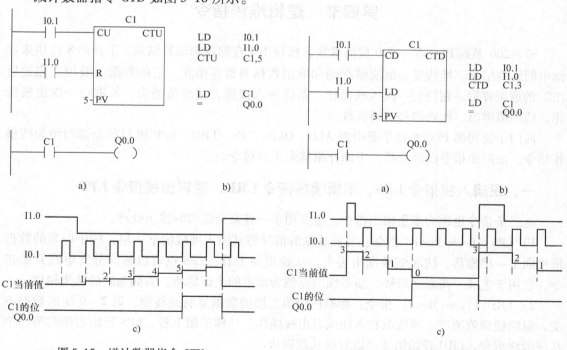

图 5-15　增计数器指令 CTU
a）梯形图　b）语句表　c）时序图

a)

```
LD    I0.1
LD    I1.0
CTD   C1,3

LD    C1
=     Q0.0
```

b)

c)

图 5-16　减计数器指令 CTD
a）梯形图　b）语句表　c）时序图

三、增/减计数器指令 CTUD（Count Up /Down）

CTUD 有两个计数脉冲输入端：一个是用于加计数的输入端 CU；另一个是用于减计数的输入端 CD。首次扫描时计数当前值为 0，计数位为 OFF。在 CU 输入的每个上升沿，计数器当前值加 1；在 CD 输入的每个上升沿，计数器当前值减 1。当前值大于或等于设定值（PV）时，计数器位被置为 ON。若复位输入端（R）为 1 时，计数器被复位，亦即当前值为 0，计数器位为 OFF。增/减计数器指令 CTUD 如图 5-17 所示。

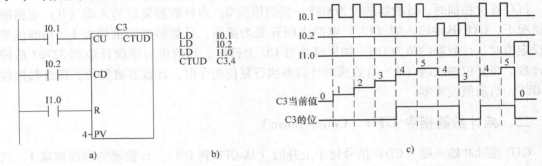

图 5-17　增/减计数器指令 CTUD

a）梯形图　b）语句表　c）时序图

第四节　逻辑堆栈指令

S7 – 200 系列 PLC 有一个 9 层的堆栈，栈顶用来存储逻辑运算结果，下面的 8 位用来存储中间运算结果。堆栈是一组能够存储和取出数据的暂存单元，它的数据一般按"先进后出"的原则存取。每进行一次入栈操作，新值放入栈顶，栈底值丢失。每进行一次出栈操作，栈顶值弹出，栈底值补进随机数。

西门子公司的 PLC 系统手册中把 ALD、OLD、LPS、LRD、LPP 和 LDS 全部归纳为栈操作指令。前两条指令已经介绍，下面介绍其余 4 条指令。

一、逻辑入栈指令 LPS、逻辑读栈指令 LRD、逻辑出栈指令 LPP

这三条指令也称为多重输出指令，主要用于一些复杂逻辑的输出处理。

1）LPS（Logic Push）指令：复制栈顶的值并将其压入堆栈的下一层，栈中原来的数据依次向下一层推移，栈底值被推出丢失。从梯形图上看，LPS 也可以称为分支电路开始指令，它用于生成一条新的母线，新母线的左侧为原来的主逻辑块，右侧为新的从逻辑块。

2）LRD（Logic Read）指令：将堆栈中第二层的数据复制到栈顶，第 2 ~ 9 层的数据不变，但原栈顶值消失。堆栈没有入栈或者出栈操作。从梯形图上看，LPS 开始右侧的第一个从逻辑块编程，LRD 开始第 2 个以后的从逻辑块。

3）LPP（Logic Pop）指令：使栈中各层的数据向上移动一层，第 2 层的数据成为堆栈的栈顶值，栈顶原来的数据从栈内消失。从梯形图上看，它用于 LPS 产生的新母线右侧的最后一个从逻辑块的编程。

LPS/LRD/LPP 指令的用法如图 5-18 所示。

使用说明：

1）由于受堆栈空间的限制，LPS、LPP 指令连续使用时应该少于 9 次。

2）LPS 和 LPP 指令必须成对使用，它们之间可以多次使用 LRD 指令。

3）LPS、LRD、LPP 三条指令都无操作数。

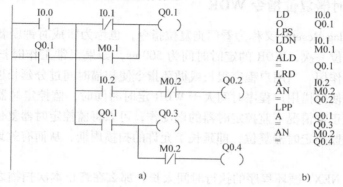

图 5-18 LPS/LRD/LPP 指令的用法
a）梯形图 b）语句表

二、装入堆栈指令 LDS

LDS（Load Stack）指令复制堆栈内第 n 层的值到栈顶，栈中原来的数据依次向下一层推移，栈底值被推出丢失。一般很少使用这条指令。

第五节 程序控制指令

一、结束指令 END 和 MEND

结束指令分为条件结束指令 END 和无条件结束指令 MEND 两种。

这两条指令在梯形图中以线圈的形式编程。结束指令只能用在主程序中，而不能用在子程序和中断程序中，执行完结束指令后，系统结束主程序，返回到主程序的起点。

条件结束指令 END 根据前面的逻辑关系终止当前的扫描周期，亦即可以利用程序执行的结果状态、系统状态或外部设置切换条件来调用有条件结束指令，使程序结束。有条件结束指令可以用在无条件结束指令 MEND 前结束主程序。

在调试程序时，在程序的适当位置插入无条件结束指令可以实现程序的分段调试。

二、暂停指令 STOP

STOP 指令在梯形图中以线圈的形式编程，指令中不含操作数。当前边的条件满足时 STOP 指令有效，可以使 PLC 从运行模式（RUN）切换到停止模式（STOP），立即终止用户程序的执行。

STOP 指令既可以用在主程序中，也可以用在子程序和中断程序中。如果在中断程序中执行停止指令，中断程序立即终止，并且忽略所有等待执行的中断，继续执行主程序中的剩余部分，并且在主程序的结束处完成从 RUN 到 STOP 的转换。

上述讲述的暂停指令 STOP 和条件结束指令 END 经常在用户程序中对突发紧急事件进行处理，以避免产生重大生产及安全事故。

三、监控定时器复位指令 WDR

WDR（Watchdog Reset）又称为看门狗复位指令，也称为警戒时钟刷新指令。看门狗每次扫描都被自动复位一次，WDR 的定时时间为 500ms，如果正常工作时扫描周期小于这个时间，则它不会起作用。当用户程序很长或循环指令使扫描时间过分延长以及执行中断程序的时间较长等原因使扫描用户程序时间大于 WDR 定时时间时，监控定时器会停止执行用户程序。为防止上述正常情况下监控定时器的误动作，可以将监控定时器复位指令插入到程序中的适当地方，使监控定时器复位，即延长了允许的扫描周期，从而有效地避免了看门狗超时的错误。

如果在 FOR – NEXT 循环程序的执行时间太长，那么在终止本次扫描之前，下列操作过程将被禁止：

1）通信（自由口模式除外）。

2）I/O 更新（立即 I/O 除外）。

3）强制更新。

4）SM 位更新（不能更新 SM0 和 SM5 ~ SM29）。

5）运行时间诊断。

6）中断程序中的 STOP 指令。

带数字量输出的扩展模块也有一个监控定时器，每次使用 WDR 指令时，应该对每个扩展模块的某一个输出字节使用立即写（BIW）指令来复位每个扩展模块的监控定时器。

四、循环指令

在生产实际中经常遇到需要重复执行若干次同样任务的情况，这时可以使用循环指令。

循环开始指令 FOR：用来标记循环体的开始。

循环结束指令 NEXT：用来标记循环体的结束。

FOR 指令和 NEXT 指令之间的指令称之为循环体，每执行一次循环体，当前计数器加 1，并且将其结果和循环终值做比较，如果二者相等，则停止循环。

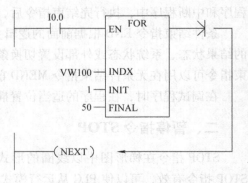

如图 5-19 所示，循环指令块中有三个数据输入端：当前循环计数 INDX（index value or current loop count）、循环初值 INIT（starting value）和循环终值 FINAL（ending value），它们的数据类型均为整数。使用 FOR 指令时必须指定 INDX、INIT 和 FINAL 三个数值。

图 5-19　循环指令应用

使用 FOR/NEXT 循环的注意事项：

1) 如果起动了 FOR/NEXT 循环，除非在循环内部修改了循环终值 FINAL，否则循环就一直进行，直至循环结束。在循环的执行过程中，可以改变循环的参数。

2) FOR/NEXT 指令必须成对使用。

3) FOR 和 NEXT 允许循环嵌套，即 FOR/NEXT 循环在另一个 FOR/NEXT 循环之中，最多可以嵌套 8 层，但各个嵌套之间一定不可有交叉现象。

4) 如果 INIT 大于 FINAL，则循环不被执行。

五、跳转与标号指令

跳转与标号指令能够使 PLC 根据不同的控制要求去执行不同的程序段，从而使编程的灵活性大大提高。

跳转指令 JMP（Jump to Label）：当输入端信号有效，执行该指令时，程序跳转到指定标号处执行。

标号指令 LBL（Label）：指令跳转的目的地的位置标号。JMP 与 LBL 指令中的操作数 n 为常数 0~255。

跳转与标号指令最常见的例子是对设备的自动工作方式、手动工作方式进行切换，其跳转与标号指令如图 5-20 所示。图中 I0.0 的状态为 OFF 时，跳步指令不执行，程序执行跳转指令下一条指令；I0.0 的状态为 ON 时，执行跳转指令，跳到 4 处往下执行程序。

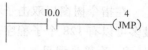

使用 JMP/LBL 指令的注意事项：

1) 由于跳转指令具有选择程序段的功能，在同一程序且位于因跳转而不会被同时执行的程序段中的同一线圈不被视为双线圈。

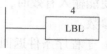

图 5-20 跳转与标号指令

2) 可以有多条跳转指令使用同一标号，但不允许一个跳转指令对应两个标号的情况出现，也就是说在同一个程序中不允许存在两个相同的标号。

3) 可以在主程序、子程序或者中断服务程序中使用跳转指令，跳转与之相应的标号必须位于同一段程序中（无论主程序、子程序还是中断程序），即不能在不同的程序块中互相跳转。可以在状态程序段中使用跳转指令，但相应的标号也必须在同一个 SCR 段中。一般将标号设在相关跳转指令之后，这样可以减少程序的执行时间。

4) 在跳转条件中引入上升沿或下降沿指令时，跳转只执行一个跳转周期，若用特殊辅助继电器 SM0.0 作为跳转的工作条件时，跳转就变为无条件跳转。

5) 执行跳转指令后，被跳过程序段中的各元器件的状态为

① Q、M、S、C 等元件的位保持跳转前的状态。

② 计数器 C 停止计数，当前值存储器保持跳转前的计数值。

③ 在跳转期间，分辨率为 1ms 和 10ms 的定时器会一直保持跳转前的工作状态，即原来工作的继续工作，到达设定之后，其位的状态也会变为 ON，其输出触头也会动作，它的当前值存储器会一直累计到最大值 32767 才停止。对于分辨率为 100ms 的定时器来说，跳转期间停止工作，但不会复位，存储器里的值为跳转时的值，跳转结束后，如果输入条件允许，可以继续计时。总之，跳转段里的定时器要格外注意。

六、子程序

子程序常用于需要多次反复执行相同任务的地方，只需要写一次子程序，别的程序在需要的时候调用它，而不需要重新写该程序。子程序的调用是有条件的，如果不调用则不会执行子程序中的指令，因此使用了子程序在不调用它时可以减少扫描时间。

使用子程序可以将程序分成容易管理的小块，使程序结构简单清晰，容易查出错误和程序的维护。S7 –200PLC 的指令系统具有简单、方便、灵活的子程序调用功能。与子程序有关的操作有：建立子程序、子程序调用和返回。

1. 建立子程序

可以用以下方法建立子程序：

在编程软件"编辑"菜单中的"插入"选项选择"子程序"，这样可以建立或插入一个新的子程序，同时在指令树窗口可以看到新建的子程序图标，图标默认的程序名是 SBR ＿ N，编号 N 从 0 开始按递增顺序产生。用鼠标右键单击指令树中子程序的图标，在弹出的菜单中选择"重新命名"，可以修改原来的名字。

在指令树窗口双击子程序图标就可以进入子程序，并对它进行编辑。对于 CPU226XM，最多可以有 128 个子程序；对其余的 CPU，最多可以有 64 个子程序。

2. 子程序调用

（1）子程序调用指令 CALL

在使能输入有效时，主程序把程序控制权交给子程序。子程序的调用既可以带参数也可以不带参数。

（2）子程序条件返回指令 CRET

在子程序中用触头电路控制 CRET 指令，触头电路接通时条件满足，结束子程序的执行，返回到调用此子程序的下一条指令。梯形图中以线圈的形式编程，指令不带参数。在 STL 中为 CRET。

子程序调用指令如图 5-21 所示。

子程序调用说明：

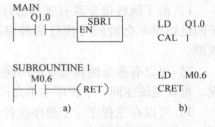

图 5-21　子程序调用指令
a）梯形图　b）语句表

1）CRET 多用于子程序的内部，由判断条件决定是否结束子程序调用，RET 用于子程序的结束。用 Micro/Win32 编程时，设计人员不需要手工输入 RET 指令，而是由软件自动在内部加到每个子程序结尾。

2）如果在子程序的内部又对另一子程序执行调用指令，则这种调用称为子程序的嵌套。子程序的嵌套深度最多为 8 级。

3）当一个子程序被调用时，系统自动保存当前的逻辑堆栈数据，并把栈顶置 1，堆栈中的其他位置为 0，子程序占有控制权。子程序执行结束，通过返回指令自动恢复原来的逻辑堆栈值，调用程序又重新取得控制权。

4）累加器可在调用程序和被调用子程序之间自由传递，所以累加器的值在子程序调用时既不保存也不恢复。

七、顺序控制继电器指令

S7–200 为顺序功能图编程语言提供了三条顺序控制继电器指令：顺序状态开始指令（LSCR）、顺序状态转移指令（SCRT）和顺序状态结束指令（SCRE）。

顺序功能图编程语言将在后续相关章节中介绍。

第六节　比　较　指　令

比较指令用来比较两个数 IN1 和 IN2 的大小，当满足比较关系式给出的条件时，触头就闭合。在实际应用中，比较指令为位置控制和数值条件判断提供了方便。

梯形图中比较指令对应的触头中间有 6 种运算符：=（等于）、>=（大于等于）、<=（小于等于）、>（大于）、<（小于）和 <>（不等于）。IN1 和 IN2 可以是数值，也可以是字符串。IN1 和 IN2 如果是字符串则运算符只能是 = 和 <> 两种中的一个。

如图 5-22 所示为比较指令的一般用法。以 LD、A、O 开始的比较指令分别表示开始、串联和并联的比较触头，其后加 B 表示字节比较（触头中间用运算符加 B 表示），加 W 表示整数比较（触头中间用运算符加 I 表示），加 D 表示双字节整数比较（触头中间用运算符加 D 表示），加 R 表示实数比较（触头中间用运算符加 R 表示），加 S 表示字符串比较（触头中间用运算符加 S 表示）。比较指令的梯形图和语句表形式分别见表 5-2 和表 5-3。

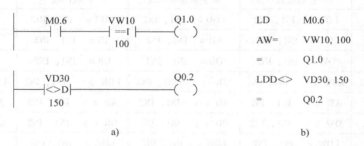

图 5-22　比较指令的一般用法
a）梯形图　b）语句表

字节比较用来比较两个字节型整数值 IN1、IN2 的大小，字节比较是无符号的。

整数比较用来比较两个一个字长的整数值 IN1 和 IN2 的大小，最高位为符号位，其范围是 16 # 8000 ~ 16 # 7FFF。

双字节整数比较指令用来比较两个双字 IN1 和 IN2 的大小，双字节整数的比较是有符号的，其范围是 16 # 80000000 ~ 16 # 7FFFFFFF。

实数比较指令用来比较两个双字长实数值 IN1 和 IN2 的大小，负实数范围是 −1.175495E−38 ~ −3.402823E+38，正实数范围是 +1.175495 E−38 ~ +3.402823E+38。

字符串比较指令比较两个字符串的 ASCⅡ 码字符是否相等。字符串长度不超过 254 个字符。

表 5-2　比较指令的梯形图

字节比较	整数比较	双字节整数比较	实数比较	字符串比较
IN1 ==B IN2	IN1 =I IN2	IN1 ==D IN2	IN1 ==R IN2	IN1 =S IN2
IN1 <>B IN2	IN1 <>I IN2	IN1 <>D IN2	IN1 <>R IN2	IN1 <>S IN2
IN1 >=B IN2	IN1 >=I IN2	IN1 >=D IN2	IN1 >=R IN2	
IN1 <=B IN2	IN1 <=I IN2	IN1 <=D IN2	IN1 <=R IN2	
IN1 >B IN2	IN1 >I IN2	IN1 >D IN2	IN1 >R IN2	
IN1 <B IN2	IN1 <I IN2	IN1 <D IN2	IN1 <R IN2	

表 5-3　比较指令的语句表

字节比较	整数比较	双字节整数比较	实数比较	字符串比较
LDB = IN1，IN2	LDW = IN1，IN2	LDD = IN1，IN2	LDR = IN1，IN2	LDS = IN1，IN2
AB = IN1，IN2	AW = IN1，IN2	AD = IN1，IN2	AR = IN1，IN2	AS = IN1，IN2
OB = IN1，IN2	OW = IN1，IN2	OD = IN1，IN2	OR = IN1，IN2	OS = IN1，IN2
LDB < > IN1，IN2	LDW < > IN1，IN2	LDD < > IN1，IN2	LDR < > IN1，IN2	LDS < > IN1，IN2
AB < > IN1，IN2	AW < > IN1，IN2	AD < > IN1，IN2	AR < > IN1，IN2	AS < > IN1，IN2
OB < > IN1，IN2	OW < > IN1，IN2	OD < > IN1，IN2	OR < > IN1，IN2	OS < > IN1，IN2
LDB < IN1，IN2	LDW < IN1，IN2	LDD < IN1，IN2	LDR < IN1，IN2	
AB < IN1，IN2	AW < IN1，IN2	AD < IN1，IN2	AR < IN1，IN2	
OB < IN1，IN2	OW < IN1，IN2	OD < IN1，IN2	OR < IN1，IN2	
LDB < = IN1，IN2	LDW < = IN1，IN2	LDD < = IN1，IN2	LDR < = IN1，IN2	
AB < = IN1，IN2	AW < = IN1，IN2	AD < = IN1，IN2	AR < = IN1，IN2	
OB < = IN1，IN2	OW < = IN1，IN2	OD < = IN1，IN2	OR < = IN1，IN2	
LDB > IN1，IN2	LDW > IN1，IN2	LDD > IN1，IN2	LDR > IN1，IN2	
AB > IN1，IN2	AW > IN1，IN2	AD > IN1，IN2	AR > IN1，IN2	
OB > IN1，IN2	OW > IN1，IN2	OD > IN1，IN2	OR > IN1，IN2	
LDB > = IN1，IN2	LDW > = IN1，IN2	LDD > = IN1，IN2	LDR > = IN1，IN2	
AB > = IN1，IN2	AW > = IN1，IN2	AD > = IN1，IN2	AR > = IN1，IN2	
OB > = IN1，IN2	OW > = IN1，IN2	OD > = IN1，IN2	OR > = IN1，IN2	

第七节　时钟指令

时钟指令包含读实时时钟指令和设定时钟指令。读当前时间和日期，并把它装入一个8字节的缓冲区（起始地址是 T）。设定实时时钟指令写当前时间和日期，并把8个字节缓冲区（起始地址是 T）装入时钟。

时钟指令如图 5-23 所示。T 为字节。

注意事项：

1）CPU224 以上的 PLC 中才有时钟。

2）所有缓冲区内数值必须用 BCD 码表示。例如 16#07 表示 2007；星期中 0 表示禁用星期，1 表示星期日，2 表示星期一，7 表示星期六。

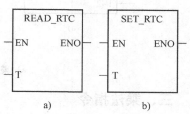

图 5-23　时钟指令
a）读时钟　b）设定时钟

3）S7-200 CPU 不执行核实日期和星期是否符合有效日期，如 2 月 31 日可能被接受，因此必须确保输入的数据是正确的、有效的。

4）不要同时在主程序和中断程序中使用 TODR/TODW 指令，如果这样，且在执行时钟指令时出现了执行时钟指令的中断，则中断程序中的时钟指令不会被执行。

5）对于没有使用过时钟指令的 PLC，在使用前必须在编程软件的"PLC"菜单栏中对时。

第八节　数学运算指令

数学运算指令使 PLC 从功能上达到了一般计算机的基本要求，满足了工业控制较为复杂的数学运算、数据处理等应用。

一、加法指令

加法指令是把两个数相加产生一个结果的操作，包括整数、双整数和实数的加法。

梯形图中，执行加法指令时，进行如下操作：IN1 + IN2 = OUT。加法指令如图 5-24 所示。

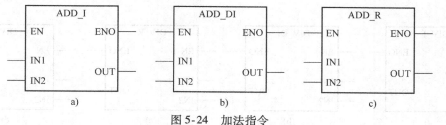

图 5-24　加法指令
a）整数加法　b）双整数加法　c）实数加法

二、减法指令

减法指令是把两个数相减产生一个结果的操作，包括整数、双整数和实数的减法。

梯形图中，执行减法指令时，进行如下操作：IN1 - IN2 = OUT。减法指令如图 5-25 所示。

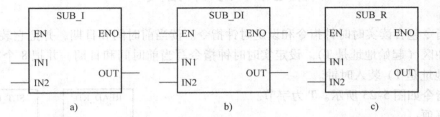

图 5-25　减法指令

a）整数减法　b）双整数减法　c）实数减法

三、乘法指令

乘法指令是把两个数相乘产生一个乘积。包括整数、双整数和实数的乘法。

梯形图中，执行乘法指令时，进行如下操作：IN1 × IN2 = OUT。乘法指令如图 5-26 所示。

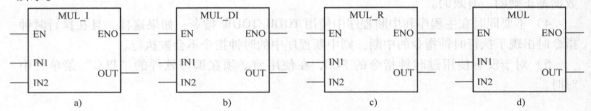

图 5-26　乘法指令

a）整数乘法　b）双整数乘法　c）实数乘法　d）整数乘法产生双整数

MUL 是整数乘法产生双整数指令，它将两个 16 位整数相乘产生一个 32 位乘积。在语句表的 MUL 指令中，32 位 OUT 的低 16 位被用作乘数。

四、除法指令

一般除法指令把两个有符号数相除产生一个商，不保留余数。包括整数、双整数和实数的除法。

梯形图中，执行除法指令时，进行如下操作：IN1/IN2 = OUT。除法指令如图 5-27 所示。

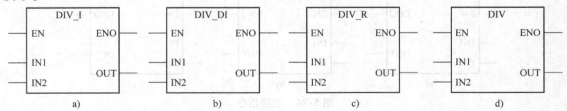

图 5-27　除法指令

a）整数除法　b）双整数除法　c）实数除法　d）带余数的整数除法

DIV 是带余数的整数除法指令，它是把两个 16 位的带符号数相除，产生一个 32 位的结果，其中低 16 位为商，高 16 位为余数。

五、加 1 与减 1 操作指令

加 1 与减 1 指令是把输入 IN 加 1 或减 1，并把结果存放到输出单元（OUT），字节加减指令是无符号的，字或双字加减指令是有符号的。包括整数、双整数和实数的操作。

在梯形图中，该指令执行如下操作：IN + 1 = OUT 或 IN – 1 = OUT。加 1 与减 1 指令如图 5-28 所示。

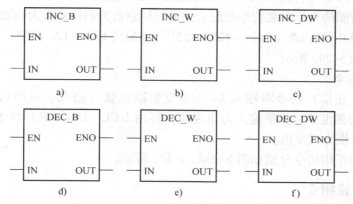

图 5-28 加 1 与减 1 指令

a）字节加 1 b）字加 1 c）双字加 1 d）字节减 1 e）字减 1 f）双字减 1

六、函数运算指令

函数运算指令包括正弦、余弦、正切、二次方根、自然对数和指数函数指令，运算的输入和输出都为实数，结果大于 32 位二进制数表示的范围时产生溢出。

1. 二次方根指令

实数的二次方根指令（SQRT）是把一个 32 位的实数（IN）开方得到 32 位实数结果送到 OUT 中。

二次方根指令如图 5-29a 所示。

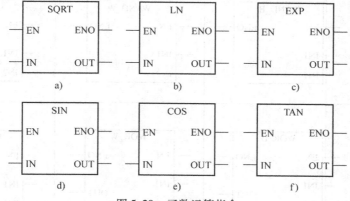

图 5-29 函数运算指令

a）平方根指令 b）自然对数指令 c）指数指令 d）正弦指令 e）余弦指令 f）正切指令

2. 自然对数指令

自然对数指令将输入 IN 的值取自然对数，结果放入输出 OUT 中。当求以 10 为底的自然对数时，用 DIV _ R（/R）指令将自然对数除以 2.302585 即可（其值近似于以 10 为底的对数值）。

自然对数指令如图 5-29b 所示。

3. 指数指令

指数指令将输入 IN 的值取以 e 为底的指数结果放入输出 OUT 中。

该指令可与前面的自然对数指令相配合完成以任意数为底任意数为指数计算。

例如：$5^3 = \text{EXP} [3 * \text{LN} (5)] = 125$　　$125^{1/3} = \text{EXP} [1/3 * \text{LN} (125)] = 5$

指数指令如图 5-29c 所示。

4. 三角函数指令

正弦（余弦、正切）指令将输入 IN 的弧度值取正弦（余弦、正切），结果放入输出 OUT 中，输入值为弧度值。如果输入为角度值，使用 MUL _ R（*R）将该角度值乘以 π/180°便可以将其转换为弧度值。

正弦、余弦和正切指令分别如图 5-29d、e 和 f 所示。

七、逻辑运算指令

逻辑运算指令包括逻辑与、逻辑或、逻辑异或和取反指令。

逻辑与指令对两个输入 IN1 和 IN2 按位与，得到结果送入 OUT 中；逻辑或指令对两个输入 IN1 和 IN2 按位或，得到结果送入 OUT 中；异或指令对两个输入 IN1 和 IN2 按位异或，得到结果送入 OUT 中；取反指令求出输入字节 IN 的反码，得到结果送入 OUT 中。

这 4 种指令在 STL 中 OUT 和 IN2 使用同一个存储单元。

逻辑运算指令梯形图格式见表 5-4。

表 5-4　逻辑运算指令梯形图格式

指令＼类型	字节	字	双字
逻辑与	WAND_B EN　ENO IN1 IN2　OUT	WAND_W EN　ENO IN1 IN2　OUT	WAND_DW EN　ENO IN1 IN2　OUT
逻辑或	WOR_B EN　ENO IN1 IN2　OUT	WOR_W EN　ENO IN1 IN2　OUT	WOR_DW EN　ENO IN1 IN2　OUT

（续）

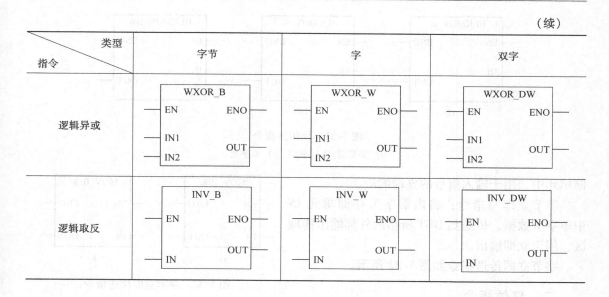

类型 指令	字节	字	双字
逻辑异或	WXOR_B EN　ENO IN1 IN2　OUT	WXOR_W EN　ENO IN1 IN2　OUT	WXOR_DW EN　ENO IN1 IN2　OUT
逻辑取反	INV_B EN　ENO IN　OUT	INV_W EN　ENO IN　OUT	INV_DW EN　ENO IN　OUT

第九节　传送、移位与交换指令

一、传送指令

传送指令有单一数据传送、块传送和字节立即传送三种。

（一）单一数据传送指令

传送指令指将 IN 中的数据传送到 OUT 中，包括字节传送、字传送和双字传送。

单一数据传送指令如图 5-30 所示。

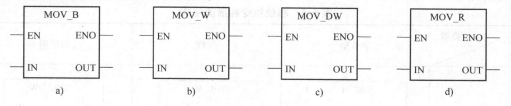

图 5-30　单一数据传送指令

a）字节型　b）字型　c）双字型　d）实数型

（二）块传送指令

一次传送多个（最多 255）数据，把从 IN 开始的 N 个字节（字或双字）型的数据传送到从 OUT 开始的 N 个字节（字或双字）存储单元中。包括字节块传送、字块传送和双字块传送。

块传送指令如图 5-31 所示。

（三）字节立即传送指令

字节立即传送指令用于对输入和输出的立即处理，不受输入采样的限制。包括字节立即读指令和字节立即写指令。

字节立即读指令：读取单字节外部输入物理区数据 IN，传送到 OUT 所指的内部字节存

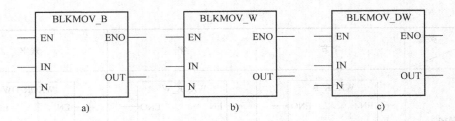

图 5-31　块传送指令

a) 字节型　b) 字型　c) 双字型

储单元中,用于输入信号的立即响应。

字节立即写指令:将内部字节存储单元 IN 中单字节数据,传送到 OUT 所指的外部输出物理区,用于立即输出。

字节立即传送指令如图 5-32 所示。

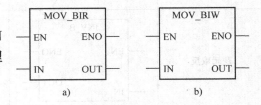

图 5-32　字节立即传送指令

a) 读指令　b) 写指令

二、移位指令

(一) 移位指令

左移位指令或右移位指令把输入 IN 右移或左移 N 位后,再把结果输出到 OUT,移位指令对移出位自动补零。

如果所需移位次数 N 大于或等于 8 (16 或 32),因为存储器长度限制,那么实际最大可移位数为 8 (16 或 32)。如果所需移位次数大于零,那么溢出位 SM1.1 上就是最近移出的位值;如果移位操作的结果是 0,零存储器位 SM1.0 就置位。左移位或右移位操作是无符号的。

移位指令梯形图格式见表 5-5。输入 IN 和输出 OUT 均为字节 (字或双字),N 为字节。

表 5-5　移位指令梯形图格式

指令＼类型	字节型	字型	双字型
左移	SHL_B EN　ENO IN N　OUT	SHL_W EN　ENO IN N　OUT	SHL_DW EN　ENO IN N　OUT
右移	SHR_B EN　ENO IN N　OUT	SHR_W EN　ENO IN N　OUT	SHR_DW EN　ENO IN N　OUT

（二）循环移位指令

循环左移或循环右移指令把输入 IN 循环左移或循环右移 N 位后，再把结果输出到 OUT。

如果所需移位次数大于或等于 8（16 或 32），那么在执行循环移位前先对取以 8（16 或 32）为底的模，其结果 0 ~ 7 为实际移动位数；如果执行循环移位，那么溢出位 SM1.1 值就是最近一次循环移动位的值；如果移位次数不是 8 的整数倍，最后被移出的位就存放到溢出存储器位 SM1.1；如果移位操作的结果是 0，零存储器位 SM1.0 就置位。字节循环移位操作无符号。

循环移位指令梯形图格式见表 5-6。输入 IN 和输出 OUT 均为字节（字或双字），N 为字节。

表 5-6　循环移位指令梯形图格式

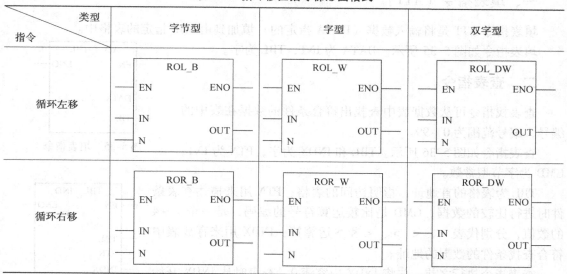

（三）寄存器移位指令（SHRB）

寄存器移位指令把输入的 DATA 数值移入移位寄存器，该移位寄存器是由 S_BIT 和 N 决定的。其中 S_BIT 指定移位寄存器的最低位，N 指定移位寄存器的长度（正向移位 = N，反向移位 = －N）。

移位寄存器指令提供了一种排列和控制产品流或数据流的简单方法，在每个扫描周期整个移位寄存器移动一位。移位寄存器移位方向由 N 的正或者负决定，正移时 N 为正，输入数据从最低位（S_BIT）移入，最高位移出，移出的数据放在溢出存储器位（SM1.1）；反移时 N 为负，输入数据从最高位移入，最低位（S_BIT）移出。移位寄存器的最大长度是 64 位，可正可负。

寄存器移位指令如图 5-33 所示。DATA 和 S_BIT 均为 BOOL 型，N 为字节型。

三、字节交换指令（SWAP）

字节交换指令将字形输入数据 IN 的高字节和低字节进行交换。
字节交换指令如图 5-34 所示。

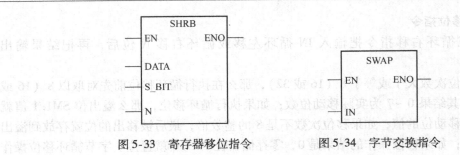

图 5-33　寄存器移位指令　　　　　　　图 5-34　字节交换指令

第十节　表功能指令

一、填表指令（ATT）

填表指令 ATT 是将输入数据（DATA 指定的）填加到由 TBL 指定的表格中。

填表指令如图 5-35 所示。DATA 为 INT，TBL 为字。

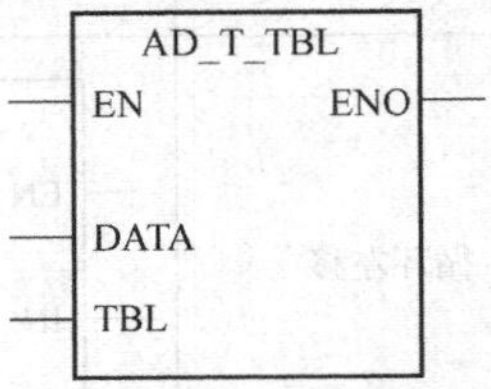

二、查表指令

查表找指令可从数据表中查找出符合条件的数据在表中的
编号，编号范围为 0 ~ 99。

查表指令如图 5-36 所示。TBL 和 INDX 为字，PTN 为 INT，
CMD 为字节型常数。

图 5-35　填表指令

TBL 为表格的首地址，指明访问的表格；PTN 用来描述查表条
件时进行比较的数据；CMD 是比较运算符号的编码，是一个 1 ~ 4
的数值，分别代表 =、< >、< 和 > 运算符；INDX 用来存放表中
符合查找条件的数据的地址。

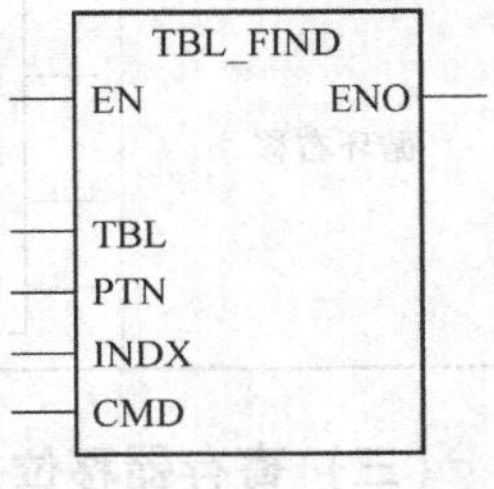

查表指令执行之前，先将 INDX 内容清 0。查表时从 INDX 开始
搜索表 TBL，寻找符合由 PTN 和 CMD 所决定的条件的数据，如果
找到一个符合条件的数据，则将该数据的表中地址装入 INDX。如
果没有发现符合条件的数，则 INDX 的值等于 EC。查表指令执行完

图 5-36　查表指令

成以后，找到了一个符合条件的数据，如果想继续向下查找其他符合条件的数据，必须先对
INDX 加 1，然后重新激活查表指令。

三、先进先出指令（FIFO）

先进先出指令（FIFO）是从 TBL 指定的表中取出第一个字形数据，并将其输出到 DA-
TA 所指定的字存储单元。取出的数据总是先进入表中的数据，其他数据依次上移一个字单
元位置，同时实际填表数 EC 自动减 1。

先进先出指令如图 5-37 所示。TBL 为字，DATA 为 INT。

四、后进先出指令（LIFO）

后进先出指令（LIFO）从 TBL 指定的表中取出最后一个字形数据，并将其输出到 DA-

TA 所指定的字存储单元。取出的数据总是最后进入表中的数据，其他数据位置不变，实际填表数 EC 自动减 1。

后进先出指令如图 5-38 所示。TBL 为字，DATA 为 INT。

五、存储器填充指令（FILL）

存储器填充指令（FILL）是用输入值（IN）填充从输出（OUT）开始的 N 个字的内容。N 可取 1 ~ 255 之间的整数。

存储器填充指令如图 5-39 所示。IN 和 OUT 均为 INT 型，N 为 BYTE 型。

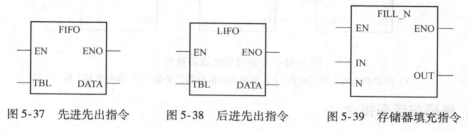

图 5-37　先进先出指令　　　图 5-38　后进先出指令　　　图 5-39　存储器填充指令

第十一节　转换指令

转换指令是对操作数类型的转换，包括数据的类型转换、码的类型转换和数据与码之间的类型转换。

一、数据类型转换指令

包括字节（B）与整数（I）、整数（I）与双整数（DI）、BCD 码与整数（I）之间的转换指令。

字节型数是无符号的，将字节型输入转换成整数类型时，没有符号扩展位。将整数型输入转换成双整数型时，有符号数的符号位被扩展到高字节。双整数型输入转换成整数型时，若输出数据超出整数范围，则产生溢出，溢出标志位 SM1.1 将置 1。BCD 码输入数据转换成整数时，BCD 码输入数据的范围是 0 ~ 9999。

数据类型转换指令如图 5-40 所示。

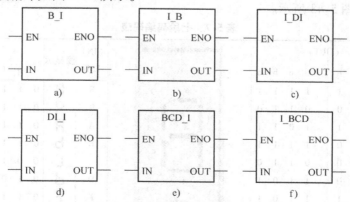

图 5-40　数据类型转换指令

a）字节到整数　b）整数到字节　c）整数到双整数　d）双整数到整数　e）BCD 码到整数　f）整数到 BCD 码

二、实数与双整数转换指令

实数转换到双整数包括 ROUND 和 TRUNC 两条指令。二者的区别是：ROUND 指令，对于小树部分四舍五入，TRUNC 指令对于小数部分直接舍去。

双整数转换到实数指令（DTR）是将 32 位有符号整数（IN）转换成 32 位实数（OUT）。实数与双整数转换指令如图 5-41 所示。

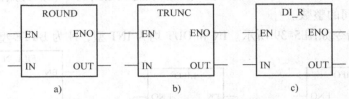

图 5-41　实数与双整数转换指令

a）实数四舍五入到双整数　b）实数截位取整到双整数　c）双整数到实数

三、编码与译码指令

（一）编码指令

编码指令（ENCO）是将输入字 IN 的最低有效位（数值为 1）的位号编码成 4 位二进制数，写入输出字节 OUT 的低 4 位。IN 为 WORD 型，OUT 为 BYTE 型。

（二）译码指令

译码指令（DECO）是根据输入字节 IN 的低 4 位二进制数所对应的十进制数（0～15），置输出字 OUT 的相应位为 1，其他位为 0。IN 为 BYTE 型，OUT 为 WORD 型。

编码与译码指令如图 5-42 所示。

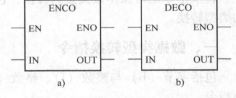

图 5-42　编码与译码指令

a）编码指令　b）译码指令

四、段码指令（SEG）

段码指令（SEG）可以产生点亮七段码显示器的位模式段码值，根据输入字节 IN 的低 4 位确定的十六进制数（16#0～F）产生相应点亮段码，码值放入 OUT。七段码编码表见表 5-7。段码指令如图 5-43 所示。

表 5-7　七段码编码表

(IN) LSD	段显示	(OUT) - g f e	d c b a		(IN) LSD	段显示	(OUT) - g f e	d c b a
0	0	0 0 1 1	1 1 1 1		8	8	0 1 1 1	1 1 1 1
1	1	0 0 0 0	0 1 1 0		9	9	0 1 1 0	0 1 1 1
2	2	0 1 0 1	1 0 1 1		A	A	0 1 1 1	0 1 1 1
3	3	0 1 0 0	1 1 1 1		B	b	0 1 1 1	1 1 0 0
4	4	0 1 1 0	0 1 1 0		C	C	0 0 1 1	1 0 0 1
5	5	0 1 1 0	1 1 0 1		D	d	0 1 0 1	1 1 1 0
6	6	0 1 1 1	1 1 0 1		E	E	0 1 1 1	1 1 0 0
7	7	0 0 0 0	0 1 1 1		F	F	0 1 1 1	0 0 0 1

五、ASCII 码转换指令

1. ASCII 码与十六进制数转换指令

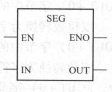

图 5-43　段码指令

ASCII 码转换为十六进制数指令（ATH）是把从 IN 开始的长度为 LEN 的 ASCII 码字符串转换成十六进制数，并将结果送到 OUT 开始的字节输出，字符串的最大长度为 255 个字符。

十六进制转换为 ASCII 码指令（HTA）是把从 IN 字符开始长度为 LEN 的十六进制数转换成从 OUT 开始的 ASCII 码，可转换的十六进制数的最大个数为 255。

ASCII 码转换指令如图 5-44 所示。

2. 整数、双整数、实数与 ASCII 码转换指令

整数转换为 ASCII 码指令（ITA）把输入端 IN 的整数转换成一个 ASCII 码串。格式 FMT 指定小数点右侧的转换精度和小数点使用逗号还是点号，转换的结果放在 OUT 指定的连续 8 个字节中。ASCII 码串始终是 8 个字符。IN 为 INT，FMT 和 OUT 均为 BYTE 型。

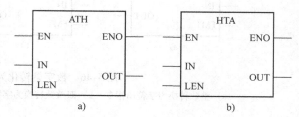

图 5-44　ASCII 码转换指令
a) ATH 指令　b) HTA 指令

双整数转换为 ASCII 码指令（DTA）把输入端 IN 的整数转换成一个 ASCII 串。格式 FMT 指定右对位的转换精度，十进制对位是逗号或间隔，转换的结果放在 OUT 指定的连续 12 个字节中。

实数转换为 ASCII 码指令（RTA）把输入端 IN 的整数转换成一个 ASCII 串。格式 FMT 指定右对位的转换精度，十进制对位是小数点或间隔，转换的结果放在 OUT 指定的连续 3 ~ 15 个字节中。

整数、双整数、实数与 ASCII 码转换指令如图 5-45 所示。

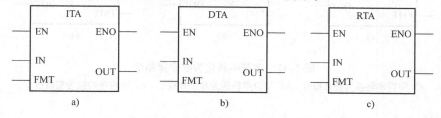

图 5-45　整数、双整数、实数与 ASCII 码转换指令
a) 整数转换为 ASCII 码指令　b) 双整数转换为 ASCII 码指令　c) 实数转换为 ASCII 码指令

六、字符串转换指令

字符串转换指令分为将数字量转化为字符串和将字符串转换为数字量两大类。

1. 数字量转化为字符串

整数转换为字符串指令（ITS）是将转换结果放在从 OUT 开始的 9 个连续字节中，

（OUT + 0）字节中的值为字符串的长度。

双整数转换为字符串指令（DTS）将转换结果放在从 OUT 开始的 13 个连续字节中，（OUT + 0）字节中的值为字符串的长度。

实数转换为字符串指令（RTS）将转换结果放在从 OUT 开始的（ssss + 1）个连续字节中，（OUT + 0）字节中的值为字符串的长度。

数字量转化为字符串指令如图 5-46 所示。

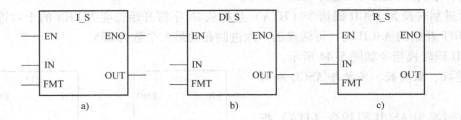

图 5-46　数字量转化为字符串指令
a）整数转换为字符串指令　b）双整数转换为字符串指令　c）实数转换为字符串指令

2. 字符串转换为数字量

包括字符串转整数（STI）、字符串转双整数（STD）和字符串转实数（STR）三种。三条指令都是将字符串 IN，从偏移量 INDX 开始，分别转换成整数、双整数和实数，结果放在 OUT 中。

这 3 条指令的 IN 均为字符串型字节，INDX 均为字节；STI 的 OUT 为 INT 型，STD 的 OUT 为 DINT 型，STR 的 OUT 为 REAL 型。

字符串转化为数字量指令如图 5-47 所示。

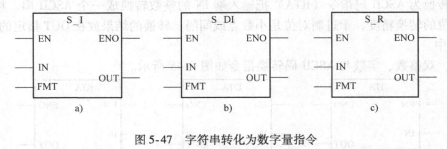

图 5-47　字符串转化为数字量指令
a）字符串转换为整数指令　b）字符串转换为双整数指令　c）字符串转换为实数指令

第十二节　中断指令

中断是对 PLC 外部事件或内部事件的一种响应和处理。它包括：中断事件、中断处理程序、中断控制指令三个部分。中断事件是产生中断的原因。当中断事件发生，PLC 中止当前主程序扫描，将 PLC 控制权交给中断处理程序。执行完毕中断处理程序中最后一条指令，自动将控制权交还 PLC 主程序。

一、中断概述

1. 中断源及其种类

中断源即中断事件发出中断申请的来源。S7－200 PLC 的中断源最多可达 34 个，每个中断源都对应一个固定的编号加以区别，此编号称为中断事件号。S7－200 PLC 的中断可分为三大类：通信中断、I/O 中断和定时中断。中断事件号与优先级见表 5-8。

表 5-8　中断事件号与优先级

优先组	组内类型	中断描述	事件号	优先组内的优先
通信（最高）	通信口 0：	端口 0：接收字符	8	0
		端口 0：发送完成	9	0
		端口 0：接收信息完成	23	0
	通信口 1	端口 1：接收信息完成	24	1
		端口 1：接收字符	25	1
		端口 1：发送完成	26	1
I/O（中等）	脉冲输出	PTO 0 完成中断	19	0
		PTO 1 完成中断	20	1
	外部输入	上升沿，I0.0	0	2
		上升沿，I0.1	2	3
		上升沿，I0.2	4	4
		上升沿，I0.3	6	5
		下降沿，I0.0	1	6
		下降沿，I0.1	3	7
		下降沿，I0.2	5	8
		下降沿，I0.3	7	9
	高速计数器	HSC0 的 CV = PV（当前值 = 预置值）	12	10
		HSC0 输入方向改变	27	11
		HSC0 外部复位	28	12
		HSC1 的 CV = PV（当前值 = 预置值）	13	13
		HSC1 输入方向改变	14	14
		HSC1 外部复位	15	15
		HSC2 的 CV = PV（当前值 = 预置值）	16	16
		HSC2 输入方向改变	17	17
		HSC2 外部复位	18	18
		HSC3 的 CV = PV（当前值 = 预置值）	32	19
		HSC4 CV = PV（当前值 = 预置值）	29	20
		HSC4 输入方向改变	30	21
		HSC4 外部复位	31	22
		HSC5 的 CV = PV（当前值 = 预置值）	33	23

（续）

优先组	组内类型	中断描述	事件号	优先组内的优先
定时 （最低）	定时	定时中断 0	10	0
		定时中断 1	11	1
	定时器	定时器 T32 CT = PT 中断	21	2
		定时器 T96 CT = PT 中断	22	3

（1）通信中断

PLC 的串行通信接口可由程序来控制，通信接口的这种操作模式称为自由端口模式。在自由端口模式下可用程序定义波特率、每个字符位数、奇偶校验和通信协议等。利用接收和发送中断可简化程序对通信的控制。PLC 有专门的发送和接收指令。

（2）I/O 中断

I/O 中断包含了上升沿或下降沿中断、高速计数器（HSC）中断和脉冲序列输出（PTO）中断。

（3）定时中断

CPU 支持定时中断，用定时中断指定一个周期性的活动。周期以 1ms 为增量，单位周期时间可从 5 ~ 255ms。对定时中断 0，把周期时间写入 SMB34；对定时中断 1，把周期时间写入 SMB35。每当定时器溢出时定时中断事件把控制权交给相应的中断程序。通常用定时中断以固定的时间间隔去控制模拟量输入的采样或者执行一个 PID 回路。

2. 中断优先级和排队

中断按以下固定的优先级顺序优先执行：通信（最高优先级）、I/O 中断、定时中断（最低优先级）。在各个指定的优先级之内，CPU 按先来先执行的原则处理中断，任何时间点上只有一个用户中断程序正在执行。一旦中断程序开始执行，它要一直执行到结束，而且不会被别的中断程序甚至是更高优先级的中断程序所打断。当另一个中断正在处理中，新出现的中断需排队等待以待处理。

二、中断指令

1. 中断连接指令（ATCH）和中断分离指令（DTCH）

中断连接指令 ATCH 是把一个中断事件 EVNT 和一个中断程序 INT 联系起来并允许这个中断事件。中断分离指令 DTCH 是切断一个中断事件 EVNT 和所有的中断程序的联系并禁止了该中断事件。其指令如图 5-48a、b 所示。

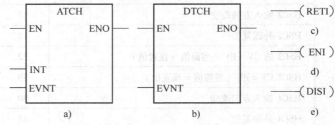

图 5-48　中断指令

a）ATCH 指令　b）DTCH 指令　c）中断返回指令　d）中断允许指令　e）中断禁止指令

2. 中断返回指令（RETI）、中断允许指令（ENI）和中断禁止指令（DISI）

有条件中断返回指令可以用来根据逻辑操作的条件从中断程序中返回。中断返回指令没有操作数。

中断允许指令 ENIS 是全局性的允许所有被连接的中断事件。当由其他模式进入 RUN 模式时就禁止了中断，而在 RUN 模式可以执行全局中断允许指令 ENI 允许所有全局中断。

中断禁止指令 DISI 是全局性的禁止处理所有中断事件。禁止指令 DISI 允许中断事件排队等候，但不允许激活中断子程序。

中断返回指令、中断允许指令、中断禁止指令分别如图 5-48c、d、e 所示。中断返回指令、中断允许指令和禁止指令均无操作数。

第十三节 通 信 指 令

1. 网络读/写指令

网络读指令（NETR）初始化通信操作，听过指令端口（PORT）从远程设备上接收数据并形成表（TBL）。网络写指令（NETW）初始化通信操作，听过指令端口（PORT）从远程设备写表（TBL）中的数据。

NETR 指令可以从远程站点上读最多 16 个字节信息。NETW 指令可以向远程站点写最多 16 个字节的信息。任何同一时间内，只能有最多 8 条 NETR 和 NETW 指令有效。

网络读/写指令如图 5-49 所示。

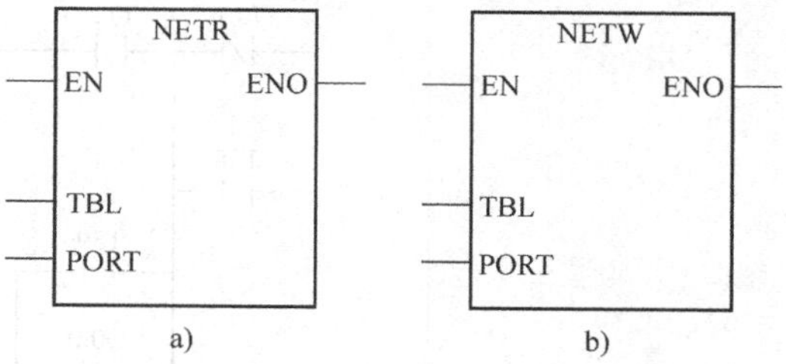

2. 通信口发送/接收指令

发送指令（XMT）激活发送数据缓冲区（TBL）中的数据。数据缓冲区的第一个数据指明了要发送的字节数。PORT 指定了用于发送的端口。该指令用于自由端口模式，由通信端口发送数据。

接收指令（RCV）激活初始化或结束接收信息的服务，TBL 端指定接收数据缓冲区。通过指定的通信端口（PORT），接收的信息存储与数据缓冲区（TBL）中。

通信口发送/接收指令如图 5-50 所示。

3. 获取与设定通信口地址指令

获取通信口地址指令（GPA）读取 PORT 指定的 CPU 口的站地址，将数值存入 ADDR 指定的地址中。

设定通信口地址指令（SPA）将 CPU 口的站地址（PORT）设置为 ADDR 指定的数值。

获取与设定通信口地址指令如图 5-51 所示。

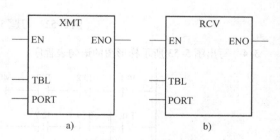

图 5-49 网络读/写指令
a）网络读指令 b）网络写指令

图 5-50 通信口发送/接收指令
a）发送指令 b）接收写指令

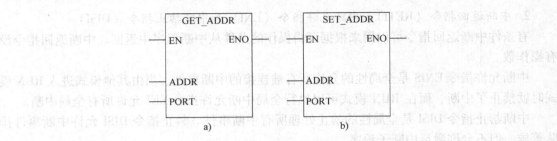

图 5-51　获取与设定通信口地址指令

a）GPA 指令　b）SPA 指令

习　题

5-1　S7 – 200 系列 PLC 共有几种类型的定时器？各自有什么特点？S7 – 200 系列 PLC 有几种分辨率的定时器？它们的刷新方式各有什么不同？

5-2　S7 – 200 系列 PLC 有几种形式的计数器？各自有什么特点？

5-3　写出图 5-52 所示梯形图的语句表程序。

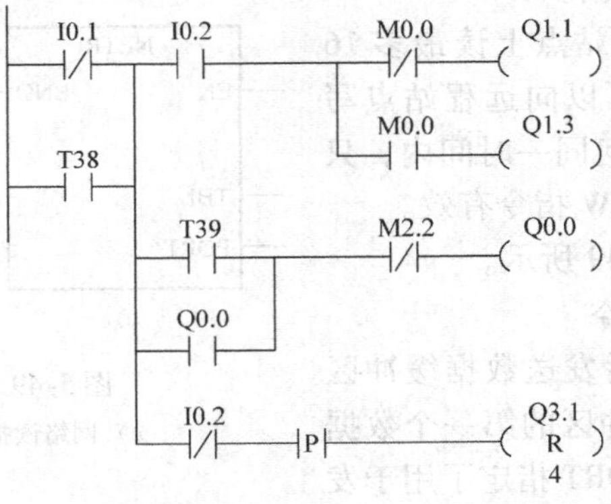

图 5-52　习题 5-3 梯形图程序

5-4　写出图 5-53 所示梯形图的语句表程序。

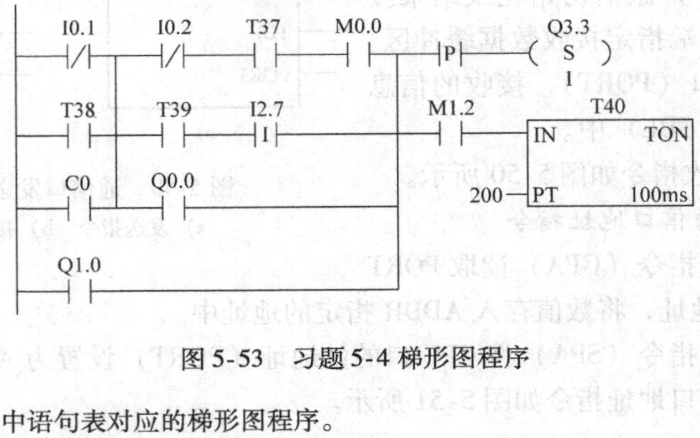

图 5-53　习题 5-4 梯形图程序

5-5　画出图 5-54 中语句表对应的梯形图程序。

5-6　画出图 5-55 中语句表对应的梯形图程序。

5-7　画出图 5-56 中语句表对应的梯形图程序。

5-8　指出图 5-57 中的错误。

5-9　画出图 5-58 中的 Q0.0 的波形。

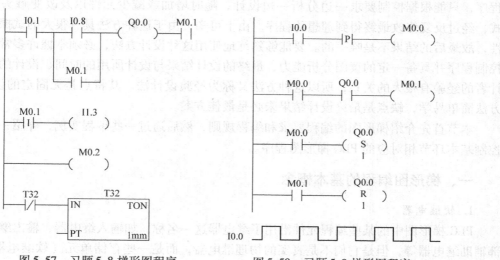

LD	I0.0
O	I1.2
AN	I1.3
O	M0.1
LD	Q1.2
A	I0.5
O	M0.3
ALD	
ON	M0.6
=	Q1.0

图 5-54　习题 5-5 语句表程序

LD	I0.1
AN	I0.0
LPS	
AN	I0.2
LPS	
A	I0.4
=	Q2.1
LPP	
A	I4.6
R	Q0.3,1
LDR	
A	I0.5
=	M3.6
LPP	
AN	I0.4
TON	T37,25

图 5-55　习题 5-6 语句表程序

LDI	I0.2
AN	I0.0
O	Q0.3
ONI	I0.1
LD	Q2.1
O	M3.7
AN	I1.5
LDN	I0.5
A	I0.4
OLD	
ON	M0.2
ALD	
O	I0.4
LPS	
EU	
=	M3.7
LPP	
AN	I0.4
NOT	
SI	Q0.3, 1

图 5-56　习题 5-7 语句表程序

图 5-57　习题 5-8 梯形图程序

图 5-58　习题 5-9 梯形图程序

第六章　PLC 控制程序的设计

PLC 是一种在工业控制中被广泛应用的自动控制设备。如何利用 PLC 丰富的资源设计出满足控制要求且简洁又可读性强的用户程序，是广大电气工程技术人员迫切关注的话题。本章主要介绍 PLC 的两种图形编程语言的程序设计方法。

第一节　梯形图程序设计

在可编程序控制器发展的初期，沿用了设计继电器电路图的方法来设计梯形图，即在一些典型电路的基础上，根据被控对象对控制系统的具体要求，不断地修改和完善梯形图，这种设计方法就是分析设计法。

梯形图的分析设计法是根据控制要求选择相关联的基本控制环节或经验证正确的成熟程序，对其进行补充和修改，最终综合成满足控制要求的完整程序。如果找不到现成的相关联程序，只能根据控制要求一边分析一边设计，随时增加或减少元件以及改变触头的组合方式，经过反复修改最终得到理想的程序。由上可知，由于这种方法具有很大的试探性和随意性，故最后的结果不是唯一的。要能够熟练地使用这种设计方法，必须掌握许多常用的基本控制程序并具备一定的读图分析能力，最终的设计结果与设计所用的时间、设计的质量与设计者的经验有很大的关系，所以这种方法又称为经验设计法。其特点是无固定的设计步骤，方法简单易学，缺点是最终设计结果未必是最佳方案。

本节首先介绍梯形图的编程要求和编程规则，然后通过一些编程实例，介绍一些和继电控制基本环节相对应的 PLC 梯形图程序。

一、梯形图编程的基本概念

1. 软继电器

PLC 梯形图中的某些编程元件沿用了继电器这一名称，如输入继电器、输出继电器、内部辅助继电器等，但是它们不是真实的物理继电器，而是一些存储单元（软继电器），每一个软继电器都与 PLC 映像寄存器的一个存储单元某一位相对应。该位如果为状态"1"，则表示梯形图中对应软继电器的线圈"通电"，其常开触头接通，常闭触头断开，称这种状态是该软继电器的"1"或"ON"状态。如果该存储单元为状态"0"，对应软继电器的线圈和触头的状态与上述相反，称该软继电器为"0"或"OFF"状态。使用中也常将这些"软继电器"称为编程元件。

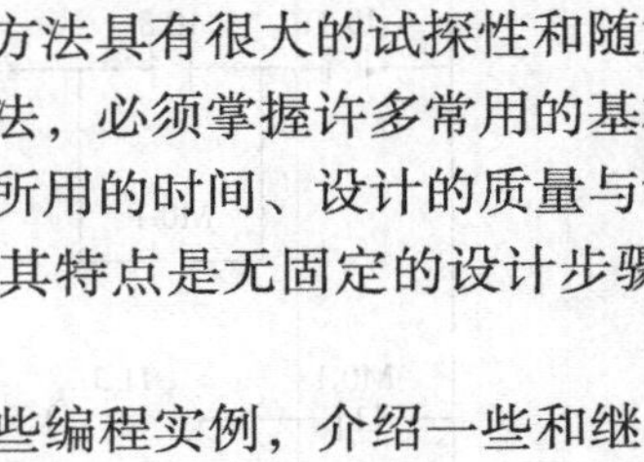

2. 能流

如图 6-1 所示，触头 I0.1、C1 接通时，有一个假想的"概念电流"或"能流"（Power Flow）从左向右流动，这一方向与执行用户程序时的逻辑运算的顺序是一致的。能流只能从左向右流动。利用能流这一概念，可以帮助我们更好地理解和分析梯形图。

图 6-1　梯形图画法示例 1

3. 母线

梯形图两侧的垂直公共线称为母线（Bus Bar）。在分析梯形图的逻辑关系时，为了借用继电器电路图的分析方法，可以想象左右两侧母线（左母线和右母线）之间有一个左正右负的直流电源电压，母线之间有"能流"从左向右流动。右母线可以不画出。

4. 梯形图的逻辑解算

根据梯形图中各触头的状态和逻辑关系，求出与图中各线圈对应的编程元件的状态，称为梯形图的逻辑解算。梯形图中逻辑解算是按从左至右、从上到下的顺序进行的。解算的结果，马上可以被后面的逻辑解算所利用。逻辑解算是根据输入映像寄存器中的值，而不是根据解算瞬时外部输入触头的状态来进行的。

二、梯形图编程规则

梯形图作为一种编程语言，绘制时有一定的规则。这是因为梯形图能够被指令的组合所表达，而任何型号 PLC 的指令具有有限的数量，所以梯形图只能有有限的符号组合可以为指令所表达。为此，在绘制梯形图时，要注意以下基本规则：

1）PLC 内部软器件触头的使用次数是无限制的。

2）梯形图的各支路，要以左母线为起点，从左向右分行绘出。每一行的前部是触头群组成的工作条件，最右边是线圈或功能框表达的工作结果，亦即触头不能放在线圈的右边，如图 6-2 所示。使用编程软件则不可能把触头画在垂直线上。

3）PLC 内部的软器件不能无条件为 ON，故线圈和指令盒一般不能直接连接到左母线上，如果实际工作中需要某软器件开始工作就无条件为 ON，则可以通过特殊辅助继电器 SM0.0 来完成，如图 6-3 所示。

4）在梯形图中，线圈前边的触头代表输出的条件，线圈代表输出。在同一程序中，某个线圈的输出条件可以非常复杂，但却应该是唯一且集中表达的。由可编程序控制器的操作系统引出的工作原理规定，某个线圈在梯形图中只能出现一次，如果多次出现，则称为双线圈输出。PLC 执行用户梯形图程序时是从上到下顺序执行，因而前边的输出无效，只有最后一次输出才是有效的。如图 6-4 所示，图 a 和图 b 的执行结果不等效。

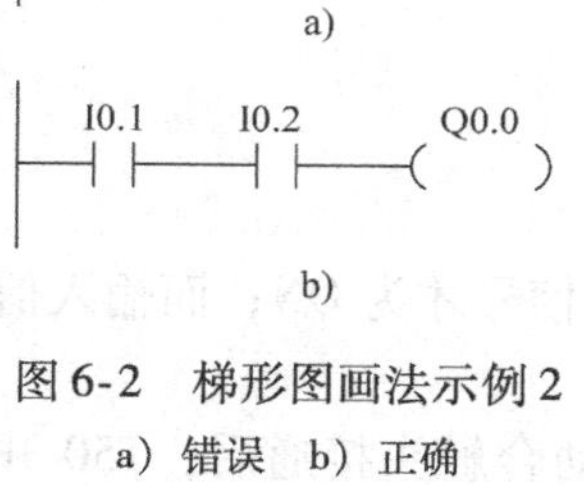

图 6-2　梯形图画法示例 2　　　图 6-3　梯形图画法示例 3　　　图 6-4　梯形图画法示例 4
a) 错误　b) 正确　　　　　　　a) 错误　b) 正确　　　　　　a) 重复输出　b) 单一输出

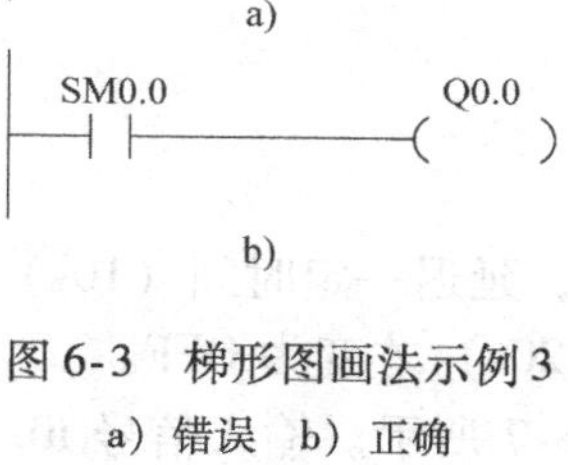

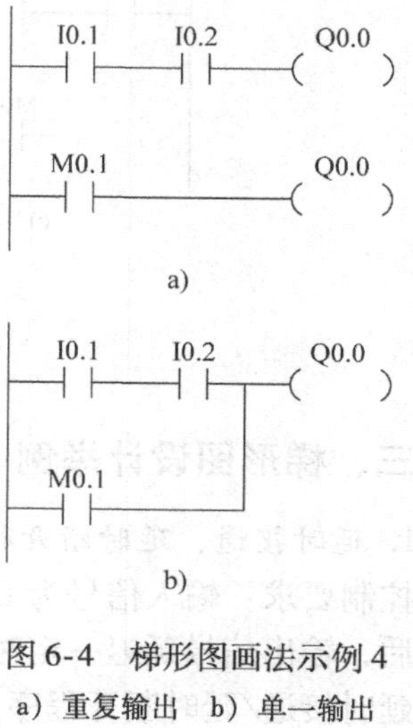

5) 手工编写梯形图程序时，触头应该画在水平线上，不能画在垂直分支上。如图 6-5a 中触头 I0.5 被画在垂直直线上，很难正确识别它与其他触头的逻辑关系，应该根据自左至右、自上而下的原则，考虑到使 Q0.0 为 ON 的所有可能性画成如图 6-5b 所示的形式。如果使用编程软件则不可能把触头画在垂直线上。

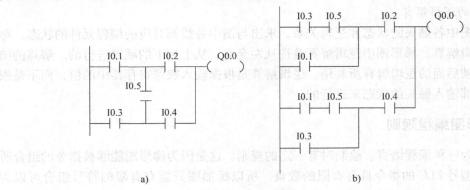

图 6-5　梯形图画法示例 5
a）错误　b）正确

6) 在有几个串联回路相并联时，应将触头最多的那个串联回路放在梯形图的最上面，如图 6-6b 所示梯形图比图 6-6a 所示梯形图少一条指令。在有几个并联回路相联串时，应将触头最多的那个并联回路放在梯形图的最左面。这样，才会使编制的程序简洁明了，语句较少，如图 6-6d 所示梯形图比图 6-6c 所示梯形图少一条指令。

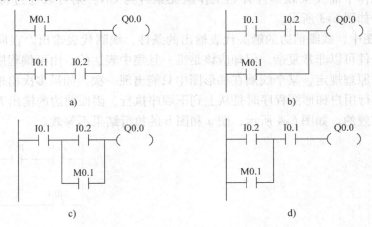

图 6-6　梯形图画法示例 6
a）不合适　b）合适　c）不合适　d）合适

三、梯形图设计举例

1. 延时接通、延时断开程序

控制要求：输入信号为 ON 后，延迟一定时间（10s）输出信号才为 ON；而输入信号变 OFF 后，输出信号延迟一定时间（20s）才变为 OFF。

延时接通/延时断开程序如图 6-7 所示。输入信号 I0.1 的动合触头接通后，T50 开始计时，10s 后 T50 的位为 ON，T50 动合触头接通使断开延时定时器 T51 的线圈通电，T51 的位随即为 ON，其动合触头闭合使 Q0.0 为 ON；当 I0.1 为 OFF 后，T50 动合触头断开致使 T51 线圈断电并开始计时，20s 后 T51 的位变为 OFF，T51 动合触头断开使 Q0.0 变为 OFF。

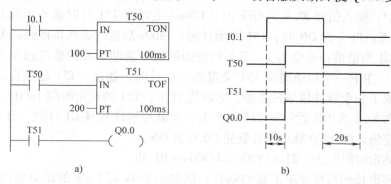

图 6-7　延时接通/延时断开程序
a）梯形图　　b）时序图

2. 振荡输出程序

振荡输出程序也称为闪烁程序，用于故障出现时的报警。振荡输出程序实际上就是一个时钟电路。

图 6-8 电路中 I0.1 动合触头接通后，T50 的线圈得电，3s 后 T50 动合触头接通，从而 Q0.0 为 ON，同时 T51 也开始计时，6s 以后，T51 的位被刷新为 ON，紧接着第二个扫描周期 T51 动断触头断开，使 T50 复位，其动合触头断开使 T51 复位，Q0.0 为 OFF。T51 的复位使其动断触头闭合导致 T50 又开始重新计时，Q0.0 将这样循环地"OFF"和"ON"，"OFF"的时间为 T50 的设定时间，"ON"的时间为 T51 的设定时间。

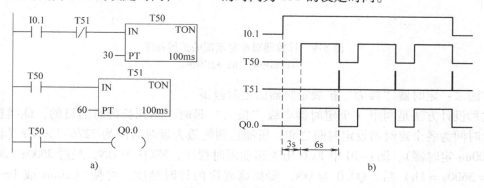

图 6-8　振荡输出程序
a）梯形图　　b）时序图

3. 长延时程序

S7 – 200 系列可编程序控制器的定时器最长定时时间为 3276.7s，如果要设定更长的时间，就需要用户自己设计一个长延时电路。

由于利用经验设计法的设计结果不是唯一的，从而就存在着优化程度高低的问题，这也反映了程序设计的多样性。下面介绍两种方法实现长延时程序。

方法一：用计数器扩展定时器的定时范围

这种程序通常是用定时器及自身触头组成一个脉冲信号发生器，再用计数器对此脉冲进行计数，从而得到一长延时程序。

在图 6-9 中，输入信号 I0.1 为 OFF 时，100ms 定时器 T51 计时条件不满足，加计数器 C1 处于复位状态。I0.1 为 ON 时，T51 开始计时，1800s 后定时器其位被刷新为 ON，T51 动合触头接通使 C1 当前值由 0 变为 1。下个扫描周期 T51 动断触头的断开致使 T51 线圈"断电"，T51 复位。在下一个扫描周期 T51 又重新开始计时。如此，T51 通过自己动断触头控制自己线圈组成了一个脉冲信号发生器，脉冲周期等于 T51 的设定时间 1800s。

图 6-9 中在 I0.1 为 ON 后每隔 1800s 产生一个脉冲给计数器 C1 计数，计满 21 个后 C1 当前值等于设定值，C1 动合触头闭合致使 Q0.0 为 ON。

此程序总的定时时间为：$21 \times 1800s = 37800s = 10.5h$。

在定时时间很长而精度要求不高的场合，比如小于 1s 或 1min 的误差可以忽略不计时，可以使用计数器对 1s 时钟脉冲 SM0.5 或 1min 时钟脉冲 SM0.6 进行计数来构成长延时程序。

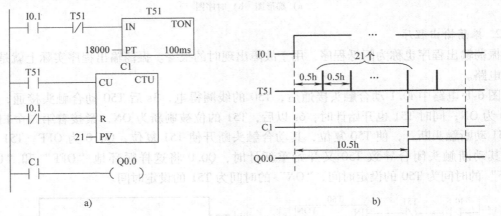

图 6-9　计数器对定时范围的扩展程序
a）梯形图　b）时序图

方法二：定时器"接力"扩展定时器的定时范围

这种设计方法是利用 N 个定时器串级"接力"延时，达到长延时的目的，此类程序总的延时时间为各个定时器设定时间之和，所能达到的最大延时时间为 $3276.7 \times N$ s（设使用的是 100ms 定时器）。图 6-10 中 I0.0 用于起动延时程序，M0.0 为 ON，经过 3600s（2000s + 1600s = 3600s = 1h）后，Q0.0 为 ON。要提高程序的计时精度，可使用 10ms 或 1ms 的定时器。

4. 分频输出程序

图 6-11 所示为一个分频输出程序。此程序中，在 I0.1 为 ON 的第一个周期里，M0.0、M0.1 为 ON，而 M0.2 由于受上个周期 Q0.0 的状态控制使其这个周期的状态为 OFF，Q0.0 由于这个周期 M0.0 为 ON、M0.2 为 OFF 使其这个周期为 ON；而在 I0.1 为 ON 的第二个周期里，由于 M0.1 动断触头的断开，M0.0 为 OFF，M0.1 继续为 ON，M0.2 由于本周期 M0.0 为 OFF 继续为 OFF，Q0.0 依靠自锁触头的自保持续为 ON。由上分析可以知道，最上边两行程序相当于上升沿脉冲指令 EU。所以梯形图中 I0.1 和 M0.0 的关系也可以用 EU 指

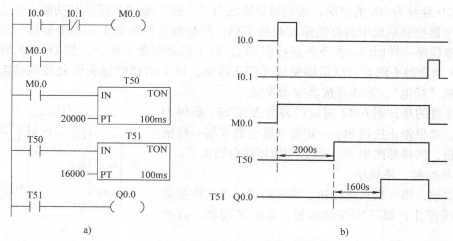

图 6-10　定时器"接力"延时程序
a) 梯形图　b) 时序图

令加以简化。

当 I0.1 为 OFF 时，Q0.0 由于自保持仍然保持为 ON。下次 I0.1 为 ON 时，M0.0 仍然产生一个单脉冲，但由于上个周期 Q0.0 的状态为 ON，所以导致 M0.2 为 ON，致使 Q0.0 为 OFF。由于 Q0.0 的频率为 I0.1 的一半，故此程序又叫二分频程序。

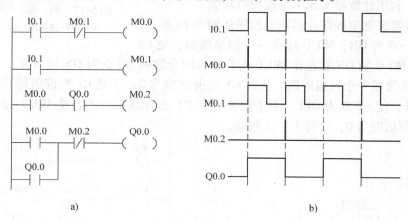

图 6-11　分频输出程序
a) 梯形图　b) 时序图

5. 起动、保持和停止控制程序

图 6-12 的梯形图是使用广泛的"起、保、停"控制程序。

设两个动合按钮 SF$_1$ 和 SF$_2$ 接到 PLC 的 I0.0 和 I0.1 两个输入端，其中 SF$_1$ 为系统的起动按钮，SF$_2$ 为系统的停止按钮。按下起动按钮 SF$_1$，I0.0 动合触头接通，如果这时未按停止按钮，I0.1 动断触头接通，Q0.0 的位为 ON。如果 PLC 的 Q0.0 接口所接的 QAC 线圈对应的主触头控制的是三相交流异步电动机，那么电动机就会运行。放开起动按钮后，I0.0 动合触头断开，但图中 Q0.0 动合触头读取的是上个扫描周期 Q0.0 的状态，而上个扫描周期 Q0.0 的状态为 ON，所以 I0.0 为 OFF 后的第一个周期 Q0.0 能够依靠上个扫描周期自身的 ON 状态和这个扫描周期 I0.1 动断触头的闭合使 Q0.0 的状态继续为 ON。这种放开起动按钮后 Q0.0 继续为 ON 的情况，我们通常称之为"自锁"或"自保持"功能，但这种"自锁"和继电器控制系统中的自锁原理截然不同，只是梯形图形式上和继电器控制系统中的起、保、停程序一样而已。按下停止按钮 SF₂，I0.1 的动断触头断开，使 Q0.0 的线圈"断电"，Q0.0 动合触头断开，以后即使放开停止按钮，I0.1 的动断触头恢复接通状态，Q0.0 的线圈仍然"断电"，除非再按动起动按钮。

需要注意的是，图 6-12 对应的停止按钮 SF₂ 必须为动合按钮，如果停止按钮 SF₂ 一定要和继电器控制一样使用动断按钮，则梯形图中 I0.1 就必须使用动合触头了。

6. 单按钮起、停程序

控制要求：第一次按动按钮，系统起动，第二次按动按钮，系统停止；第三次按动按钮，系统又起动，以此类推。

控制方法：在 PLC 的 I0.0 输入端口接一个动合按钮，利用上述的二分频程序就可以实现对 Q0.0 输出端口所接执行元件的单按钮起停控制。除了上述的二分频程序能够实现单按钮起停控制外，还可以通过下面两种方法实现上述控制要求。

方法一：利用计数器实现单按钮控制功能

利用计数器实现单按钮控制功能程序如图 6-13 所示。图中 I0.0 第一次为 ON，M0.0 接通一个扫描周期，使 C1

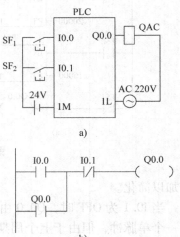

图 6-12　起、保、停控制程序
a) PLC 接线图　b) 梯形图

当前值为 1，M0.0 的 ON 状态使 M0.0 动合触头闭合致使 Q0.0 为 ON 且自保。下次 I0.0 为 ON 使 M0.0 又接通一个扫描周期，从而 C1 当前值变为 2，于是 C1 当前值等于设定值，C1 动断触头断开，使 Q0.0 为 OFF，下个扫描周期 C1 动合触头的闭合使 M0.1 为 ON 致使 C1 复位，C1 当前值变为 0，等待下一次起动。

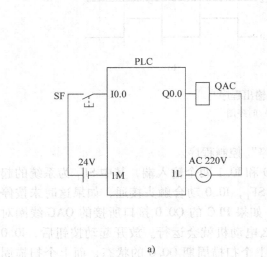

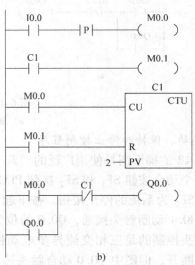

图 6-13　利用计数器实现单按钮控制功能程序
a) PLC 接线图　b) 梯形图

方法二：利用基本逻辑指令实现单按钮控制功能

基本逻辑指令实现单按钮控制功能程序如图 6-14 所示。图中 I0.0 第一次为 ON 时，M0.0 为 ON 一个扫描周期，此周期中 Q0.0 通过 M0.0 动合触头的闭合和自身动断触头的闭合使 Q0.0 为 ON；在紧接着下一个扫描周期中，M0.0 为 OFF，Q0.0 通过 M0.0 的动断触头闭合与 Q0.0 动合触头的闭合使 Q0.0 的状态为 ON，并且一直持续自保下去。下次 I0.0 为 ON 时，M0.0 又 ON 一个扫描周期，其动断触头断开，打开自保使 Q0.0 的状态变为 OFF。

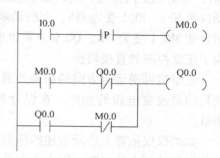

图 6-14　基本逻辑指令实现
单按钮控制功能程序

7. 电动机正反转控制程序

三相交流异步电动机的正反转控制是常用的控制形式之一。设有正向起动按钮 SF_1、反向起动按钮 SF_2 和停止按钮 SF_3 三个输入信号，按钮皆为动合按钮，分别接于 PLC 的 I0.0、I0.1 和 I0.2 三个输入端子；输出需要控制的是正转接触器 QAC_1 和反转接触器 QAC_2 的线圈，它们接于 PLC 的 Q0.0 和 Q0.1 两个输出端子。电动机正反转控制梯形图程序如图 6-15 所示。

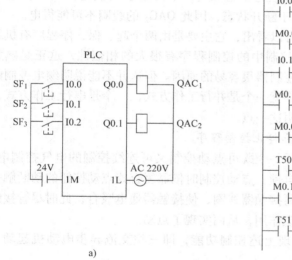

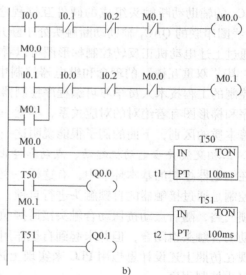

图 6-15　电动机正反转控制梯形图程序
a）PLC 接线图　b）梯形图

在梯形图中，将 M0.0 和 M0.1 的动断触头分别与对方的线圈串联，可以保证它们不会同时为 ON，因此 Q0.0 和 Q0.1 也就不存在同时为 ON 的可能性，这种安全措施在继电器程序中称为"电气互锁"。除此之外，为了方便操作和保证 M0.0 和 M0.1 不会同时为 ON，在梯形图中还设置了"按钮互锁"，即将正向起动按钮控制的 I0.0 的动断触头与控制反向运行的 M0.1 的线圈串联，将反向起动按钮控制的 I0.1 的动断触头与控制正向运行的 M0.0 的线圈串联，在继电器控制中将这两种互锁统称为"双重互锁"。设 M0.0 为 ON，Q0.0 亦为

ON，电动机正向运行，这时如果想改为反向运行，可以不按停止按钮 SF₃，直接按动反向起动按钮 SF₂，I0.1 变为 ON，它的动断触头断开，使 M0.0 变为 OFF，同时 I0.1 的动合触头闭合使 M0.1 变为 ON，Q0.0 自然也变为 OFF，Q0.1 经过 T3951 的延时稍后为 ON，从而实现了正反控制的直接切换。

电动机可逆运行方向的切换是通过正反转接触器 QAC₁ 和 QAC₂ 的切换来实现的，切换的目的是改变电源的相序。在设计程序时，必须防止由于电源换相所引起的主程序短路事故。

如果仅仅依靠上边所叙述的梯形图中的双重互锁来确保正反转直接切换时主程序短路事故的发生并不十分保险，因为在电动机切换方向的过程中，可能原来接通的接触器的主触头的电弧还没有熄灭，另一个接触器的主触头已经闭合了，由此造成瞬时的电源相间短路，使熔断器熔断。为了避免这种故障的发生，可以在软件上对正反之间的切换加延时程序来解决这个问题。在图 6-15 中，表示正向运转的 M0.0 并不直接控制 Q0.0，而是通过 T50 定时器延时某一时间后再控制 Q0.0 为 ON。

此外，如果因为主电路电流过大或接触器质量不好，某一接触器的主触头被断电时产生的电弧熔焊而被黏结，其线圈断电后主触头仍然是接通的，这时如果另一接触器的线圈通电，也会造成三相电源短路的事故。为了防止出现这种情况，应该在 PLC 外部设置由 QAC₁ 和 QAC₂ 的辅助动断触头组成的硬件互锁程序。假设 QAC₁ 的主触头被电弧熔焊，这时与 QAC₂ 线圈串联的 QAC₁ 辅助动断触头处于断开状态，因此 QAC₂ 的线圈不可能得电。

通过上述电动机正反转控制梯形图可以看出，它主要是由两个起、保、停程序有机组合而成，其"双重互锁"的理念和继电器控制中的控制程序有很大的相似性，这正是熟悉继电器控制的工程技术人员学习可编程序控制器很容易的原因。但这并不能说明继电控制的控制程序和梯形图有着绝对的对应关系，毕竟一个是并行工作方式，一个是串行工作方式，二者有着本质的区别，下面的例子很能说明这一点。

8. 三相交流异步电动机起动、点动和停止控制程序

在继电器控制的基本环节中，有这样一个既可点动控制又可连续控制的电气控制电路：连续控制是通过接触器的自锁触头进行自锁；点动控制时依靠复合式点动按钮的动断触头断开自锁回路，随后点动按钮动合触头接通接触器线圈，使接触器通电吸合，此时尽管接触器的辅助动合触头也闭合，但并未起到自锁作用，从而实现了点动。

现在仿照上述设计思想用 PLC 来实现上述控制功能，即三相交流异步电动机起动、点动和停止控制程序。

用三个动合按钮分别接于 PLC 的 I0.0、I0.1、I0.2 用作起动、点动和停止三个输入信号，Q0.0 输出端子接接触器 QAC 的线圈，热继电器的动断触头接于 QAC 的线圈回路，不作输入信号处理。PLC 接线图如图 6-16a 所示。

如果按照对继电器控制电路直接"翻译"的方法，可以设计出对应的梯形图 6-16b。Q0.0、I0.0 的动合触头及 I0.2 的动断触头仍旧组成起、保、停程序，所以连续起动按钮按动后，I0.0 为 ON 实现连续运行毫无问题。但点动按钮对应的 I0.1 延续了继电器设计思维，将 I0.1 动断触头串联于 Q0.0 的自锁触头回路中用于打开自锁，而将 I0.0 动合触头用于接通线圈。事实上这样的设计不能实现点动控制功能。因为点动按钮按下后，I0.1 的动合触头的闭合接通 Q0.0。松手后在 PLC 的输入处理阶段 I0.1 的状态即为 OFF。在程序处理阶

段，读取的 Q0.0 状态是上个周期输出处理阶段 Q0.0 的状态，仍为 ON，故 Q0.0 动合触头闭合、I0.1 动断触头也闭合，所以 Q0.0 仍为 ON。在输出处理阶段 Q0.0 的输出触头继续接通，从而 QAC 继续得电吸合。总之，图 6-16b 梯形图程序不能实现电动机的点动控制，仅仅能实现连续控制的起动和停止。

解决的办法如图 6-16c 那样借助辅助继电器 M0.0，把点动和连续的控制逻辑完全分割开来，这样既可避免错误的发生，又使梯形图简单明了，思路清晰。由上可见，对继电器电路的 PLC 改造设计，没必要也不应该完全对应的进行"翻译"。

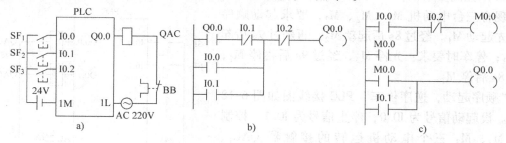

图 6-16　三相异步电动机起动、点动和停止控制程序
a) PLC 接线图　b) 错误的起动、点动和停止梯形图程序　c) 正确的起动、点动和停止梯形图程序

9. 三相交流异步电动机星形 – 三角形起动控制程序

设在三相交流异步电动机星形 – 三角形控制电路的主电路中，接触器 QAC_1 的主触头用于主程序的电源通断控制，接触器 QAC_2 的主触头用于将电动机定子绕组接为星形联结，接触器 QAC_3 的主触头用于将电动机定子绕组接为三角形联结，所以接触器 QAC_1、QAC_2 控制电动机的星形减压起动，接触器 QAC_1、QAC_3 控制电动机的三角形正常运行。主电路可参阅第二章第三节，这里省略。Ｙ – △减压起动的梯形图程序如图 6-17 所示。

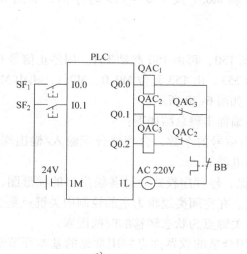

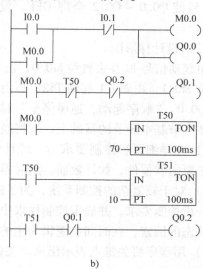

图 6-17　Ｙ – △减压起动的梯形图程序
a) PLC 接线图　b) 梯形图

将两个动合按钮分别接于 PLC 的输入端子 I0.0 和 I0.1 作为起动信号和停止信号，接触器 QAC$_1$、QAC$_2$、QAC$_3$ 的线圈分别接于 PLC 的输出端子 Q0.0、Q0.1、Q0.2。为避免 QAC$_2$、QAC$_3$ 同时得电造成电源相间短路，在 PLC 接线中增加了电气互锁环节。

在梯形图程序中，T50 的作用是设定星形起动延时的时间。T51 的作用是设定 $Y-\triangle$ 切换的延时，从软件上确保 QAC$_2$ 和 QAC$_3$ 不会同时得电。

10. 电动机"顺序起动，逆序停车"控制系统设计

（1）控制要求

现有三台电动机 M$_1$、M$_2$、M$_3$，要求起动顺序为：先起动 M$_1$，经过 8s 后起动 M$_2$，再经过 9s 后起动 M$_3$；停车时要求：先停 M$_3$，经过 9s 后再停 M$_2$，再经 8s 后停 M$_1$。

"顺序起动，逆序停车" PLC 接线图如图 6-18 所示。设起动信号为 I0.0，停止信号为 I0.1，控制 M$_1$、M$_2$、M$_3$ 三个电动机运转的接触器 QAC$_1$、QAC$_2$、QAC$_3$ 的线圈分别接于 PLC 的输出接口 Q0.0、Q0.1、Q0.2。

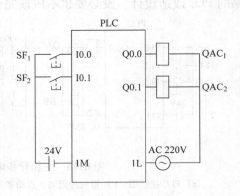

图 6-18　　"顺序起动，逆序停车"
PLC 接线图

（2）分析控制过程

根据上述控制要求的描述，本程序需要设置 4 个定时器，此处选用 T50~T53。T50 计时起点为起动信号 I0.0，T52 计时起点为停止信号 I0.1。起动信号和停止信号都为脉冲信号，为保持定时器持续计时，本程序采用两个置位辅助继电器的指令，由辅助继电器维持定时器持续计时。T53 计时时间到后，复位两个辅助继电器，辅助继电器的 OFF 会使 T50~T53 的位为 OFF，致使 Q0.0~Q0.2 全部 OFF。设计 M0.0 和 M0.1 及 T50~T53 时序图，如图 6-19 所示。

（3）设计梯形图

用起动信号 I0.0 去置位 M0.0，由 M0.0 起动 T50，再由 T50 起动 T51。用停止信号 I0.1 去置位 M0.1，由 M0.1 起动 T52，再由 T52 起动 T53。由 T53 复位 M0.0、M0.1，再由 M0.0 关闭 Q0.0。"顺序起动，逆序停车"梯形图程序如图 6-20 所示。

在本节基本环节的基础上，现将经验设计法编程步骤总结如下：

1）在详细了解控制要求后，统计输入/输出信号的个数，合理地分配输入/输出端口。选择必要的软器件，如计数器、定时器、辅助继电器等。

2）对于较复杂的控制系统，为了能用起、保、停程序模式设计各输出口的梯形图，要正确分析控制要求，并确定控制要求中的关键点。在空间类逻辑为主的控制中关键点是影响控制状态的因素，在时间类逻辑为主的控制中，关键点为状态转移的时间因素。

3）用程序将关键点表示出来。关键点要选用合适的软器件点并用常见的基本环节加以描述。

4）使用关键点器件的触头综合出最终输出的控制要求。

5）审查上述完成的程序草图，在此基础上补充遗漏的功能，更正错误，进行最后的完善工作。

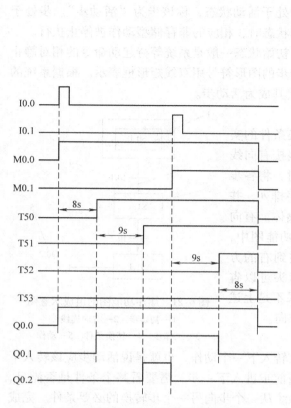

图 6-19 "顺序起动，逆序停车"时序图

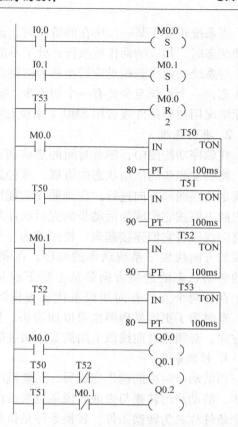

图 6-20 "顺序起动，逆序停车"梯形图程序

第二节 顺序功能图设计法

在工业控制工程中，用梯形图或语句表的一般指令编程，程序简洁但需要一定的编程技巧，特别是对于一个工艺过程比较复杂的控制系统来说，如一些顺序控制过程之间的逻辑关系、内部联锁关系复杂，其梯形图冗长，通常需要熟练的电气工程师编制出控制程序。此时利用顺序功能图（Sequential Function Chart，SFC）语言来编制顺序控制程序就会比较简单。

顺序功能图编程语言是基于工艺流程的高级语言，顺序控制继电器（SCR）指令是基于SFC 的编程方式。它依据被控对象的顺序功能图（SFC）进行编程，将控制程序进行逻辑分段，从而实现顺序控制。用 SCR 指令编制的顺序控制程序清晰、明了，统一性强，适合初学者和不熟悉继电器控制系统的人员运用。

一、顺序功能图的组成

顺序功能图主要由步、有向连线、转换条件和动作（或命令）几部分组成。如图 6-21所示。

1. 步

在顺序功能图中，每个步对应着一种工作状态或是工作步骤。步用矩形框表示，框中用顺序控制继电器 S 表示该步的编号或代码。

当系统正处于某一步所在的阶段时，该步处于活动状态，称该步为"活动步"。步处于活动状态时，相应的动作被执行；处于不活动状态时，相应的非存储型动作被停止执行。

与系统初始状态相对应的步称为初始步，初始状态一般是系统等待起动命令的相对静止的状态，一个系统至少要有一个初始步。初始步的图形符号用双线矩形框表示。根据系统的实际情况用初始条件或者用 SM0.1 来驱动它使其成为活动步。

2. 有向连线

在顺序功能图中，随着时间的推移和转换条件的实现，将会发生步的活动状态的进展，这种进展按有向线段规定的路线和方向进行。在画顺序功能图时，将各步对应的方框按它们成为活动步的先后次序顺序排列，并用有向线段将它们连接起来，使图成为一个整体。有向线段的方向代表了系统动作的顺序。在顺序功能图中，步的活动状态的进展方向是从上到下或从左到右的方向，在这两个方向有向线段上代表方向的箭头可以省略，有时为了更容易理解也可以加箭头。如果不是上述的方向，必须在有向线段上用箭头注明进展方向。

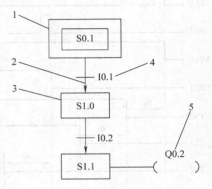

图 6-21　顺序功能图的组成示意图
1—初始步　2—有向连线
3—工作步　4—转换条件　5—动作

3. 转换条件

当活动步对应的动作完成后，系统就应该转入下一个动作，也就是说活动步应该转入下一步。活动步的转换与否或者说系统是否由当前步进入下一步，需要看某个条件是否满足，这个条件称之为转换条件。转换条件是指使系统从一个步向另一个步转换的必要条件。完成信号或相关条件的逻辑组合可以用作转换条件，它既是本状态的结束信号，又是下一步对应状态的起动信号，一般用文字语言、布尔代数表达式或图形符号标注在与有向连线垂直相交的短线旁边。

转换条件可以是外部的输入信号，例如按钮、限位开关、转换开关的接通或断开等；也可以是 PLC 内部产生的信号，例如定时器、计数器动合触头的接通等，转换条件还可能是若干个信号的与、或、非逻辑组合。

4. 动作（或命令）

可以将一个控制系统划分为被控系统和施控系统。对于被控系统，在某一步中要完成某些"动作"（Action）。对于施控系统，在某一步则要向被控系统发出某些"命令"（Command）。为了叙述方便，将命令或动作统称为动作，它实质是指步对应的工作内容。动作用矩形框或中括号上方的文字或符号表示，该中括号与相应的步的矩形框通过短线相连。

如果某一步有几个动作，动作用矩形框表示，可以将表示这几个动作的矩形框水平或垂直相连，然后通过最左或最上的矩形框与表示步的相应矩形框相连。这只是两种不同的表示方法而已，并不隐含这些动作之间的任何顺序。

有的步根据需要也可以没有任何动作，这样的步称之为等待步。

二、顺序功能图中转换实现的基本规则

1. 转换实现的条件

在顺序功能图中，步的活动状态的进展是由转换的实现来完成的。转换实现必须同时满

足两个条件：

1）该转换所有的前级步都是活动步。

2）相应的转换条件得到了满足。

这两个条件是缺一不可的。如果转换的前一级步或后一级步不止一个，这种实现称之为同步实现，它在后面讲到顺序功能图并行序列结构时会出现。为了强调实现的同步性，有向线段的水平部分用双线表示。

在顺控图中，用编程元件代表步，当某步为活动步时，该步对应的编程元件为 ON。当该步之后的转换条件满足时，转换条件对应的触头或程序接通，根据上述转换实现的基本规则可知，可以将该触头或程序与代表所有前级步的编程元件的动合触头串联作为转换实现的条件来满足对应的程序。例如，假设某转换条件的布尔代数表达式是 I0.3·I0.6，它的两个前级步用 M0.5 和 M0.6 来代表，那么应该将这 4 个元件的动合触头串联作为转换实现的条件来满足对应的程序。

2. 转换实现应该完成的操作

转换实现时应该完成以下两个操作：

1）使所有由有向线段与相应转换符号相连的后续步都变成活动步。

2）使所有由有向线段与相应转换符号相连的前级步都变成不活动步。

转换实现的基本规则是根据顺序功能图设计梯形图的基础，它适用于顺序功能图中的各种基本结构。

在顺控图中，当转换实现的条件满足了对应的程序时，由上述可知应使所有代表前级步的编程元件复位，同时使所有代表后续步的编程元件置位（变为 ON 并且保持）。

3. 设计顺序功能图时应该注意的问题

1）两个步之间必须有转换条件。如果没有，则应该将这两步合为一步处理。

2）两个转换不能直接相连，必须用一个步将它们分隔开。可以将第 1 条和第 2 条作为检查顺序功能图是否正确的判断依据。

3）从生产实际考虑，顺序功能图必须设置初始步。初始步一般对应于系统等待起动的初始状态，这一步可能没有什么输出处于 ON 状态，有些初学者很容易遗漏这一步。初始步是必不可少的，一方面因为该步与它的相连步相比，从总体上说输出变量的状态是不相同的；另一方面如果没有该步，无法表示初始状态，系统也无法返回等待起动的停止状态。

4）自动控制系统应该能够多次重复执行同一工艺过程，也就是说系统完成生产工艺的一个全过程以后，最后一步必须有条件地返回到初始步，这是后面要介绍的单周期工作方式，也是一种回原点式的停止。如果系统还具有连续循环工作方式，还应该将最后一步有条件地返回到第一步。总之，顺序功能图应该是一个或两个由方框和有向线段组成的闭环，也就是说，在顺序功能图中不能有"到此为止"的死胡同。

5）要想能够正确地按顺序运行顺序功能图程序，必须用适当的方式将初始步置为活动步。一般用特殊存储器 SM0.1 的动合触头作为转换条件，将初始步置为活动步。在手动工作方式转入自动工作方式时，也应该用一个适当的信号将初始步置为活动步。

6）在个人计算机上使用支持 SFC 的编程软件进行编程时，顺序功能图可以自动生成梯形图或指令表。如果编程软件不支持 SFC 语言，则需要将设计好的顺序功能图转化为梯形图程序，然后再写入可编程序控制器。

三、顺序功能图设计法与经验设计法的比较

经验设计法实质上是试图用输入信号 I 直接控制输出信号 Q，如果无法直接控制，或者为了实现记忆、联锁、互锁等功能，只好被动地增加一些辅助元件和辅助触头。由于不同的系统的输出量 Q 和输入量 I 之间的关系各不相同，以及它们对联锁、互锁的要求千变万化，所以经验设计法不可能找出一种简单而又通用的设计方法。

顺序功能图设计法是用输入量 I 控制代表步的编程元件，再用编程元件控制输出量 Q。而步是根据输出量 Q 的状态划分的，代表步的编程元件和输出量 Q 之间具有很简单的逻辑关系，输出程序的设计极为简单。代表步的编程元件是依次变为 ON/OFF 状态的，它实际上已经基本解决了经验设计法中的记忆、联锁等问题，因而顺序功能图设计法具有简单、规范和通用的优点。

四、顺序功能图的基本结构

1. 单序列

单序列由一系列相继成为活动步的步组成，每一步后面仅有一个转换条件，每一个转换条件后面只有一个步。图 6-22 所示为单序列顺序功能图。

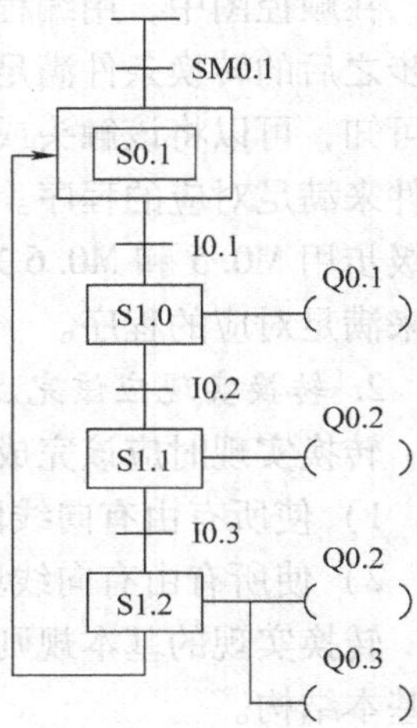

图 6-22　单序列顺序功能图

2. 选择序列

如果某一步的转换条件需要超过一个，每个转换条件都有自己的后续步，而转换条件每时每刻只能有一个满足，这就存在选择的问题了。如图 6-23 所示，I0.2 和 I1.2 每时每刻最多只能有一个为 ON，哪一个先为 ON，程序将选择其所在的分支执行。选择序列的分支开始点称为分支点，各分支的转换条件只能标在水平连线之下；选择序列的分支结束点称为汇合点，几个选择序列分支合并到一个公共序列时，用需要重新组合的序列相同数量的转换符号和水平连线来表示，转换符号只允许标在水平连线之上。总之，分支点、汇合点处的转换条件应该标在分支序列上。

3. 并行序列

如果某步的转换条件满足时，若几个序列的第一个工步同时被激活，也是说需要几个状态同时工作，这就是并行的问题。在并行序列的开始处（亦称为分支点），几个分支序列的首步是同时被置为活动步的。为了强调转换的同步实现，水平连线用双线表示，转换条件应该标注在双线之上，并且只允许有一个条件，如图 6-24 所示，图中的状态 S0.2 为活动步且条件 I0.2 为 ON 时，S1.1、S2.1 被同时置为 ON。各并行分支序列中活动步的进展是相互独立的。在并行序列的结束处（亦称为汇合点），当所有的并行分支序列最后一步都成为活动步且转换条件 I0.5 为 ON 时，所有的并行分支序列最后一步同时转到下一步 S3.1。为了表示同步实现，合并处也用水平双线表示。图中 S1.2、S2.2 皆为活动步且 I0.5 为 ON 时，S3.1 被置为活动步，而下个周期 S1.2、S2.2 成为不活动步。

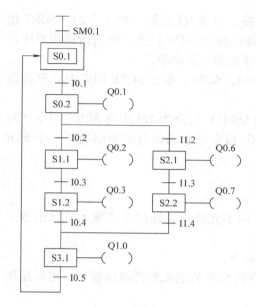

图 6-23　选择序列顺序功能图

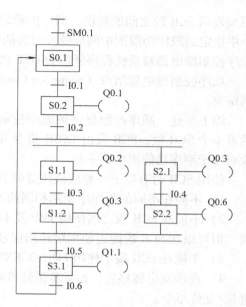

图 6-24　并行序列顺序功能图

五、顺序控制指令

各种型号的 PLC 的编程软件，一般都为用户提供了一些顺序控制指令。S7 – 200 系列 PLC 的编程软件有三条顺序控制继电器指令，结合顺序控制继电器 S，即可用顺序功能图的方法进行编程。其应用可以是对单支流程、分支流程和选择性分支流程的控制，用顺控指令编程允许线圈的多重输出。

S7 – 200 PLC 提供了三条顺序控制继电器指令，见表 6-1。

表 6-1　顺序控制（SCR）指令

梯形图	指令表	说明	操作对象
S bit —SCR	LSCR　S – bit	SCR 程序段开始	S（位）
S bit —SCRT	SCRT　S – bit	SCR 转移	S（位）
—(SCRE)	SCRE	SCR 程序段结束	无

装载顺序控制继电器（Load Sequence Control Relay）指令 "LSCR　S – bit" 用来表示一个 SCR 段（即顺序功能图中的步）的开始。指令中的操作数 S – bit 为顺序控制继电器 S（BOOL 型）的地址，顺序控制继电器为 ON 状态时，执行对应的 SCR 段中的程序，反之则不执行。

LSCR 指令中指定的顺序控制继电器被放入 SCR 堆栈和逻辑堆栈的栈顶，SCR 堆栈中 S 位的状态决定对应的 SCR 段是否执行。由于逻辑堆栈的栈顶值装入了 S 位的值，所以将 SCR 指令直接连接到左侧母线上。

顺序控制继电器转换（Sequence Control Relay Transition，SCRT）指令 "SCRT　S – bit"

用来表示 SCR 段之间的转换，即步的活动状态的转换。当 SCRT 线圈"得电"时，SCRT 指令中指定的顺序功能图中的后续步对应的顺序控制继电器变为 ON 状态，当前活动步对应的顺序控制继电器被系统程序复位为 OFF 状态，当前步变为不活动步。

顺序控制继电器结束（Sequence Control Relay End，SCRE）指令 SCRE 用来表示 SCR 段的结束。

综上所述，顺序控制程序被顺序控制继电器（LSCR）划分为 LSCR 与 SCRE 指令之间的若干个 SCR 段，SCR 段由 LSCR 指令开始到 SCRE 指令结束的所有指令组成，一个 SCR 段对应于顺序功能图中的一步。

使用 SCR 时有以下一些应该注意的事项：

1）不能在不同的程序中使用相同的 S 位。

2）不能在 SCR 段之间使用 JMP 及 LBL 指令，即不允许用跳转的方法跳入或跳出 SCR 段，但可以在 SCR 段附近使用跳转和标号指令。

3）不能在 SCR 段中使用 FOR/N EXT 和 END 指令。

4）在步发生转移后，如果希望转移前的步对应的 SCR 段的元器件继续输出，可以使用置位/复位指令。

5）在使用功能图时，顺序控制继电器的编号可以不按顺序安排。

6）顺序控制继电器指令仅仅对元件 S 有效，S 也具有一般继电器的功能，所以对它能够使用其他指令。

7）S7 - 200 PLC 的顺序控制指令不支持双线圈输出的操作。假设在状态 S0.3 的 SCR 段中有 Q0.6 输出，在后续状态 S0.6 的 SCR 段也有 Q0.6 输出，则不管在什么情况下，前面的 Q0.6 永远不会有输出。因此使用 S7 - 200 PLC 的顺序控制指令时一定不要有双线圈输出。为了解决这个问题，凡是需要在不同的状态驱动相同的输出，在 SCR 段先用辅助继电器表示其分段的输出逻辑，在程序的最后再进行合并输出处理。也可以在 SCR 段不表示其输出，在程序的最后用相关状态的位元件再进行合并输出处理。

六、顺序功能图编程步骤

1. 分工步

分析控制系统的工艺流程，将整个控制过程划分为若干个工作步骤，即工步，各个工步按顺序轮流工作，而且任何时候都只有一个工步在工作。然后用顺序控制继电器 S 标注各个工步。

2. 确定转换条件及命令

找出各个工步之间的转换条件，并确定每个工步下应输出的动作。

3. 画出顺序功能图

依据上述两步的分析，画出顺序功能图。

七、顺序功能图编程方法举例

1. 三相交流异步电动机星形 - 三角形起动控制系统顺序功能图程序设计

上一节介绍了用经验法设计丫 - △减压起动控制的编程梯形图程序，选择改用顺序功能图再次对其进行编程。接线图如图 6-17a 所示。继续用动合按钮在 I0.0、I0.1 端口进行起动和停止控制，Q0.0、Q0.1、Q0.2 三个输出端口分别控制电源接触器、星形接触器及三角形接触器。设计过程如下：

（1）分工步

分析丫－△减压起动控制过程，可以分为三步：

1）在初始状态下获得起动信号后，进入第一步，即起动阶段。

2）起动结束，系统转入第二步，即切换阶段。

3）切换结束后，转入第三步，即运行阶段。

4）停止信号 I0.1 为 ON 后，返回到初始步。

（2）确定转换条件及命令

1）进入第一步的转换条件是起动信号 I0.0。此步下 Q0.0、Q0.1 应该为 ON，电动机星形减压起动，同时定时器 T50 开始计时。

2）进入第二步的转换条件是 T50 计时时间到。此步下 Q0.0 应该继续为 ON，Q0.1 应该为 OFF，并起动定时器 T51 开始计时（星角切换的过渡时间）。

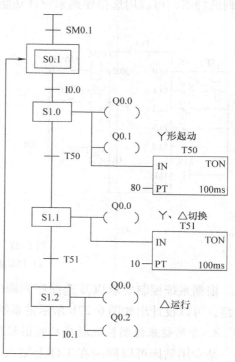

3）进入第三步的转换条件是 T51 计时时间到。在第三步中，Q0.0 应该继续为 ON，Q0.2 也为 ON 使电动机在三角形联结下正常工作。

4）转换条件 I0.1 为 ON 时，返回到初始步。

（3）画出顺序功能图

根据上述思路，可得出图 6-25 所示顺序功能图。

初始化脉冲 SM0.1 用来置位初始状态等待步 S0.1，即把 S0.1 状态激活；当起动信号 I0.0 为 ON 后将转入下一状态 S1.0，同时自动使原状态 S0.1 复位。在状态 S1.0 下要做的工作是输出 Q0.0 和 Q0.1，起动 T50 计时，8s 计时到后，状态从 S1.0 转移到 S1.1，同时状态 S1.0 复位。在状态 S1.1 下，要做的工作是继续输出 Q0.0，起动 T51 计时 0.6s，时间到后状态从 S1.1 转移到

图 6-25　丫－△起动顺序功能图

S1.2 状态。在状态 S1.2 下要做的工作是输出 Q.0 和 Q0.2 确保电动机进入三角形运行阶段，当停止信号 I0.1 为 ON 时，状态从 S1.2 转移到初始步 S0.1，完成一个完整的工作周期。

2. 小车自动运行控制系统顺序功能图程序设计

某小车运行示意图如图 6-26 所示。具体控制要求为

1）按下 SF₁ 按钮后，小车由 SQ₁ 处前进到 SQ₂ 处停 6s，再后退到 SQ₁ 处停止。

2）按下 SF₂ 按钮后，小车由 SQ₁ 处前进到 SQ₃ 处停 9s，再后退到 SQ₁ 处停止。

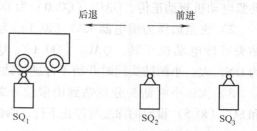

图 6-26　小车运行示意图

首先统计输入、输出信号，分配端口。共有 SF₁ 和 SF₂ 以及 SQ₁ ~ SQ₃ 共五个输入信号，依次接于 PLC 的 I0.0 ~ I0.4 五个输入接口。小车能够前后运行，需要正反两个接触器 QAC₁

和 QAC$_2$ 来实现，所以输出信号两个，接触器线圈分别接于 PLC 的 Q0.0 和 Q0.1 输出接口。PLC 接线图如图 6-27a 所示。因为按动 SF$_1$ 和按动 SF$_2$ 是两种不同的运行方式，所以为避免同时按动 SF$_1$ 和按动 SF$_2$ 导致 I0.0 和 I0.1 在同一个扫描周期内同时为 ON，应该从按钮上进行机械上的互锁，故选用复合按钮 SF$_1$ 和 SF$_2$ 作为起动按钮。为避免 QAC$_1$、QAC$_2$ 同时得电造成电源相间短路，在 PLC 接线中增加了电气互锁环节。

系统的初始位置是在压下 SQ$_1$ 的位置（完整的系统程序还应该有手动点动程序，如果进入自动运行前小车不在原始位置，可以用手动程序调回），这种情况下工作时只能按下 SF$_1$ 和 SF$_2$ 两个按钮当中的一个，因为小车每时每刻只能工作在一种状态下，所以系统符合选择序列的特点，可以用选择序列来设计功能图。

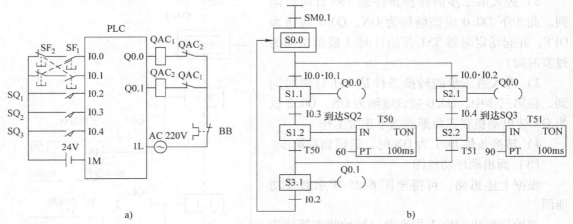

图 6-27　小车运行顺序功能图

a）PLC 接线图　b）顺序功能图

根据系统控制要求以及选择序列顺序功能图的设计思路，可以设计出如图 6-27b 所示的系统顺序功能图。

3. 专用钻床控制系统顺序功能图程序设计

某专用钻床可以同时在工件上钻大、小两个孔，在一个完整工作周期里能够在工件上钻 6 个孔，6 个孔间隔均匀分布，如图 6-28 所示。具体控制要求如下：

1）人工放好工件后，按下起动按钮 SF$_1$（I0.0），夹紧电动机起动正传，QAC$_1$（Q0.0）为 ON 夹紧工件。

2）夹紧后压力继电器 KA1（I0.1）为 ON，大、小钻头运行电动机正转，QAC$_2$（Q0.1）、QAC$_4$（Q0.3）为 ON，大、小两钻头同时开始下行进行钻孔。

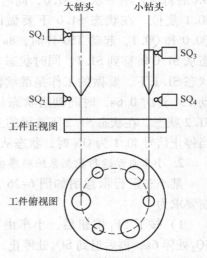

图 6-28　钻孔示意图

3）大、小两钻头分别钻到由限位开关 SQ$_2$（I0.3）和 SQ$_4$（I0.5）设定的深度时停止下行，两钻头全停以后，大、小两钻头同时开始上行，QAC$_3$（Q0.2）、QAC$_5$（Q0.4）为 ON 使两钻头同时上行。

4）大、小两钻头分别升到由限位开关 SQ$_1$（I0.2）、SQ$_3$（I0.4）设定的起始位置时停止上行，两个都到位后，旋转电动机旋转，QAC$_6$（Q0.5）为 ON，使工件旋转 120°。

5）旋转到位时，KA_2（I0.6）为 ON，设定值为 3 的计数器 C0 的当前值加 1，系统开始下一个周期的钻孔工作，重复 2）～5）。

6）6 个孔钻完后，C0 的当前值等于设定值 3，夹紧电动机起动反转，QAC_7（Q0.6）为 ON 使工件松开。

7）松开到位时，限位开关 SQ_5（I0.7）为 ON，系统返回到初始状态。

根据上述对该钻床的控制过程的描述，可知本控制系统一共有 8 个输入信号，7 个输出信号，其接线图如图 6-29 所示。7 个输出中，有 6 个接触器分别控制电动机正反转，在接线图中设置了电气互锁环节，以进一步防止相间短路的发生。

系统要求两钻头同时下行，同时上行，而每个钻头又有自己独立的移动限位开关，这种既有同时性又有独立性的特点符合并行序列的特点，如图 6-30 所示为专用钻床控制系统顺序功能图，图中采用了两个并行序列。

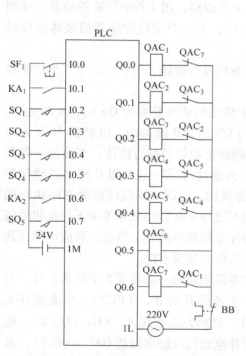

图 6-29　专用钻床控制系统 PLC 接线图

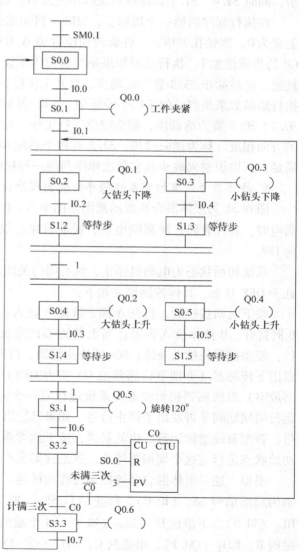

图 6-30　专用钻床控制系统顺序功能图

钻头下行到自己对应的下限位开关时停止，而两个钻头不可能同时压下自己下限位开关，也就是说两个钻头在下行过程中不可能同时停止，但系统要求全停止后同时上升，所以先到下限位开关停止的钻头必须等待另一个钻头停止的到来，因此第一个并行序列的汇合点处采用了两个等待步 S1.2、S1.3 来满足上述控制要求。同样，系统要求两钻头上升都到位后工件才开始旋转，也存在一个钻头等待另一个钻头的问题，因此在第二个并行序列的汇合点处也采用了两个等待步 S1.4、S1.5。

顺序功能图中并行分支汇合转移到新的状态如果转换条件为 "1" 则表示转换条件总是满足的，即只要所有汇合的分支最后一个状态都为 ON 就可以转移了。图中只要 S1.2、S1.3 都是活动步，就会发生转换，S0.4、S0.5 被同时置为活动步，S1.2、S1.3 自动被系统程序变为不活动步；同理，只要 S1.4、S1.5 都是活动步，状态就会发生转换，S3.1 被置为活动步，同时 S1.4、S1.5 自动被系统程序变为不活动步。

在执行程序的第一个周期里，SM0.1 将初始步 S0.0 置为活动步，同时将 C0 复位，当前值置为 0。当钻孔完毕，工件旋转到位后 I0.6 为 ON，将 S3.2 置为活动步，这步的任务是将 C0 的当前值加 1，执行结果如果是当前值等于设定值 3，则 C0 状态变为 ON，C0 动合触头接通，将后续步 S3.3 置为活动步，松开工件后，系统回到初始状态，等待下一次起动信号；执行结果如果是当前值不等于设定值 3，则 C0 状态仍为 OFF，C0 动断触头接通，将后续步 S0.2、S0.3 置为活动步，钻头继续下行工作，这种转换的方向与 "主序列" 中的有向连线的方向相反，称为逆向跳步。S3.2 有两个后续步，对应每个后续步的转换条件只能有一个满足，所以说逆向跳步其实是选择序列的一种特殊情况。

4. 液体混合装置控制系统顺序功能图程序设计

图 6-31 为液体混合装置示意图。图中 A、B、C 为电磁阀，用于控制管路的通断。线圈通电时，打开管路；线圈断电后，关断管路。设上、中、下三个液位传感器被液体淹没时为 ON。

系统初始状态为电动机停止，所有阀门关闭，装置内没有液体，上、中、下三个传感器处于 OFF 状态。具体控制要求如下：

按下起动按钮后，打开 A 阀，液体 A 流入；当中传感器被淹没变为 ON 时，A 阀关闭，B 阀打开，B 液体流入容器；当上传感器被淹没变为 ON 时，B 阀关闭，电动机 M 开始运行，带动搅拌机搅动液体；60s 后停止搅动，打开 C 阀放出均匀的混合液体；当液体下降到露出下传感器（亦即下传感器由 ON 变为 OFF）时，开始计时，5s 后关闭 C 阀（以确保容器放空）系统回到初始状态，系统运行完一个完整的周期。此时，系统应检测在刚执行的运行周期期间是否发出了停止信号，如果已发出，则系统停止在初始状态等待下一次起动信号，否则系统继续运行。也就是说，按下此类系统的停止按钮不应马上停止，而应该等回到初始状态运行完这个周期再停止，这是这类生产的工艺所必须要求的。

根据上述对液体混合装置控制过程的描述，可知本控制系统一共需要 5 个输入信号，分别为起动信号 SF_1（I0.0）、停止信号 SF_2（I0.1）、上液位开关 BL_1（I0.2）、中液位开关 BL_2（I0.3）、下液位开关 BL_3（I0.4）；4 个输出信号，分别为电磁阀 A，KH_1（Q0.0）、电磁阀 B，KH_2（Q0.1）、电磁阀 C，KH_3（Q0.2）、搅拌电动机控制接触器 QAC（Q0.3），其接线图如图 6-32 所示。

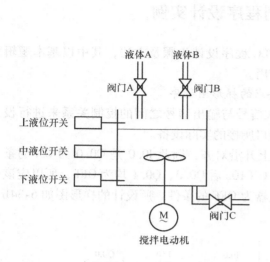

图 6-31　液体混合装置示意图

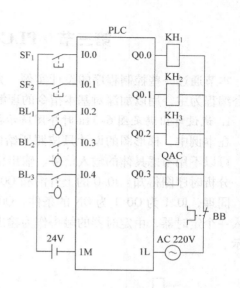

图 6-32　液体混合装置控制系统 PLC 接线图

　　根据上述控制要求的描述，可将系统划分为 6 步，所设计出的顺序功能图如图 6-33 所示。需要注意的是 S0.4 步的转换条件是液面露出下传感器，也就是 I0.4 由 ON 变为 OFF，所以转换条件应该是$\overline{I0.4}$。

　　图中 I0.0 为起动信号，I0.1 为停止信号，起动信号保持辅助继电器 M0.0。M0.0 为 ON 后系统能够马上状态转移，进入工作状态，并连续工作下去；如果 M0.0 为 OFF，则初始状态 S0.0 为 ON 后不转移，系统停在初始步。可编程序控制器开始运行时还应该将 M0.0 置为 ON，否则系统没有活动状态，无法正常工作，故将 SM0.1 作为系统进入 S0.0 的转换条件。S0.5 成为活动步后，T51 开始 5s 计时，目的是将容器底部的液体清空。

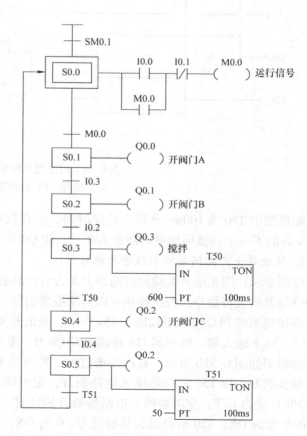

图 6-33　液体混合装置控制系统顺序功能图

第三节　PLC 控制程序设计实例

本节通过一些控制程序的设计实例，介绍 PLC 程序设计步骤及方法，其中以基本逻辑指令编程为主，用以加深对基本指令的理解与使用。

1. 试设计出满足图 6-34a 时序图所示控制要求的梯形图程序

在本例中，梯形图的设计只按照所给的输入信号与输出信号之间的控制关系来进行设计，可以不用考虑具体的输入信号、输出信号端口所接的实际设备。

分析时序图得知：I0.0 的上升沿和 Q0.0 的上升沿对齐，因此 I0.0 是 Q0.0 为 ON 的条件；同理，I0.1 为 Q0.1 为 ON 的条件。Q0.1 为 ON 10s 后 Q0.0、Q0.1 均为 OFF，所以应该引入一个定时器，由定时器的触头作为输出继电器为 OFF 的条件。所设计的梯形图如 6-34b 所示。

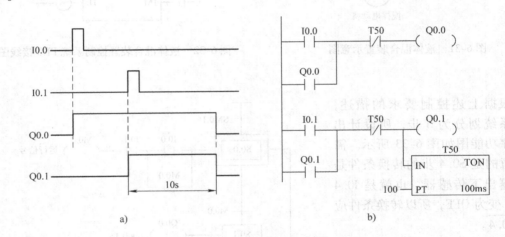

图 6-34　时序图及梯形图

a) 时序图　b) 梯形图

梯形图中 T50 为 100ms 分辨率的定时器，它在执行定时器指令时被刷新。它在被刷新为 ON 后的下一个扫描周期里动断触头断开，使 Q0.0、Q0.1 和 T50 的线圈全部变为 OFF。

2. 传输带上产品间断检测报警系统设计

控制要求：用光电开关检测传输带上是否有产品通过，如果在 10s 内没有产品通过，则由蜂鸣器发出报警信号，按压按钮可以解除报警信号，试设计相关梯形图程序。

该控制系统 PLC 接线图如图 6-35a 所示，光电开关 BG、解除警报按钮 SF 分别接于 PLC 的 I0.0、I0.1 输入端，蜂鸣器 HA 接输出端 Q0.0，用于发出报警信号。

梯形图如图 6-35b 所示。有产品通过时，I0.0 为 ON 使辅助继电器 M0.0 为 ON，M0.0 动断触头断开，使 T50 定时器输入电路断开，定时器自动复位，当前值被清零。产品通过后，M0.0 变为 OFF，定时器输入电路接通开始计时，当计时到 10s 时，还无产品通过，则 T50 的位变为 ON，T50 动合触头接通使 Q0.0 为 ON，发出报警信号。如果在计时未到的时候有产品通过，定时器自动复位当前值被清零。产品通过后，重新计时。

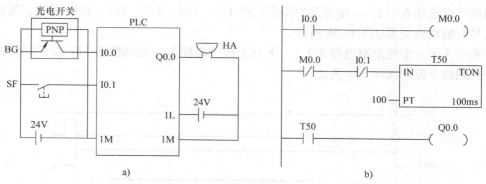

图 6-35　控制系统 PLC 接线图及梯形图

a) PLC 接线图　b) 梯形图

3. 十字路口交通信号灯控制程序设计

图 6-36 为某十字路口交通信号灯工作时序图，设计符合此控制要求的 PLC 控制程序。

本例中的控制程序，将分别采用梯形图和顺控图两种编程语言来进行设计，借此可以比较两种编程语言的优劣。

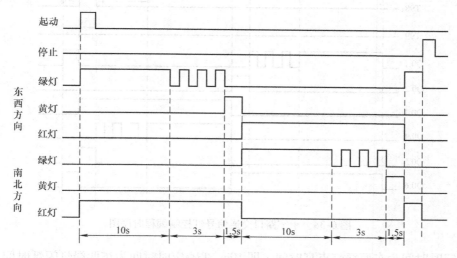

图 6-36　十字路口交通信号灯工作时序图

（1）I/O 点分配

由上述交通信号灯工作时序图得知，该系统输入信号有两个，分别为系统起动信号 SF_1 和停止信号 SF_2；输出信号 6 个，分别是东西、南北方向的红、黄、绿灯，其 I/O 分配情况如图 6-37 所示的 PLC 接线图。

（2）梯形图程序设计

本系统中，信号灯的变化都是依据时间来控制的，并按周期循环运行的，按照其工作时序图要求，一个工作周期可以分为 6 个时间

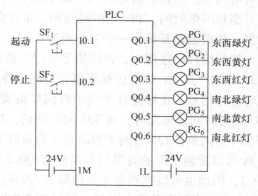

图 6-37　十字路口交通信号灯控制 PLC 接线图

段，因此可以选用 6 个 10ms 接通延时型定时器 T33、T34、T35、T97、T98、T99，其接通时刻与信号灯的对应关系如图 6-38 所示。

首先引入了一个辅助继电器 M0.1，作为工作状态标志，起动按钮 SF₁ 按下后就长期接通，一直到按下停止按钮 SF₂ 为止。

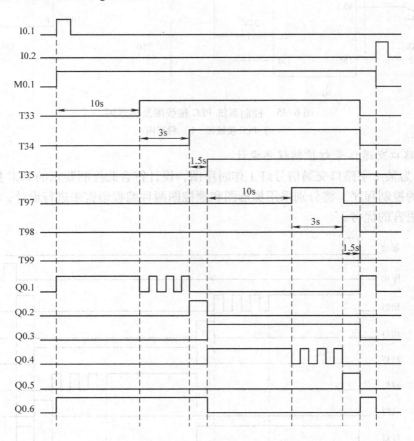

图 6-38　十字路口交通信号灯控制编程时序图

T33 定时时间为东西绿灯点亮时间，即 10s，T34 定时时间为东西绿灯闪烁时间 3s，T35 定时时间为东西黄灯点亮时间，即 1.5s，同理选择 T97、T98、T99 分别作为南北绿灯、黄灯点亮和闪烁时间。T99 定时时间到，正好完成一个工作周期，由其动断触头复位其余的定时器，然后重新开始新一个工作周期。

按照编程时序图中，输出信号与定时器接通的对应关系，可以设计出梯形图程序，如图 6-39 所示。其中，绿灯闪烁程序，是利用特殊辅助继电器 SM0.5 来实现的，SM0.5 为 0.5s 定时脉冲信号，正好符合本例中灯闪烁的要求。东西绿灯 Q0.1 点亮的条件是 M0.1 接通，T33 定时时间还未到时，而 T33 定时间到，T34 还未到时间时，是东西绿灯 Q0.1 闪烁时间，当 T34 时间到，T35 时间未到时是东西黄灯 Q0.2 亮，T35 时间到，东西红灯 Q0.3 亮。由图 6-38 可以看到 T35 的波形与东西红灯 Q0.3 的波形一致，因此，可以直接由 T35 驱动输出 Q0.3。同理也可以找到南北方向绿灯 Q0.4、黄灯 Q0.5 与定时器之间的控制关系，南北红灯 Q0.6 点亮的条件是起动后，同时 T35 定时时间未到时，即 T35 未接通时。

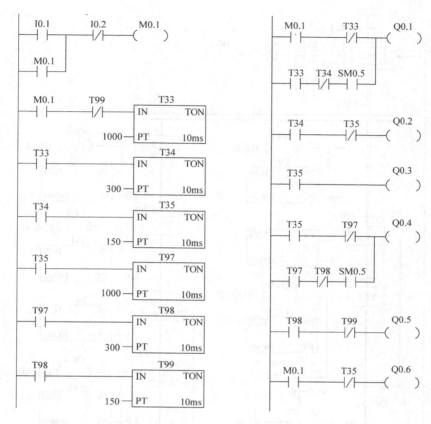

图 6-39　十字路口交通信号灯梯形图程序

6 个定时采用依次接力起动方式，最后一个定时器 T99 来复位第一个定时器 T33，其余的也依次被复位。

本例中的梯形图设计思路属于时序图设计方法，这也是梯形图设计中常用的一种设计方法。

（3）顺控图程序设计

根据该控制系统的控制要求，可以考虑采用并行序列结构的顺控图来进行设计。分两个并行分支，分别为东西和南北的信号灯控制，具体程序如图 6-40 所示。在每个分支中，绿灯闪烁的处理分两步，通过两个定时器和一个计数器来实现，如东西方向，绿灯点亮够 10s 后，T50 接通，进入 S0.3 工步，该步下，起动 T51，定时 0.5s，此期间绿灯熄灭，0.5s 定时到，T51 接通，进入 S0.4 工步，该步下，起动 Q0.1 绿灯点亮，起动 T52，定时 0.5s，起动计数器加 1。0.5s 定时到，T52 接通，若计数器没有记满 3 次（时序图上显示绿灯一共需要闪烁 3 次），则返回到 S0.3 工步，重复绿灯闪烁程序；若记满 3 次，则转入 S0.5 工步，Q0.2 输出，点亮东西方向的黄灯，同时起动定时器 T53，定时 1.5s；时间到，T53 接通，进入 S0.6 工步，Q0.3 输出，点亮东西的红灯，同时复位计数器 C0，为下一工作周期做准备。

4. PLC 在建筑物给排水系统中排水泵控制的应用

在第三章第二节中，介绍了室内排水系统中水泵的控制，采用控制与保护开关电器 KB0

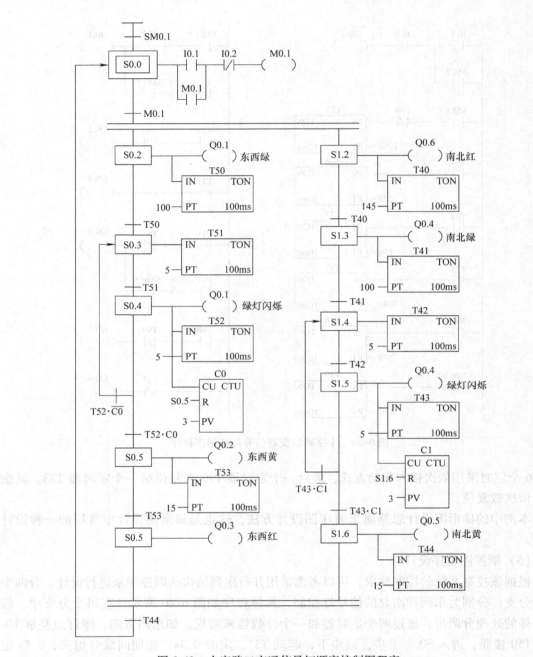

图 6-40　十字路口交通信号灯顺序控制图程序

及继电器等电气控制电路实现的两台排水泵自动切换，溢流水位双泵运行的控制。该控制系统主电路及控制电路见图 3-13。现在改用 PLC 实现该控制。

（1）I/O 点分配

根据系统的控制要求，需要设置的输入/输出信号分配见表 6-2。

表6-2　输入/输出信号分配表

序号	器件编号		名称			备注
1	SAC	1-2	转换开关	I0.0		SAC 置于手动位置时接通
2		3-4		I0.1		SAC 置于自动位置时接通
3	BL₁		下液位开关	I0.2		集水池水位达到下水位时断开
4	BL₂		高液位开关	I0.3		集水池水位达到高水位时接通
5	BL₃		溢流水位开关	I0.4		集水池水位达到溢流水位时接通
6	SS₁		KB01 停止开关	I1.0		手动状态下1号泵停止控制
7	SS₂		KB02 停止开关	I1.1		手动状态下2号泵停止控制
8	SF₁		KB01 起动开关	I1.2		手动状态下1号泵起动控制
9	SF₂		KB02 起动开关	I1.3		手动状态下2号泵起动控制
10	SF₃		测试按钮	I1.4		测试按钮
11	SF₄		复位按钮	I1.5		复位按钮
1	KB0₁		控制与保护开关1	Q0.0		1号泵控制与保护开关
2	KB0₂		控制与保护开关2	Q0.1		2号泵控制与保护开关
3	HA		警铃	Q0.3		达到溢流水位双泵均故障不起动时报警
4	PGG₁		绿色信号灯1	Q1.0		1号泵运行指示灯
5	PGG₂		绿色信号灯2	Q1.1		2号泵运行指示灯
6	PGR₁		红色信号灯1	Q1.2		1号泵故障指示灯
7	PGR₂		红色信号灯2	Q1.3		2号泵故障指示灯
8	PGR₃		红色信号灯3	Q1.4		达到溢流水位指示灯

（2）梯形图程序设计

排水系统中排水泵的控制梯形图程序如图6-41所示。

（3）程序功能分析

本例中两台排水泵的工作方有手动和自动两种方式，由转换开关 SAC 控制。其中自动工作方式下，可以进行自动切换控制和溢流水位双泵同时工作控制。

1）手动控制

梯形图程序中，网络1为手动、自动判断程序，I0.0 为1时，为手动控制状态，依梯形图的执行结果，应满足跳转条件，跳转到标号1的程序段执行，即跳转至网络9，开始执行手动控制程序。

手动程序由网络10和网络11两部分组成，分别是手动控制1、2号泵的起停。

网络10为1号泵控制程序。1号泵停止、起动信号分别是 I1.0、I1.2。I1.2 为1，1号泵起动，Q0.0 为1，其运行指示灯亮，即 Q1.0 为1。若因故障原因，1号泵未能成功起动，则 Q1.2（1号泵故障指示灯）为1，进行故障报警。

网络11为2号泵控制程序，控制功能同1号泵。

2）自动轮换控制

本例中两台排水泵互为备用，且自动轮换，即当高水位开关动作，需要起动排水泵时，第一次起动1号泵，2号泵备用，低水位开关动作，完成一次排水工作。如果第二次又到达高水位时，则起动2号泵，1号泵备用；第三次再起动1号泵，2号泵备用，如此轮换工作。

在自动工作状态下，要求能实现自动轮换控制，且一台故障，自动起动备用泵。

网络1　　网络标题
网络注释

```
      I0.0                    1
 ├────┤ ├──────────────────( JMP )

网络2

      I0.2        I0.3            M0.1
 ├────┤/├────┬────┤ ├──────┬─────(  )
             │                │
             │    M0.1        │
             ├────┤ ├─────────┤
             │                │
             │    M0.2        │
             └────┤ ├─────────┘

                   I0.4           M0.2
             ┌────┤ ├──────┬─────(  )
             │              │
             │    M0.2      │     Q1.4
             └────┤ ├──────┴─────(  )

网络3

      T40        T41             M0.3
 ├────┤ ├────────┤/├────────────(  )
      │
      │  M0.3
      └──┤ ├

网络4

      M0.1       I1.5            M0.4
 ├────┤ ├────────┤ ├─────┬───────(  )
                         │
                  M0.4   │
                  ┤ ├────┘

网络5

      I1.4                              M0.4      Q0.3
 ├────┤ ├────────────────────────┬─────┤/├──────(  )
      │                          │
      │  M0.1     Q0.0     Q0.1  │
      ├──┤ ├──────┤/├──────┤/├───┤
      │                          │
      │  M0.2                    │
      └──┤ ├──────────────────────
```

图 6-41　排水系统中排水泵的控制梯形图程序

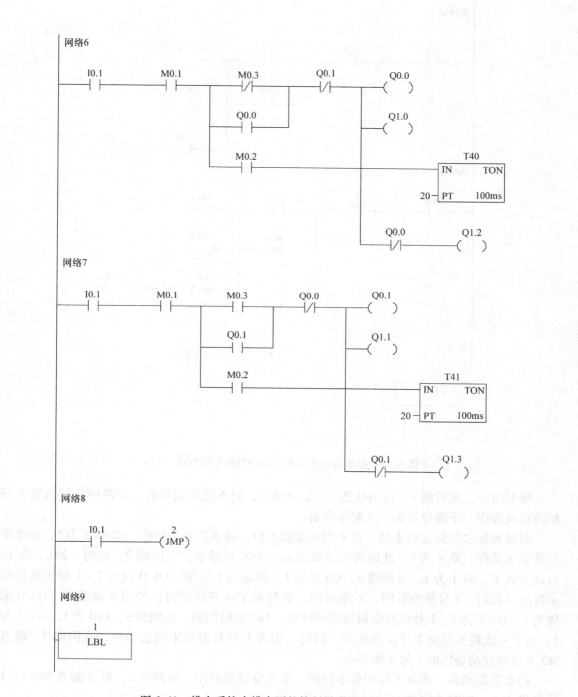

图 6-41　排水系统中排水泵的控制梯形图程序（续）

网络10

```
     I0.0          I1.0          I1.2          Q0.0
 ├──┤ ├──────┤/├──────┬──┤ ├──────┬──( )
                      │            │
                      │  Q0.0      │  Q1.0
                      └──┤ ├───────┤──( )
                                   │
                                   │  Q0.0          Q1.2
                                   └──┤/├──────────( )
```

网络11

```
     I0.0          I1.1          I1.3          Q0.1
 ├──┤ ├──────┤/├──────┬──┤ ├──────┬──( )
                      │            │
                      │  Q0.1      │  Q1.1
                      └──┤ ├───────┤──( )
                                   │
                                   │  Q0.1          Q1.3
                                   └──┤/├──────────( )
```

网络12

```
        2
  ──┤ LBL ├──
```

图 6-41　排水系统中排水泵的控制梯形图程序（续）

梯形图中，见网络 1，自动状态下，I0.0 为 0，则不能实现跳转，即顺序执行网络 2 开始的自动程序。下面分析第一次起泵控制。

假设现在水位到达高水位，而未到达溢流水位，高水位开关动作，即 I0.3 为 1，溢流水位开关未动作，I0.4 为 0，此时表示需要起动一个水泵排水，见网络 2，此时，M0.1 为 1。自动方式下，I0.1 为 1，见网络 6，Q0.0 为 1，即起动 1 号泵，Q1.0 也为 1，1 号泵运行指示灯亮。此时，2 号泵为备用，不能起动。定时器 T40 开始定时；若因故障原因，Q0.0 未能为 1，Q1.2 为 1，1 号泵故障报警指示灯亮。T40 定时间到，见网络 3，T40 为 1，M0.3 为 1，为下一次轮换起动 2 号泵做准备，同时，也为 1 号泵因故未能起动时，见网路 7，通过 M0.3 自动起动备用的 2 号泵做准备。

排水泵起动后，水位下降至低水位时，低水位开关动作，见网络 2，I0.2 断开 M0.1，1 号泵停止，一次排水完成。

若第二次达到高水位，即 M0.1 再次为 1，此时由于上一次起动了定时器 T40，使得 M0.3 为 1，此时，网络 6 中，Q0.0 为 0，1 号泵不能起动。网络 7 中，Q0.1 为 1，起动 2 号泵，Q1.1 为 1，2 号泵运行指示灯亮，同时起动定时器 T41。若因故 Q0.1 未能为 1，则

Q1.3 为 1，2 号泵无法起动报警指示灯亮。T41 定时间到，见网络 3，T41 断开 M0.3，为下一次起动 1 号泵做准备，同时也为 2 号泵故障不能起动，自动起动 1 号备用泵做准备。

3）溢流水位使双泵同时起动的控制

本例中，当水量非常大，一台排水泵不能及时排水，致使水位超过高水位，达到溢流水位时，需要 1 号泵和 2 号泵同时起动进行排水，直到集水池水位到达低水位为止。

溢流水位开关动作，即 I0.4 为 1，见网络 2，M0.2 为 1，Q1.4 为 1，达到溢流水位指示灯亮。见网络 6、7，M0.2 为 1，使得 Q0.0、Q0.1 都为 1，即两台水泵同时起动。直到集水池水位回到低水位，I0.2 断开 M0.2，从而停止两个水泵的工作。

本例中还设置了警铃报警，见网络 5。报警的条件有三个：一个是 M0.2 为 1，即达到溢流水位警铃响；第二个，需要起动一台水泵时，M0.1 为 1，而两个输出因故均未为 1，警铃响；第三个是测试警铃按钮按下，即 I1.4 为 1，警铃响。警铃报警均可以通过按下复位按钮 I1.5 为 1（见网络 4），使得 M0.4 为 1，从而断开 Q0.3，解除警铃报警。

习　　题

6-1　用可编程序控制器实现两台三相交流异步电动机的控制，控制要求如下所述：

1）两台电动机互不影响地独立操作。

2）能同时控制两台电动机的起动与停止。

3）当一台过载时，两台电动机均停止。

试画出主电路和可编程序控制器外部接线图，并用经验设计法设计出梯形图程序。

6-2　可编程序控制器的 I0.0～I0.4 接有输入信号，Q0.0 接有输出信号，当 I0.0～I0.3 中任何两个输入端同时有信号时 Q0.0 都有输出，I0.4 有信号时 Q0.0 封锁输出。根据上述要求用经验设计法设计控制程序。

6-3　用可编程序控制器分别实现下述三种控制。要求前两种控制用经验设计法设计，第三种控制分别用经验设计法和时序设计法两种方法设计。

1）电动机 M_1 起动后，M_2 才能起动；M_2 停止后，M_1 才能停止。

2）电动机 M_1 既能正向起动、点动，又能反向起动、点动。

3）电动机 M_1 起动后，经过 30s 后 M_2 能自行起动，M_2 起动后 M_1 立即停止。

6-4　试设计一可编程控制系统，要求第一台电动机起动 10s 后，第二台电动机自行起动，运行 5s 后，第一台电动机停止并同时使第三台电动机自行起动，再运行 15s 后，电动机全部停止。设计梯形图并写出指令表（分别用经验设计法、时序设计法和 SFC 三种方法设计，并对控制程序加以比较）。

6-5　设计一个对锅炉鼓风机和引风机控制的梯形图程序。控制要求：

1）开机时首先起动引风机，12s 后自动起动鼓风机。

2）停止时，立即关断鼓风机，经过 23s 后自动关断引风机。

6-6　试设计一个照明灯的控制程序。当按下接在 I0.0 上的按钮后，接在 Q0.0 上的照明灯可以发光 36s。如果在这段时间内又有人按下按钮，则时间间隔从头开始，这样可以确保最后一次按完按钮后，灯光可以维持 36s 的照明。

6-7　某机车主轴和润滑泵分别由各自的笼型电动机拖动，且都采用直接起动，控制要求如下：

1）主轴必须在润滑泵起动之后才可以起动。

2）主轴连续运转时为正向运行，但还可以进行正向、反向点动。

3）主轴先停车后，润滑泵才可以停。

试统计输入信号、输出信号并进行端口的分配，设计相关的梯形图程序。

6-8 简述顺序控制中转换实现的条件和转换实现时应完成的操作。

6-9 按下起动按钮 I0.0，某加热炉送料系统由 Q0.0～Q0.3 控制，依次完成开炉门、推料机推料、推料机返回和关炉门几个动作，I0.1～I0.4 分别是各个动作结束的限位开关，设计控制系统的顺序功能图，并转换为梯形图。

6-10 设计一个报警器，要求当条件 I0.0 为 ON 后，蜂鸣器响，同时报警灯连续闪烁 16 次，每次亮 2s、灭 3s，16 次后停止声光报警（分别用经验设计法和 SFC 两种方法）。

第七章 PLC网络通信

第一节 S7-200通信的基础知识

工业生产过程中有各种各样的控制要求，如在一个较大规模的检测和控制系统中，常常有几十个、几百个甚至更多个被测和被控变量，若用一个PLC来实现，则在速度和容量上难以满足要求；有的被测和被控变量在地理位置上比较分散，若用一个PLC来完成，则需要大量长距离的输入/输出信号电缆。因此，现今的PLC具备多种数据通信接口和较为完善的数据通信能力，可以与其他PLC或者其他设备构成通信网络，实现复杂的控制要求。下面以S7-200系列PLC为机型介绍PLC的通信网络结构。

一、S7-200系列PLC的通信网络结构

PLC的通信网络结构通常有下位连接系统、同位连接系统和上位连接系统三种形式。

1. 下位连接系统

下位连接系统是PLC通过串行通信接口连接远程输入/输出单元，实现远程分散检测和控制。其组网方式有两种：一种是独立的PLC通过远程I/O模块进行通信；另一种是利用远程I/O模块扩展远程输入/输出单元。PLC与远程输入/输出单元的连接采用电缆或光缆，相应的通信接口是RS-485、RS-422A接口或采用光纤接口。采用光纤系统传输数据时，可实现数据通信的远距离、高速度和高可靠性。下位连接系统的连接形式一般采用树形结构，如图7-1所示。

PLC是系统的集中控制单元，负责整个系统的数据通信、信息处理和协调各个远程输入/输出单元的操作。远程输入/输出单元是系统的分散控制单元，它们在PLC的统一管理下完成各自的输入/输出任务。

图7-1 下位连接系统

系统的通信控制程序由生产厂商编制，并安装在PLC和远程输入/输出单元中。用户只需根据系统的要求，设置远程输入/输出单元地址和编制用户应用程序即可使系统运行。

由于远程输入/输出单元可以就近安装在被测和被控对象附近，从而大大地缩短了输入/输出信号的连接电缆。因此，下位连接系统特别适合于地理位置比较分散的控制系统，例如生产流水线上的各工序的控制等。

2. 同位连接系统

同位连接系统是PLC通过串行通信接口相互连接起来的系统。系统中的各个PLC是并行运行，并通过数据传递相

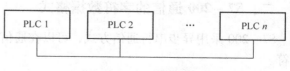

图7-2 同位连接系统

互联系，以适应大规模控制的要求。其组网方式有两种：一种是一对一通信；另一种是主从通信。同位连接系统结构通常采用总线型，如图 7-2 所示。

在同位连接系统中，各个 PLC 之间的通信一般采用 RS－422A、RS－485 接口或光纤接口。互连的 PLC 最大允许数量随 PLC 的类型不同而变化。系统内的每个 PLC 都有一个唯一的系统识别单元号，号码从 0 开始顺序设置。在各个 PLC 内部都设置一个公用数据区作为通信数据的缓冲区。同位连接系统的数据传送是把公用数

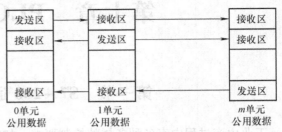

图 7-3　同位连接系统数据传送示意图

据区的发送区数据发送到通信接口，并把通信接口上接收到的数据存放到公用数据区的接收区中，其数据传送示意图如图 7-3 所示。此过程不需用户编制应用程序干预。用户只需编制把发送的数据送公用数据区的发送区和从公用数据区的接收区把数据读到所需的地址的程序即可。

　　3. 上位连接系统

上位连接系统是一个自动化综合管理系统。管理计算机收集和管理各个上位机发送来的信息数据，并发送相关的命令控制上位计算机的运行。上位计算机通过串行通信接口与 PLC 的串行通信接口相连，对 PLC 进行监视和管理，构成集中管理、分散控制的分布式多级控制系统。在这个控制系统中，PLC 是直接控制级，它负责现场过程变量的检测和控制，同时接收上位计算机的信息和向上位计算机发送现场的信息。上位计算机是协调管理级，它要与三方面进行信息交换：下位直接控制、自身的人—机界面和上级信息管理级。它是过程控制与信息管理的结合点和转换点，是信息管理与过程控制联系的桥梁。上位连接系统框图如图 7-4 所示。

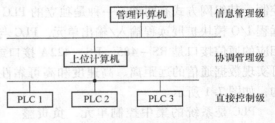

图 7-4　上位连接系统框图

上位计算机与 PLC 的通信一般采用 RS－232C/RS－422 通信接口。当用 RS－232C 通信接口时，一台上位计算机只能连接一台 PLC，若要连接多台 PLC，则要加接 RS－232C/RS－422 转换装置。

通常，PLC 上的通信程序由制造厂商编制，并作为通信驱动程序提供给用户，用户只要在上位计算机的应用软件平台调用，即可完成与 PLC 的通信。

上位计算机与管理计算机的通信一般采用局域网。上位计算机通过通信网卡与信息管理级的其他计算机进行信息交换。上位计算机只要在应用软件平台中调用网络管理软件，即可完成网络的数据通信。

二、S7－200 通信的字符数据格式

S7－200 采用异步串行通信方式，可以在通信组态时设置 10 位或 11 位的数据格式传送字符。

1. 10 位字符数据

1 个起始位，8 个数据位，无校验位，1 个停止位。传送速率一般为 9600bit/s。

2. 11 位字符数据

1 个起始位，8 个数据位，1 个校验位，1 个停止位。传送速率一般为 9600bit/s，或者 19 200bit/s。

三、S7－200 通信的网络层次结构

按照国家和国际标准，以 ISO/OSI 为参考模型，SIMATIC 提供了各种开放的、应用于不同控制级别的工业环境的通信系统，统称为 SIMATIC NET。SIMATIC NET 定义了如下的内容：网络通信的物理传输介质、传输元件及相关的传输技术、在物理介质上的传输数据所需的协议和服务、PLC 及 PC 联网所需的通信模块（Communication Processor，CP）等。SIMATIC NET 提供了各种通信网络来适应不同的应用环境。不同的通信网络，组成了网络通信的金字塔结构，如图 7-5 所示。在图 7-5 中，S7－200 既通过现场总线 PROFIBUS 与上层的 PLC 进行通信组成一个通信网络，又通过执行器总线 AS－I 与下层的执行部件组成通信网络。

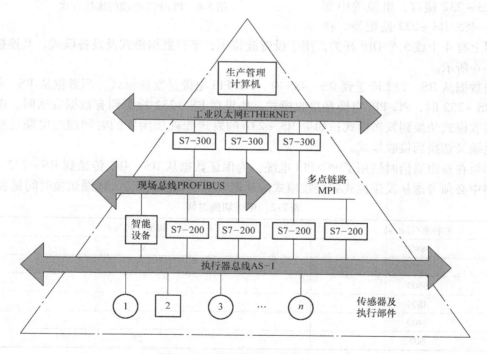

图 7-5　网络通信的金字塔结构

四、S7－200 的通信设备

1. 通信电缆

S7－200 的通信电缆主要有网络电缆和 PC/PPI 电缆两种。

（1）网络电缆

　　网络电缆是 PROFIBUS DP 网络使用 RS－485 标准屏蔽双绞线电缆，在一个网络段上，该网络最多连接 32 台设备。根据波特率不同，网络段的最大长度可以达到 1200m，见表 7-1。

表 7-1　PROFIBUS DP 网络段中的最大电缆长度

波特率/(Kbit/s)	网络段的最大电缆长度/m
9.6 ~ 93.75	1200
187.5	1000
500	400
1 ~ 1500	200
3 ~ 1200	100

　　（2）PC/PPI 电缆。

　　S7－200 通过 PC/PPI 电缆连接计算机及其他通信设备，PLC 主机侧是 RS－485 接口，计算机侧是 RS－232 接口，电缆的中部是 RS－485/RS－232 适配器，在适配器上有 4 个或 5 个 DIP 开关，用于设置波特率、字符数据格式及设备模式，其连接方式如图 7-6 所示。

图 7-6　PC/PPI 电缆的连接方式

　　当数据从 RS－232 传送到 RS－485 时，PC/PPI 电缆是发送模式，当数据从 RS－485 传送到 RS－232 时，PC/PPI 电缆是接收模式。如果在 RS－232 检测到有数据发送时，电缆立即从接收模式切换到发送模式；如果 RS－232 的发送线处于闲置的时间超过电缆切换时间时，电缆又切换到接收模式。

　　如果在自由通信时使用了 PC/PPI 电缆，为保证数据从 RS－485 传送到 RS－232，在用户程序中必须考虑从发送模式到接收模式的延迟（电缆切换时间），电缆切换时间见表 7-2。

表 7-2　电缆切换时间

波特率/(bit/s)	切换时间/ms
38400	0.5
19200	1
9600	2
4800	4
2400	7
600	28

　　2. 通信端口

　　S7－200 CPU 上的通信端口为与 RS－485 兼容的 9 针微型 D 型连接器，它符合欧洲标准 EN50170 中所定义的 PRO-FIBUS 标准，RS－485 引脚图如图 7-7 所示，通信端口 RS－485 引脚分配表见表 7-3。S7－200 CPU221、CPU222 和 CPU224 均有一个 RS－485 串行通信端口，定义为端口 0，

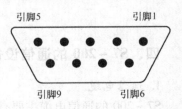

图 7-7　RS－485 引脚图

CPU226 有两个 RS‑485 端口，分别定义为端口 0 和端口 1。

表 7-3　通信端口 RS‑485 引脚的分配表

引脚号	端口 0/端口 1	PROFIBUS 名称
1	逻辑地	屏蔽
2	逻辑地	24V 地
3	RS‑484 信号 B	RS‑484 信号 B
4	RTS（TTL）	发送申请
5	逻辑地	5V 地
6	+5V，100Ω	+5V
7	+24V	+24V
8	RS‑484 信号 A	RS‑484 信号 A
9	10 位信号选择	不用
外壳	机壳接地	屏蔽

3. 网络连接器

网络连接器用于将多个设备连接到网络中。网络连接器有两种类型：一种是标准网络连接器；另一种是包含编程端口的连接器。带有编程端口的连接器允许将编程站或 HMI 设备连接到网络，且对现有网络连接没有任何干扰，把所有信号（包括电源插针）从 S7‑200 完全传递到编程端口，特别适用于连接从 S7‑200 取电的设备（如 TD200）。

4. 网络中继器

在 PROFIBUS DP 网络中，一个网络段的最大长度是 1200m，用网络中继器可以增加传输距离。一个 PROFIBUS DP 网络中，最多可以有 9 个网络中继器，每个网络中继器最多可接 32 个设备，但是网络的最大长度不能超过 9600m。

5. 调制解调器

当计算机（编程器）距离 PLC 主机很远时，可以用调制解调器进行远距离通信。

五、S7‑200 系列 PLC 的通信连接方式

在 S7‑200 的通信网络中，可以把上位机、人机界面 HMI 作为主站。主站可以对网络中的其他设备发出初始化请求，从站只是响应来自主站的初始化请求，不能对网络中的其他设备发出初始化请求。

主站与从站之间有以下两种连接方式：

单主站：只有一个主站，连接一个或多个从站，如图 7‑8a 所示。

多主站：有两个以上的主站，连接多个从站，如图 7‑8b 所示。

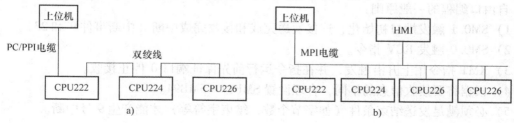

图 7-8　通信连接方式示意图

a）单主站　b）多主站

第二节　S7 – 200 系列 PLC 的通信协议

S7 – 200 具有强大而又灵活的通信能力，它可以实现 PPI 协议、MPI 协议、自由口通信，还可以通过 PROFIBUS – DP 协议、AS – I 接口协议、modem 通信 – PPI 或者 MODBUS 协议及 ETHERNET 与其他设备通信。下面主要介绍其中的 4 种通信协议。

一、点对点接口协议（PPI）

PPI 通信协议是西门子公司专为 S7 – 200 系列 PLC 开发的通信协议。内置于 S7 – 200CPU 中。PPI 协议物理上基于 RS – 485 口，通过屏蔽双绞线就可以实现 PPI 通信。PPI 协议是一种主 – 从协议。主站设备发送要求到从站设备，从站设备响应，从站不能主动发出信息。主站靠 PPI 协议管理的共享连接来与从站通信。PPI 协议并不限制与任意一个从站的通信的主站的数量，但在一个网络中，主站不能超过 32 个。PPI 协议最基本的用途是让西门子 STEP7 – Micro/WIN 编程软件上传和下载程序和西门子人机界面与 PC 通信。

二、多点接口协议（MPI）

MPI 协议，其英文全名为 Multi – point – Interface。在 PLC 之间可组态为主/主协议或主/从协议。如何操作依赖于设备类型：如果控制站都是 S7 – 300/400 系列 PLC，那么就建立主/主连接关系，因为 MPI 协议支持多主站通信，所有的 S7 – 300 CPU 都可配置为网络主站，通过主/主协议可以实现 PLC 之间的数据交换。如果某些控制站是 S7 – 200 系列 PLC，则可以建立主/从连接关系，因为 S7 – 200 CPU 是从站，用户可以通过网络指令实现 S7 – 300 CPU 对 S7 – 200 CPU 的数据读写操作。

三、自由口通信协议

自由口通信是指 PLC 提供了串行的通信硬件，以及用于定制通信协议的相关指令，在控制系统中，当已知要与 PLC 连接的控制设备的通信协议时，可以在 PLC 中进行编程定制通信协议，和控制设备进行数据通信。

西门子 S7 – 200 的自由口和计算机的串口进行通信时，计算机中采用 Visual Basic 进行编程，从而实现计算机与可编程序控制器的直接控制。该通信方式具有效率高、容易实现、通信硬件简单、容易配置等特点在工业控制领域中被广泛应用。

自由口编程的一般原则：

1）SM0.1 触发端口初始化，连接发送完成和接收完成中断（中断事件 9 和 23）。

2）SM0.0 触发 RCV 指令。

3）XMT 指令用上升沿触发，并在指令运行前先保证端口 0 停止接收。

4）根据将要接收信息的不同，合理设置 SMB87 ~ SMB94。

5）必须满足发送结束条件（如字节个数，结束字符等）才能产生 9 号中断。

四、PROFIBUS – DP 协议

PROFIBUS – DP 是属于单元级和现场级的 SIMATICNET，适用于传输中小量的数据。

PROFIBUS – DP 网络是一种电气网络,物理传输介质可以是屏蔽双绞线、光纤或无线传输,其应用领域覆盖了从机械加工、过程控制、电力、交通到楼宇自动化的各个领域。

在 S7 – 200 PLC 的 CPU 中,CPU22X 都可以通过增加 EM277 PROFIBUS – DP 扩展模块的方法支持 PROFIBUS – DP 网络协议。最高传输速率可达 12Mbit/s,在采用 PROFIBUS – DP 的系统中,对于不同厂家所生产的设备,不需要对接口进行特别的处理和转换,就可以实现通信。

PROFIBUS 协议通常用于实现与分布式 I/O(远程 I/O)的高速通信。PROFIBUS 网络通常有一个主站和若干个 I/O 从站,主站能控制总线,并通过配置可以知道 I/O 从站的类型和站号。当让站获得总线控制权后,可以主动发送信息。从站可以接收信号并给予响应,但没有控制总线的权力。当主站发出请求时,从站回送给主站相应的信息。PROFIBUS 除了支持主从模式,还支持多主多从模式。对于多主站模式,在主站之间按令牌传递顺序决定对总线的控制权。取得控制权的主站可以向从站发送和获取信息,实现点对点通信。

第三节 S7 – 200 PLC CPU 通信口参数设置

西门子 S7 – 200 PLC CPU 的通信口默认处于 PPI 从站模式,地址为 2,通信速率为 9.6 Kbit/s。要更改通信口的地址或通信速率,必须在系统块中的 Communicaiton Ports(通信端口)选项卡中设置,然后将系统块下载到 CPU 中,新的设置才能起作用。

通信口属性设置示意图如图 7-9 所示,图中:

a. PLC 地址:设定 CPU 通信口的地址。如果有两个通信口,它们的地址可以相同,因为不属于一个网络;

b. 最高地址:输入通信网络上设备的最高地址;

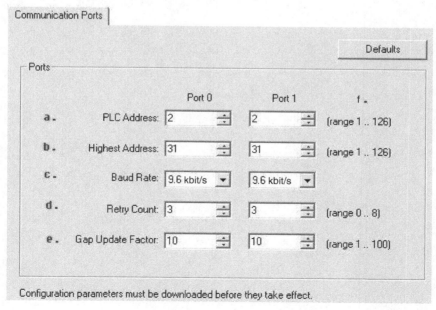

图 7-9 CPU 通信口属性设置示意图

　　c. 波特率：设置通信速率。从下拉列表中可以选择 9. 6Kbit/s、19. 2Kbit/s、187. 5Kbit/s；

　　d. 重试次数：输入通信失败时重新尝试的次数；

　　e. 地址间隙刷新因数：设置本站每隔几次获得网络令牌后，尝试在本站地址和下一个已知（活动）的主站地址的空间内寻找新加入的主站（仅在本站作主站时有效）。一般情况下使用默认值 10 比较合适；

　　f. 括号中是取值范围。

　　注意在这里设置的通信速率为 CPU 的 PPI/MPI 通信速率，与由用户实现的自由口功能所定义的串行通信速率不同。

习　　题

7-1　如何实现 PC 与 PLC 的通信？有几种互联方式？

7-2　试说明 S7 – 200 系列 PLC 与 PC 实现通信的原理。

7-3　PLC 网络中常用的通信方式有哪几种？

7-4　现场总线有哪些优点？

附　　录

附录 A　KB0 基本型控制与保护开关电器主要技术参数与性能指标

表 A-1　主电路主要参数

框架	I_n/A	I_{th}/A	U_i/V	f/Hz	I_e/A	U_e/V
C	12	45	690	50 (60)	0.25 ~ 12	380
						690
	16				0.25 ~ 16	380
						690
	32				0.25 ~ 32	380
						690
	45				0.25 ~ 45	380
						690
D	50	100			13 ~ 50	380
						690
	63				13 ~ 63	380
						690
	100				13 ~ 100	380
						690

表 A-2　电气间隙、爬电距离、U_{imp} 和隔离气隙的冲击耐受电压

电路	电气间隙/mm	爬电距离/mm	U_{imp}/kV	隔离气隙的冲击耐受电压/kV
主电路	≥8.00	≥10	8.00	10.00
控制电路	≥8.00	≥10	8.00	—
机械无源辅助电路	≥8.00	≥10	8.00	—
隔离辅助电路	≥8.00	≥10	8.00	10.00
双电源控制电路	≥8.00	≥10	8.00	—
信号报警辅助电路	≥1.50	≥4.0	2.50	—

表 A-3　主电路电寿命次数及接通与分断条件

U_e/V	使用类别	框架	电寿命/10^4次			接通条件		分断条件		
			新试品	I_{cs}试验后	I_{cr}试验后	I/I_e	U/U_e	I_c/I_e	U_r/U_e	$\cos\varphi$
380	AC - 43	C	120	0.15	0.3	6	1	1	0.17	0.35 (0.65 *)
		D	100							
	AC - 44	C	3	0.15	0.3	6	1	6	1	0.35 (0.65 *)
		D	2							
690	AC - 44	C	1							
		D	1							

注：* 适用于 I_e ≤17A。

表 A-4　工频耐压试验电压值和绝缘电阻最小值

U_i/V	试验电压值（交流有效值）/V	绝缘电阻最小值/MΩ
$60 < U_i \leqslant 300$	1500	1
$300 < U_i \leqslant 690$	1890	1

表 A-5　接通、承载和分断短路电流的能力

U_e/V	框架	I_n/A	额定运行短路分断电流 I_{cs}/kA			预期约定试验电流 I_{cr}/A	附加分断能力 I_c/A
			C 型	Y 型	H 型		
380	C	12	35	50	—	25×45（即1125）	16×45×0.8（即576）
		16					
		32					
		45					
	D	50	35	50	80	20×100（即2000）	16×100×0.8（即1280）
		63					
		100					
690	C	12	4	4	4	25×45（即1125）	16×45×0.8（即576）
		16					
		32					
		45					
	D	50	10	10	10	20×100（即1600）	16×100×0.8（即1280）
		63					
		100					

表 A-6　主体及其模块的机械寿命

壳架等级代号及模块名称		机械寿命/10^4次
主体	C 框架	1000
	D 框架	500
（可逆型）机械联锁		30
机械无源辅助触头		500
隔离辅助触头		1
信号报警辅助触头		1
就地操作机构及隔离功能触头		1
双电源控制器		1
就地消防操作机构及消防隔离功能触头		0.3
声光报警模块		0.3
热磁脱扣器		0.1
分励脱扣器		0.1
远距离再扣器		0.1

附录 B　S7－200 系列 PLC 的技术规范

表 B-1　CPU 技术规范

技术规范		CPU221	CPU222	CPU224	CPU226
外形尺寸/mm		90×80×62	90×80×62	120.5×80×62	190×80×62
存储器特性					
用户程序大小（字节）	运行模式下编辑	4096	4096	8192	8192
	非运行模式下编辑	4096	4096	12288	12288
用户数据（字节）		2048	2048	5120	5120
掉电保持（超级电容）典型值/h		50	50	190	190
本机 I/O 特性					
本机数字量 I/O		6 输入/4 输出	8 输入/6 输出	14 输入/10 输出	24 输入/16 输出
允许最大的扩展 I/O 模块		无	2 个模块	7 个模块	7 个模块
数字 I/O 映像区		256（128 输入/128 输出）			
模拟 I/O 映像区		无	32（16 输入/16 输出）		64（32 输入/32 输出）
指令					
布尔指令执行速度		0.37μs/每条指令			
I/O 映像寄存器		128I/128O			
内部继电器		256			
定时器总数		256 定时器 其中 1ms 定时器 4 个；10ms 定时器 16 个；100ms 定时器 236 个			
计数器总数		256			
字入/字出		无	16/16	32/32	32/32
顺序控制器		256			
For/Next 循环		有			
整数运算		有			
实数运算		有			
附加功能					
内置高速计数器		4H/W（20kHz）	4H/W（20kHz）	6H/W（20kHz）	6H/W（20kHz）
模拟量调节电位器		1	1	2	2
脉冲输出		2 个 20kHz（仅限于 DC 输出）			
通信中断		1 发送器/2 接收器	1 发送器/2 接收器	1 发送器/2 接收器	2 发送器/4 接收器
定时中断		2（1~255ms）			
硬件输入中断		4，输入滤波器			
实时时钟		有（时钟卡）	有（时钟卡）	有（内置）	有（内置）
口令保护		有			
通信					

（续）

技术规范		CPU221	CPU222	CPU224	CPU226
通信接口数量		1 个 RS – 485 接口	1 个 RS – 485 接口	1 个 RS – 485 接口	2 个 RS – 485 接口
支持协议	0 号口	PPI、DP/T、自由口	PPI、DP/T、自由口	PPI、DP/T、自由口	PPI、DP/T、自由口
	1 号口	N/A	N/A	N/A	PPI、DP/T、自由口
PROFIBUS 点到点		NETR/NETW			

表 B-2　CPU 电源规范

电源特性				
输入电源	DC		AC	
输入电压	20.4 ~ 28.8V		85 ~ 264V（47 ~ 63Hz）	
输入电流	仅 CPU	最大负载	仅 CPU	最大负载
CPU221	80mA	450mA	30/15mA 120/240V	120/240V 时 120/60mA
CPU222	85mA	500mA	40/20mA 120/240V	120/240V 时 140/70mA
CPU224	110mA	700mA	60/30mA 120/240V	120/240V 时 200/100mA
CPU226	150mA	1050mA	80/40mA 120/240V	120/240V 时 320/160mA
冲击电流	12A（28.8V 时）		20A（264V 时）	
隔离（现场与逻辑）	不隔离		1500V	
保持时间（掉电）	10ms（24V 时）		20/80ms（120/240V 时）	
保险（不可替换）	3A，250V 时慢速熔断		2A，250V 时慢速熔断	
DC 24V 传感器电源				
传感器电压	DC 20.4 ~ 28.8V			
电流限定	峰值 1.5A，热量限制无破坏性			
纹波噪声	来自输入电源		小于 1V 峰分值	
隔离（传感器与逻辑）	非隔离			

表 B-3　CPU 直流输入规范

常规	DC 24V 输入	常规	DC 24V 输入
类型	漏型/源型	逻辑 0（最大）	DC 5V，1mA
额定电压	DC 24V，4mA 典型值	逻辑 1（最小）	DC 15V，2.5mA
"1" 信号	DC 15 ~ 30V	标准输入延迟时间	可调整（0.2 ~ 12.8ms）
"0" 信号	DC 0 ~ 5V	高速计数输入	I0.0 ~ I0.5，30kHz
最大持续允许电压	DC 30V	隔离（现场与逻辑） 光电隔离	是 AC 500V，1min
浪涌电压	DC 35V，0.5s	同时接通的输入	55℃ 时所有的输入
连接 2 线接近开关传感器允许漏电流	最大 1mA	电线长度（最大）	屏蔽 500m，非屏蔽 300m，高速计数输入 50m，普通输入 300m

表 B-4　CPU 输出规范

常规	DC 24V 输出	继电器输出
类型	固态——MOSFET	干触头
电压范围	DC 20.4～28.8V	DC 5～30V 或 AC 5～250V
额定电压	DC 24V	DC 24V 或 AC 250V
浪涌电流	8A，100ms	7A 触头闭合
逻辑 1（最小）	DC 20V，最大电流	—
逻辑 0（最大）	DC 0.1V，10kΩ 负载	—
每点额定电流（最大）	0.75A（电阻负载）	2.0A（电阻负载）
每个公共端额定电流（最大）	6A（电阻负载）	10A（电阻负载）
漏电流（最大）	10μA	—
灯负载（最大）	5W	DC 30W；AC 200W
延时	2/10μs（Q0.0 和 Q0.1）	—
脉冲频率（最大）Q0.0 和 Q0.1	20kHz	1Hz
机械寿命周期	—	10 000 000h（无负载）
触头寿命	—	100 000 次（额定负载）
同时接通的输出	55℃时，所有的输出	55℃时，所有的输出
两个输出并联	是	否
电缆长度（最大）屏蔽/非屏蔽	500m/150m	500m/150m

表 B-5　模拟量扩展模块技术参数

项目		EM 231	EM 232	EM235
通用技术规范	尺寸/mm	71.2 ×80 ×62	46 × 80 × 62	71.2 ×80 ×62
	重量/g	183	148	186
	功耗/W	2	2	2
	点数	4 路模拟量输入	2 路模拟量输出	4 路模拟量输入，1 路模拟量输出
功率损耗	DC +5V（从 I/O 总线）	20mA	20mA	30mA
	从 L+	60mA	70mA（带 2 路输出 20mA）	60mA（带输出 20mA）
		20.4～28.8V	20.4～28.8V	20.4～28.8V
LED 指示器	亮	无故障	无故障	无故障
	灭	无 DC 24V 电源	无 DC 24V 电源	无 DC 24V 电源

表 B-6　模拟量输入模块 EM231 技术参数

项 目	参 数
模拟量输入点数	4
隔离（现场与逻辑电路间）	无
输入类型	差分输入
模数转换时间	<250μs
模拟量输入响应	1.5ms
共模抑制	40dB，频率 60Hz

（续）

项　　目		参　　数
输入范围	电压（单极性）	0 ~ 10V, 0 ~ 5V
	电压（双极性）	±5V, ±2.5V
	电流	0 ~ 20mA
输入分辨率	电压（双极性）	2.5mV（0 ~ 10V），1.25mV（0 ~ 5V）
	电压（单极性）	2.5mV（±5V），1.25mV（±2.5V）
	电流	5μA（0 ~ 20mA）
数据字格式	单极性，全量程范围	0 ~ 32000
	双极性，全量程范围	-32000 ~ +32000
共模电压		信号电压 + 共模电压（必须小于等于12V）
输入阻抗		大于等于10MΩ
输入滤波器衰减		-3dB, 3.1kHz
最大输入电压		DC 30V
最大输入电流		32mA
分辨率		12 位 A – D 转换器

表 B-7　模拟量输出模块 EM232 技术参数

项目			参数
模拟量输出点数			2
隔离（现场与逻辑电路间）			无
信号范围	电流输出		0 ~ 20mA
	电压输出		±10V
数据字格式	电流		0 ~ +32000
	电压		-32000 ~ +32000
分辨率满量程	电压		12 位
	电流		11 位
精度	最坏情况 0° ~ 55°	电压输出	满量程的 ±2%
		电流输出	满量程的 ±2%
	典型值 0° ~ 25°	电压输出	满量程的 ±0.5%
		电流输出	满量程的 ±0.5%
稳定时间	电压输出		100μs
	电流输出		2ms
最大驱动	电压输出		最小 5000Ω
	电流输出		最大 500Ω

表 B-8 **EM231 TC 和 EM231 RTD 技术参数**

项 目		EM231 TC 热电偶输入	EM231 RTD 热电阻输入
物理 I/O 数		4 路模拟量输入	2 路模拟量输入
输入类型		浮地热电偶	模块参考接地 RTD
噪声抑制		85dB，50Hz/60Hz/400Hz	85dB，50Hz/60Hz/400Hz
模块刷新周期/ms		405	405
输入分辨率	温度	0.1℃/0.1F	0.1℃/0.1F
	电压	15 位加符号位	
	电阻		15 位加符号位
数据字格式		电压：-27648 ~ +27648	电阻：-27648 ~ +27648
最大输入电压		DC 30V	DC 30V（检测），DC 30V（源）
功耗/W		1.8	1.8
输入阻抗/MΩ		1	10
线回路电阻（最大）/Ω		100	20
基本误差		0.1%FS（电压）	0.1%FS（电压）
重复性		0.05%FS	0.05%FS
冷接点误差/℃		±1.5	
连线长度（最大）/m		100	100
尺寸（$W \times H \times D$）		71.2mm×80mm×62mm	71.2mm×80mm×62mm

参 考 文 献

[1] 王岷，范永胜，裴皓杰．电气控制与 PLC 应用技术［M］．北京：中国电力出版社，2012.

[2] 胡学林．可编程控制器教程［M］．北京：电子工业出版社，2004.

[3] 袁任光．可编程控制器选用手册［M］．北京：机械工业出版社，2003.

[4] 廖常初．PLC 应用技术问答［M］．北京：机械工业出版社，2006.

[5] 李方圆．PLC 行业应用实践［M］．北京：中国电力出版社，2007.

[6] 严盈富．触摸屏与 PLC 入门［M］．北京：人民邮电出版社，2006.

[7] 郑萍．现代电气控制技术［M］．重庆：重庆大学出版社，2001.

[8] 郭福雁，黄明德，张哲．建筑电气控制技术［M］．天津：天津大学出版社，2009.

[9] 方承远．工厂电气控制技术［M］．北京：机械工业出版社，2000.

[10] 姜建芳．西门子 S7 – 200PLC 工程应用技术教程［M］．北京：机械工业出版社，2010.

[11] 中国建筑标准设计研究院．国家建筑标准设计图集——民用建筑电气设计计算及示例［M］．北京：中国计划出版社，2012.

[12] 中国建筑标准设计研究院．国家建筑标准设计图集——常用电机控制电路图［M］．北京：中国计划出版社，2010.

[13] 孙成群，郭芳．建筑工程设计编制深度实例范本——建筑电气［M］．2 版．北京：中国建筑工业出版社，2009.

[14] GB/T 4728.5—2005　电气简图用图形符号　第 5 部分：半导体管和电子管［S］．北京：中国标准出版社，2005.

[15] GB/T 4728.7—2008　电气简图用图形符号　第 7 部分：开关、控制和保护器件［S］．北京：中国标准出版社，2008.

[16] GB/T 6988.5—2006　电气技术用文件的编制　第 5 部分：索引［S］．北京：中国标准出版社，2007.

[17] GB/T 18135—2008　电气工程 CAD 制图规则［S］．北京：人民交通出版社，2009.

[18] GB/T 50786—2012　建筑电气制图标准［S］．北京：中国建筑工业出版社，2012.

[19] GB/T 15969.1—2007　可编程序控制器　第 1 部分：通用信息［S］．北京：中国标准出版社，2007.

[20] GB/T 15969.3—2005　可编程序控制器　第 3 部分：编程语言［S］．北京：中国标准出版社，2005.

[21] GB/T 15969.8—2007　可编程序控制器　第 8 部分：编程语言的应用和实现导则［S］．北京：中国标准出版社，2007.